なぜ
環境保全米を
つくるのか

環境配慮型農法が普及するための社会的条件

谷川彩月

新泉社

なぜ環境保全米をつくるのか　目次

序章　環境保全米とは何か……009
⦿二つの「環境保全米」……010　⦿事例の位置づけ……015　⦿環境配慮型農法とは……017
⦿調査手法……021　⦿本書の構成……023

第1章　有機農業と慣行農業の狭間で……027
農業環境公共財はいかにして供給できるか

はじめに……028

1 有機農業の歴史と現在……028
⦿農耕の発達からスマート農業まで……028　⦿草の根運動としての有機農業の誕生……033
⦿有機農業の制度化・産業化……037　⦿制度の充実と産業的な成長……040　⦿有機農業の隘路……043

2 農業環境問題をとらえる視座……048
⦿地域住民・地域農業者による地域環境保全……048　⦿農業環境公共財とは何か……051
⦿フリーライダー問題と非知……058　⦿非知による規範の喚起と不公正の助長……062
⦿農業者と非農業者でのコストとリスクの偏在……066

3 本書の課題……068

第2章 どうすれば環境配慮型農法は普及するのか 071
生業と文脈化の過程から
はじめに 072
1 本書の理論的視座 073
⦿「あたらしい社会運動」としての有機農業 073
⦿環境配慮型農法の社会的な条件を分析する視座 078
2 農業環境公共財の視座による完全主義の相対化 081
⦿「有機農業運動」の行きづまりの要因 082
⦿有機栽培と減農薬栽培の共通性と異質性 088
3 非知における正当性の承認 092
⦿公論形成の場における非知 092
⦿日常生活における正当性の承認 096
4 環境配慮型農法を普及させる利益 099
⦿経済的・技術的要因による普及の困難さ 099
⦿社会的リンク論における生業論とは 101
⦿環境配慮型農法の継続動機にみられる精神性 103
5 本書の課題と視座の整理 105
第3章 環境保全米の普及に向けた発想の転換 109
対立を乗り越えるための試行錯誤
はじめに 110

1 生産者の論理と地域住民の論理の対立 111
⦿農薬の空中散布をめぐる対立 111　⦿「くろすとーく」とは 115　⦿農薬に対する見解の相違 117
2 生産者／消費者を越えて 120
⦿生産者でも消費者でもない利害関係者の存在 120　⦿議論を通したフレームの転換 122
⦿地域内流通に目を向ける 130　⦿依然として存在する齟齬 134
⦿グローバルな視野のひろがり 135　⦿地産地消型ネットワークの実現 138
3「環境保全米運動」の提唱 140
⦿食糧管理法廃止の衝撃 140　⦿農協との協働体制の萌芽 143　⦿環境保全米運動が目指したもの 146
4 地域ブランド米戦略をめぐる交渉 150
⦿環境保全米Cタイプの新設と地域ブランド米戦略 150　⦿論理の転換と戦略的譲歩 154
⦿県下JAグループとの協働の達成 157　⦿画一化と大規模化との矛盾 159
5 折り合いのつかなさからの出発 160

第4章

なぜ環境保全米をつくるのか

農協と農業者による文脈の共創

163
はじめに 164
1 なぜ登米なのか 165
⦿米がのぼるまち登米 165　⦿環境保全米はどのようにひろがったのか 171
⦿他の地域とくらべた有利な条件 178

2 なぜ取り組みやすいのか……183
⦿どんな経済的利益が生まれたか……184
⦿どこまで取り組みやすくすべきか……190
⦿リスクへのレジリエンス……188
3 誰が最初に転換したのか……192
⦿生産部会とはどんな組織か……193
⦿なぜ転換できたのか……201
⦿どのように転換の経験は語られるか……195
4 なぜ取り組み続けているのか……202
⦿「安全・安心」を求めて――Q氏のケース……203
⦿農薬との「ちょうどいい」バランス――P氏のケース……205
⦿より高く売るために――R氏のケース……208
⦿先進地区のリーダーとして――S氏のケース……210
⦿確実に売るために――N氏のケース……213
⦿贈り物としての価値の向上――T氏のケース……215
⦿継承された環境保全米――U氏のケース……217
⦿有機と慣行の狭間にある選択肢……219
5 物語を紡ぐカブトエビ……225
⦿ヨーロッパカブトエビとは……225
⦿カブトエビとはどんな存在なのか……229
⦿環境改善を知らせる〈験《しるし》〉……235
6 環境保全米が普及すると何が起こるか……236
⦿環境保全米の標準化……236
⦿「慣行栽培」の融解……238
7 ひろがり、根づく環境保全米……240

第5章 環境保全米をどうみているか……243
アンケート調査が示す三つの類型と規範の存在

はじめに 244
1 生産部会員にはどんな特徴があるか 245
2 どういった考えをもつ人びとか 249
3 継続動機と農業者の三類型 256
⦿コストは削減されたのか 256 ⦿どんな動機の組み合わせか 258 ⦿三つのタイプの農業者 261
4 個人の選択か、集団意識か 264
⦿規範は存在するのか 264 ⦿「どちらでもない」は何を意味するのか 266
⦿見え隠れする規範意識 269
5 ローカルな規範への埋め込み 270

第6章 ローカルな農業と環境の調和は可能か 273
〈ゆるさ〉・経済合理性・ローカルフード運動

はじめに 274
1 本書の課題への応答 275
⦿パースペクティブの転換による地域農業と地域環境保全の調和 276
⦿非知を飼いならす日常生活の地平 278 ⦿負担を分け合い、豊かさをつくる 283
⦿〈ゆるい〉環境保全の可能性 288

2　経済合理性と折り合えるのか……292
◉生産主義が環境を守る？……292　◉経済のエコロジー化か、エコロジーの経済化か……293
◉環境保全米施策は環境を守っているのか……296
3　ローカルは支えきれるのか……297
◉ローカルフード運動と環境保全米運動の共通点……297　◉地域支援型農業のゆくえ……300
◉ローカルな生産、ローカルな消費……303
終章　〈ゆるさ〉から「持続可能な農業」をつくる……307
◉環境保全米をつくった〈ゆるさ〉……308　◉環境保全米と農協……312　◉フリーライダーから担い手に……315
◉「普通」の人びとによる環境保全……321　◉今後の農業環境政策への提言……324
資料　「慣行農業」の起源……327
◉小作慣行調査と慣行水利権……327　◉減農薬栽培を定義する「慣行」……329　◉慣行基準の策定……331
註……333　あとがき……346　文献一覧……i

ブックデザイン……北田雄一郎
装幀・本扉写真提供：ＪＡみやぎ登米

序章

環境保全米とは何か

宮城県登米市の風景
写真提供：JAみやぎ登米

⦿二つの「環境保全米」

入道雲とほこりっぽい砂利道、草いきれ――。登米《とめ》地方の田んぼは、盛夏の風景に包まれている。夏の日光を浴びて稲は順調に生育しているが、病害虫も忍び寄る。「環境保全米」に取り組む農家は、コメの品質を守るとともに、環境への負荷も抑えなければならない。両立させるために、薬剤をどう使うべきか、ぎりぎりの判断が続く。

産地間競争を生き抜くため、減農薬・減化学肥料の環境保全米栽培を大規模に展開している「みやぎ登米《とめ》農協」(迫町《はさまちょう》)。無農薬有機栽培の「Aタイプ」から、県基準の半分以下に農薬や化学肥料を抑える「Cタイプ」まで、主に三種類に分かれる。

一般の栽培に比べ収量が落ちる場合もあるが、「安全と安心」をアピールして、コメ余りの中で登米郡産米の完売を目指す戦略だ。

宮城県仙台市に本社を置く新聞「河北《かほく》新報」は、二〇〇四年八月三日にこのような記事を掲載した。記事によると、「みやぎ登米農協」では、減農薬・減化学肥料の「環境保全米」栽培が「産地間競争を生き抜くため」に取り組まれているらしく、これは「『安全と安心』をアピールして、コメ余りの中で登米郡産米の完売を目指す戦略」であるという。この記事には続きがあり、そこでは記者のインタビューに答えたのであろう地域農業者の言葉が、『駄目なら来年は一般栽培に戻すさ』と、おおらかに構えている」と、一言掲載されていた。

次に、少し時をさかのぼって、一九九五年一〇月三〇日に同じく河北新報に掲載されたもう一つの記事をみてみよう。

一一月から施行される新食糧法によって、コメ産地の環境や農地への影響が懸念される中で、地域と地球の環境・食糧問題に取り組んでいるEPF情報ネットが、低農薬、無農薬の有機栽培米による「環境保全米」づくり運動に乗り出すことになった。生産者や消費者にも広く運動への参加を呼び掛け、環境をはぐくむ農業と、それを支えるコメの流通、消費の在り方を、市民とともに探る方針だ。

「環境保全米」は⑴低農薬、無農薬の有機栽培によって生産現場の環境を守る⑵環境保全の役割を担っている地域の農地の維持・保全を目指す——という二つの視点に立って生産されるコメ。

消費者、生産者が中心になって、コメ自由化時代に環境保全米づくりを広げていくため、農協などの協力も得て、生産現場が見えるような新たなコメ流通のシステムを、実践を通じて見つけていく。

こちらの記事では、地域と地球の環境・食糧問題に取り組んでいる「ＥＰＦ情報ネット」という組織が、「環境保全米」づくり運動に乗り出すことになったことが報道されている。「ＥＰＦ情報ネット」は、生産者や消費者にもひろく「運動への参加」を呼びかけており、「農協などの協力」も得ようとしているが、「環境保全米」づくり運動ではあくまで「消費者、生産者が中心」になることが期待されている。そして、中心的存在となる消費者と生産者は、「生産現場が見えるような新たなコメ流通のシステムを、実践を通じて見つけていく」のだとされている。

以上の二つの記事における「環境保全米」の取り上げられ方は大きく異なっている。前者の記事では、「環境保全米」は農協が産地間競争を生き抜くための〈戦略〉であり、「安全と安心」をアピールするための施策であるとされている。しかし、後者の記事では、「環境保全米」づくりとは〈運動〉であり、生産者や消費者にひろく参加を呼びかけるものなのだとされている。

また、前者では、「環境保全米」は農協の〈戦略〉として大規模に展開されていた。しかし、後者では、「環境保全米」づくり運動は、「新たなコメ流通のシステムを、実践を通じて見つけていく」ものであり、農協とは「協力」を得るような関係で、実質的な〈運動〉の主体は消費者と生産者であると明示されている。

両者の記事では、「環境保全米」という呼称は同一であるものの、そのラベルが意図する内容にはほとんど共通項は見当たらない。

宮城県内で一九九五年に始まった環境保全米づくり運動（以下、環境保全米運動とする）は、二

［表 序-1］NPO環境保全米ネットワークによる認定・認証の基準（2021年）

	化学農薬	化学肥料（窒素成分）	認定・認証の対象
Aタイプ（有機JAS基準）	原則不使用	原則不使用	生産者個人・生産者グループ
Bタイプ（特別栽培農産物に該当）	5成分以下（原則殺虫剤不使用）	育苗時のみ使用	生産者個人・生産者グループ
Cタイプ（特別栽培農産物に該当）	8成分以下	3.5kg/10a以下	農協組織・団体・企業など
宮城県の慣行栽培基準（2021年）	17成分	7kg/10a	―

注：特別栽培農産物とは，農林水産省「特別栽培農産物に係る表示ガイドライン」に従い，地域の慣行栽培基準にくらべ，節減対象農薬の使用回数が50％以下，化学肥料の窒素成分量が50％以下で栽培された農産物を指す．

出所：NPO環境保全米ネットワーク事務局提供資料をもとに作成．

〇〇三年にＪＡみやぎ登米（記事では「みやぎ登米農協」と表記）が環境保全米を主たるコメ施策として位置づけたことで大きな転換点を迎えた。ＪＡみやぎ登米は、管内すべての水田を環境保全米へと転換することを構想し、二〇〇六年以降、全体の八割ほどの面積で環境保全米を生産し続けている。

一つ目の記事にあったように、環境保全米には大きくＡ・Ｂ・Ｃの三つのタイプがある。このうち、農薬と化学肥料を地域の基準からそれぞれ半分以上節減したＣタイプは、環境保全米への管内全面積転換を構想するＪＡみやぎ登米から、環境保全米の認証団体である「ＮＰＯ環境保全米ネットワーク」（二つ目の記事に登場した「ＥＰＦ情報ネット」の後継組織）に対して、新設が打診された栽培基準であった。ＪＡみやぎ登米で生産が拡大した「環境保全米」というのは、そのほとんどが既存のＡ・Ｂタイプより基準を緩めたＣタイプである（Ｂタイプは育苗時のみ化学肥料を使用し、農薬は五成分以下）（表 序－1）。

なぜ〈運動〉として始まった環境保全米は、農協の〈戦略〉となったのか。農協の〈戦略〉となったことは、環境保全米にどんな影響をもたらしたのか。記事では、「おおらかに構えている」としか表現されていなかった地域農業者は何を思い、環境保全米をつくり続けているのか。本書では、宮城県内で起こった環境保全米運動の経緯と、JAみやぎ登米管内で起こった環境保全米生産の普及と継続の過程を明らかにしていく。

一連の環境保全米づくりを事例として取り上げることには、次の二つのレベルで意義がある。まず、具体的なレベルでは、いわゆる「成功例」とされる事例を取り上げ、なるべく細かく調査することで、その「成功例」がどのようにして生み出されてきたのかを分析し、他の地域にも応用できるような知見を見つけるという意義がある。JAみやぎ登米管内は、「環境にやさしい農業」が普及した地域として、全国的にみても「成功例」や「先進例」にあたり、他の農協や地方自治体からの視察をたびたび受け入れている。

もう一つ、やや抽象的なレベルでは、環境保全米生産の普及や継続の過程を調査・分析することで、「持続可能な地域社会」や「持続可能な農業」のあり方を考える意義がある。続く第1章でみるように、一般的に「環境にやさしい農業」としてとらえられている有機農業だけでは地域農業全体での環境負荷の削減は難しく、地域社会と地域農業、そして地域環境の「持続可能性」を高めていくためには、その他の手立ても必要となる。第3章で詳述するように、無農薬ではなく減農薬・減化学肥料栽培を許容した環境保全米運動の事例を通して、本書では地域住民や地域農業者が関与する地域環境保全はいかにして可能となるのかということを、その社会的条件に目を向けて考え、一つの方策を提示していく。

⦿事例の位置づけ

本論に先んじて、ここでは他の先行事例と比較して、本書が選定した環境保全米づくりの事例にはどんな特徴があるかを整理しておこう。

農薬や化学肥料を削減したり、農地や農地周辺の自然環境を生きものにとって棲みやすいように整備したりする「環境にやさしい農業」が地域的な展開をみせた先行事例はいくつか存在する。なかでも、実施規模が大きく、全国的な注目度が高いのは、滋賀県の「環境こだわり農業」の取り組み、新潟県佐渡市の「朱鷺《とき》と暮らす郷《さと》づくり」認証制度の取り組み、兵庫県豊岡市の「コウノトリ育む農法」の取り組みである。

「環境こだわり農業」とは、琵琶湖の水質保全を目的として二〇〇一年から始まった滋賀県独自の取り組みである。滋賀県では、二〇〇三年に「滋賀県環境こだわり農業推進条例」が制定され、都道府県単位としては日本で初めて「環境にやさしい農業」に対して助成金制度を設けた。

また、「朱鷺と暮らす郷づくり」認証制度は、佐渡市で取り組まれているトキ（朱鷺）の人工繁殖と野生復帰事業に関連して二〇〇四年につくられた制度であり、トキの生育環境として有用な水田管理に対して助成金が交付されている。

コウノトリの野生復帰事業がおこなわれている豊岡市では、「コウノトリ育む農法」認証制度に加えて、コウノトリと共生する水田自然再生事業（二〇〇三年―）や市独自の環境直接支払制度（二〇一一年―）など、さまざまな助成金制度が整えられてきた。三つの事例すべてに共通するのが、自治体行政の積極的な関与や国家プロジェクトとの連動がみられ、財源の確保が一定程度できているということである。

これらの先行事例には、いわゆる「環境アイコン」が存在する。環境アイコンとは、特定の自然環境を象徴する野生生物や生態系のことで、その保全や再生に多様なステークホルダー（利害関係者）が関心を示す（佐藤哲 2008: 71）という特徴をもつ。滋賀県、佐渡市、豊岡市にはそれぞれ琵琶湖やトキ、コウノトリといった環境アイコンが存在し、地域単位で「環境にやさしい農業」に取り組むことの正当性は、こうした環境アイコンの存在によって担保されている。これらの先進事例と比較すると、本書の事例であるＪＡみやぎ登米管内の環境保全米運動は、なんらかの環境アイコンを守ろうとして始まったものではない。

環境アイコンの存在は「環境にやさしい農業」の正当性を高めるが、行政に財源を確保させる根拠となるほどの訴求力をもった環境アイコンが存在する地域は全国的にみて少数だと思われる。むしろ、特定の環境アイコンをもたない地域の方が一般的であり、そうした地域で「持続可能な地域社会」と「持続可能な農業」のあり方を組み立てていくためには、いかにして「環境にやさしい農業」の正当性を地域の文脈のなかで創造することができるかということが鍵となる。こうした点は、特定の環境アイコンをもたない状態で普及した環境保全米を事例として選定することの積極的な意義だといえる。

このほかにも、環境保全米を事例として選定したことには、以下の理由がある。まず、次の点については主に第3章で確認することとなるが、環境保全米運動へとつながった一連の活動を経て、環境保全米が宮城県内に普及していった過程は、市民運動や市民活動がどのようにして地域社会にインパクトを与えることができるかということを考えるための素材となるだろう。地域社会には多様な利害関心をもったステークホルダーが存在し、こうしたステークホルダー間での合意形成や協働によって、地域社会の課題を解決していくようなローカルガバナンスのあり方が現在求められている。環境保全米運動は、地域社会の土台でありながら対立しがちな、食（消費）と農（生産）、そして環境の問題を解きほぐすための一つの方策を提示している。

また、これは主に第6章で述べることだが、JAみやぎ登米の環境保全米施策が商業的に成功したことからは、「環境にやさしい」ことがビジネスチャンスにつながるという、現代の環境と経済の関係性が浮かび上がってくる。そして、こうした視点からもう一度、環境保全米運動が目指してきたものをふりかえったとき、環境保全米運動は私たちに現代社会における農業のあり方を再考するきっかけを与えてくれる。

以上のような理由から、本書では環境保全米運動とJAみやぎ登米管内における環境保全米の普及と継続の過程を事例とし、食と農と環境の問題を地域から解決していくためにはどんなしくみやしかけが有効であるかを解明する。

⦿環境配慮型農法とは

ここで本論に入る前に用語の整理をしておこう。化学合成された農薬や肥料の使用を節減する農法や、農地や農地周辺での生態系や生物多様性の保全に寄与する効果をもちうる農法については、有機農法（有機農業・有機栽培）、無農薬栽培、減農薬栽培、低農薬栽培、自然農法、不耕起栽培、低投入農業、環境保全型農業、保全農業、循環型農業、代替農業、パーマカルチャー、持続的農業のように世界中で多種多様な呼称や取り組み方が存在している。これらは、農薬や化学肥料の節減の度合いに応じた単なる呼称であるものから、ある理念のもとに提唱されたもの、あるいは農政施策として提起されたものなど、それぞれに登場してきた社会的背景が異なっている。したがって、これらの呼称や取り組みのあり方を統一しようとするような動きはこれまでのところみられていない。

こうした「環境にやさしい農業」の多様なあり方が存在するなかで、本書では既存の呼称を採用することはせず、化学合成農薬や化学合成肥料を節減した農法をひろく環境配慮型農法と呼ぶ。この定義は、農地への投入資材の節減にとくに着目しているため、先ほど並べたさまざまな呼称の中では、無農薬栽培や減農薬栽培、低農薬栽培、あるいは低投入農業などに近い。ここでいう環境配慮型農法とは、あくまで一つの農業技術であり、特定の理念的背景を背負っていない。環境配慮型農法かどうかは、具体的な行為として化学合成農薬や化学合成肥料が節減されているかどうかによって判断されうる。

環境配慮型農法は、「環境にやさしく」といった意図を要請しない。環境配慮型農法に類似する用語として、環境配慮的行動（もしくは環境配慮行動）というのがある。これは社会心理学や教育学分野での用語で、「環境にやさしく」といった意図をもった行動のことである。たとえば、社会心理学者の広瀬幸雄は、エネルギーやその他資源の消費の度合いや環境への負荷がそれぞれ相対的に小さい行動を「環境配慮的行動」と定義している（広瀬 1994）。広瀬は、環境配慮的行動が実行に移される意思決定のモデルとして、まず環境問題の解決に貢献したいとする「環境にやさしい目標意図」があり、その次に実行可能性や個人のコスト負担の計算などの「環境配慮的な行動意図」がかかわるとする二段階モデルを提唱している。こうした、「環境にやさしい目標意図」が環境に配慮するような行動に先んじて存在するという考えは、学術的な知見としてだけでなく、世間一般にもひろく受け入れられている。

しかし、本書では「環境にやさしい目標意図」をもたないものを含めて、投入資材を節減する農法はすべて環境配慮型農法であるとする。筆者の専門とする社会学では伝統的に、意図と行為の結果は必ずしもリンクしないという研究（Merton 1949＝1961; Boudon 1982）がなされており、本書でも意図と行為を切り分けて分析するため、こうした定義とした。これは、本論の理論的な部分ともかかわってくるが、「環境にやさしくすべきである」といった規範にもとづかない環境保全のあり方をすくい取るための定義でもある。

環境配慮型農法は、必ずしも「環境にやさしくすべきである」といった規範にもとづかないが、農業生産によって生み出される環境負荷を実際的に削減しているという観点から、「持続可能な地域社会」を実現するための基礎的な要件であるといえる。つまり、環境配慮型農法とは、「持続可能な地域社会」や「持続可能な農業」を実現していくための手立てであるといえる。

しかし、本書では「持続可能な農業」やその先に構想される「持続可能な地域社会」とは一つの抽象的な理念型であるという立場をとり、環境配慮型農法を採用した農業のあり方がただちに「持続可能な農業」を具現化した姿であるとは考えていない。これには次の二つの理由がある。

まず、環境配慮型農法そのものは一つの農業技術にすぎないため、結局それがどんな社会的背景を背負い、どんな社会的文脈に埋め込まれるかによって、誰に何をもたらすのかが変わってくるという点だ。こうした観点から本書では、環境配慮型農法それ自体を調査対象とし、それが地域農業や地域農業者にどんな影響を与え、どんな「持続可能な農業」や「持続可能な地域社会」をつくっていく可能性をもつものなのかを明らかにしようとする。言いかえれば、ある技術の導入が人びとや地域社会にどのような影響を与えるのか、そしてある技術を媒介とすることで人びとと自然とのかかわり方はどのように変容するのかということが本書をつらぬく主要なテーマであるといえる。

また、「持続可能な農業」や「持続可能な地域社会」とは理想化されたコンセプトにすぎないため、具体的な行為を観察し、記述する際の概念として環境配慮型農法を設定したという点があげられる。国連が二〇一五年に策定したＳＤＧｓ（持続可能な開発目標）の一七の目標をみればわかるように、持続可能性の「条件」として想定されているものは多岐にわたって存在する。しかし一方で、さまざまな「条件」が提示・提案されていたとしても、環境倫理学者の福永真弓が指摘するように、結局のところ持続可能性（サステイナビリティ）そのものは空虚なコンセプトにすぎず、より必要とされるのは現場や現場の人びとによりそいながらよりよい社会の姿を描いていくということだ（福永 2014）。

さらにいえば、これは主に第6章の内容とかかわってくるが、現在、ほとんどの人びとがナショナル、あるいはグローバルに張りめぐらされた食料供給ネットワークの中で生きており、このなかでどんな農業のあり方が「持続可能な農業」として定位しうるのかということが問われ続けている。本書では、本書の観点から地域社会における「持続可能な農業」の一つのあり方として環境保全米の事例を描いていくが、一方で、環境保全米づくりの事例を通して、「持続可能な農業」とはどのように実現しうるのか、誰がどのように担っていくべきなのかということについても議論を喚起したいと考えている。つまり本書では、「持続可能な農業」というコンセプト自体が問われるべき存在であると考えており、「持続可能な農業」という言葉をアプリオリなものとして無前提に使用することを避けるためにも、あえて環境配慮型農法という用語を設定している。

◉調査手法

次に、本書の内容がどのような調査にもとづくものなのかを確認しておこう。

調査方法は、ドキュメント分析、フィールドワーク、アンケート調査の三つである。まず、主に第3章で詳述される環境保全米運動に関連する一連の活動は、冒頭で引用した二つの記事が掲載された地方新聞「河北新報」の連載企画である「くろすとーく」から始まったものであった。したがって、活動の経緯を明らかにするために、河北新報の過去の記事を資料として収集し、分析した。また、「くろすとーく」での討論の様子を文字起こしの形式で記録した書籍『考えよう農薬シリーズ（上・中・下巻）』（河北新報社編集局編 1992a, 1992b, 1992c）が出版されており、そちらも分析対象とした。

フィールドワークは、二〇一五年から二〇一八年にかけて集中的におこなった。環境保全米運動の立ち上げにかかわってきた人物や環境保全米を生産している農業者、農協職員、NPO環境保全米ネットワークの事務局などが主な調査対象であった。フィールドワークでは、質問項目をおおまかに設定した半構造化インタビューによる聞き取り調査を主な手法としたが、それ以外にも、たとえば移動中の車内での会話や飲食の場でのインフォーマルな会話などから得た情報も使用している。聞き取り調査は一人あたり約一時間半から二時間程度おこなわれた。また、JAみやぎ登米における環境保全米の普及過程をより俯瞰的にとらえるために、単発的にではあるが、同じく「先進事例」である滋賀県行政とJA佐渡、そのほかに宮城県内でJAみやぎ登米の近隣に位置する地域農協にそれぞれ聞き取り調査を実施した。

第5章で詳述されるアンケート調査は二〇一七年二月に実施した。調査の詳細は第5章にゆずるが、アンケート用紙はJAみやぎ登米管内の各町域の稲作生産部会(「生産部会」については第4章にて詳述)に当時所属していた三一二名に対して、各町域支店の担当職員を通じて配布・回収した。回収枚数は八二枚(有効回答は八一)、有効回収率は二五・九%だった。

本書の調査の特長は、聞き取り調査の対象であった生産部会の会員に対して、聞き取り調査で得た情報をもとに作成したアンケート調査を重ねて実施したり、アンケート調査の結果を得た後で、その結果をもとにして聞き取り調査を実施したりした点にある。このように、一つの調査対象に対して複数の調査アプローチを重ねる手法のことを「トライアンギュレーション(三角測量)」

という。トライアンギュレーションを採用することの意義は、単一のアプローチで可能な範囲を超えたさまざまなレベルにわたる知がもたらされ、結果的に研究の質の向上が期待されることである（Flick 2007＝2011: 543）。

トライアンギュレーションには、さまざまなやり方が存在するが、[1]とくに、聞き取り調査のようなフィールドワーク主体の調査（記述データを扱うため、質的調査とも呼ばれる）とアンケート調査（数値データを扱うため、量的調査とも呼ばれる）を組み合わせる手法は、Mixed Method（混合研究法）として提唱されてきた（Teddlie and Tashakkori 2009）。こうした手法は、多様な証拠の含意が収斂することで調査の信憑性を高める役割を果たす（杉野 2010: 28）とされている。本論にて詳述するように、本書においても質的調査と量的調査を往復することで、どちらか一方の調査だけではわからなかった新たな知見や仮説にたどり着くことができた。

⦿本書の構成

序章・終章を含め、本書は全八章から構成されている。

第1章では、農業および有機農業の歴史をふりかえることで、制度化と産業化を経験した有機農業が持続可能性の隘路に陥っていることを確認する。そのうえで、本書では地域住民による地域環境保全という枠組みの中で、地域農業者による環境配慮型農法の実践に着目することを示す。そして、本書が取り組む三つの課題を提示する。

第2章では、社会学や経済学における環境配慮型農法に関連する学術研究を概説し、これまでどんな観点から環境配慮型農法が研究され、どんな研究成果が得られてきたのかを確認する。そして、本書の学術的な視座を提示し、第3章以降の事例部分に対してどんな観点から分析をおこなっていくのかを明らかにする。

第3章、第4章、第5章は、本書の事例である環境保全米について調査結果をまとめたものである。まず第3章では、環境保全米運動の成立過程とその後の環境保全米の普及過程を明らかにする。河北新報の連載企画として始まった一連の活動は、どのような発想の転換を経て、環境保全米運動へと結実したのか。また、〈運動〉として始まった環境保全米づくりは、どのような経緯を経て、農協の〈戦略〉となったのか。それは、環境保全米運動の提唱組織と農協の双方に何をもたらしたのか。ここでは、食と農と環境の問題をめぐって対立構造にあったステークホルダーがどのようにして協働が可能となる状況を生み出し、環境保全米という一つの方策を提示できたのかを解明する。

第4章では、宮城県内で最も環境保全米が普及しているＪＡみやぎ登米を調査対象とし、環境保全米が地域農業者の間で普及した経緯の詳細と、高い普及率を支えている継続要因を解明する。とくに、普及の経緯については農業者組織である生産部会の情報伝達過程に、継続要因については経済的要因と非経済的要因の双方に着目する。また、環境保全米が「地域スタンダード」として普及し継続されている現在、地域農業者の間にどのような意識の変容が起こっているかも確認する。

第5章では、ＪＡみやぎ登米管内の生産部会員を対象に実施したアンケート調査の結果から、聞き取り調査で明らかになった環境保全米の普及過程や農業者の継続動機をよりくわしく分析する。とくに、環境保全米づくりにどんな動機をどの程度感じているかによって農業者をタイプ別に分け、それぞれのタイプにはどのような特徴があるのかを確認する。また、聞き取り調査だけでは十分に明らかにすることができなかった環境保全米をめぐる規範についても検討する。

第6章では、第1章、第2章で提示した問題設定や課題に対し、第3章、第4章、第5章で描写してきた事例調査の内容から理論的な応答を試みる。また、本書の事例を敷衍させ、現在までどのような環境と経済のあり方が目指されてきたのかということや、ローカルな生産とローカルな消費をつなぐやり方によってローカルな環境は保全できるのかということについて、これまでの学術研究を参照しながら議論する。

終章では、これまでの知見を総括したのち、学術的な知見の整理と本書の知見をふまえた若干の政策的提言をおこなう。

第1章

有機農業と慣行農業の狭間で

農業環境公共財はいかにして供給できるか

有機水田で用いられる乗用除草機
写真提供：JAみやぎ登米

はじめに

本書の目的は、「持続可能な地域社会」の基礎的な要件である環境配慮型農法が地域に普及し、生産が継続されるための社会的な条件を明らかにすることである。こうした目的のために、本書では宮城県で起こった環境保全米の普及と生産継続の過程を描写し、どんな地域農業のあり方が地域農業者にとって、そして地域の環境にとってもよいものであるのかを検討する。また、こうした事例分析を通して、どのような環境配慮型農法のあり方が地域社会における農業環境問題を解きほぐしうるのかを考察していく。

ここでは最初に、有機農業の歴史と現在をふりかえり、有機農業やそれをとりまく言説の隘路から本書の課題を明らかにしていきたい。

1 有機農業の歴史と現在

⦿農耕の発達からスマート農業まで

農学者の佐藤洋一郎によると、日本列島では縄文時代からすでに現在の焼畑農耕に近い方式で稲作が営まれていたという。焼畑農耕は、火を入れることで害虫や雑草を抑えることができるうえに、草木灰が肥料となるため肥料供給の術としても効率的であった（佐藤洋一郎 2008: 178–182）。また、科学史や環境史を専門とする瀬戸口明久によると、日本における最初の害虫の記録は、八世紀に編纂された『続日本紀』にみいだすことができる。この頃の人びとは、害虫の発生を一種の神罰ととらえており、たとえば麻の葉などで物理的に払い落とすといった手立てしかもっていなかった（瀬戸口 2009: 18–21）。

こうした害虫防除技術は、古代・中世を通してあまり発展がみられなかったが、江戸時代には飛躍的な技術革新を遂げた。江戸時代の農業技術書である『除蝗録』では、水田に油を散布して油膜をつくり、箒《ほうき》などを使って稲を揺すって害虫を油の上に落として駆除する「注油駆除法」が推奨された。これまでは追い払うしか手立てがなかったところから、油膜上に落として駆除する手法が編み出されたことは、大きな技術発展である。しかし、瀬戸口が調べたところによれば、江戸時代においても、害虫の大発生は「たたり」と考えられており、宗教的な行事に頼って害虫を駆除しようとする人びとも少なからず存在した（瀬戸口 2009: 21–27）。一方、江戸時代には備中ぐわや千歯こきといった農機具が発達し、作業効率は飛躍的に向上した。

作物の生育に必要な肥料の調達では、草木灰のような自給肥料が平安時代頃からすでに利用されていたが、これらの利用が拡大し、年間でより多くの収穫が得られる二毛作が可能となったのは、鎌倉時代以降であった。その後、一八世紀に入ると、イワシやニシンを原料とした魚粕《ぎょかす》や菜種粕などの油粕が肥料として売買されるようになり、商品としての肥料、すなわち金肥が登場した。また、排泄物も下肥《しもごえ》として都市から農村へと売り渡される商品となり、こうした肥料の売買によっても農業の生産性は高められていった。

明治期に入ると、国家的な近代化政策のもとで、農業においても化学的防除が推進されるようになった。瀬戸口によると、近代化を推し進める日本政府は、すでに西洋科学の一分野として確立していた害虫防除の実学である「応用昆虫学」を日本に導入しようとした。化学的防除を全国的に普及させようとした政府は、一八八五（明治一八）年に各府県に対し「田圃虫害予防原則」の制定を求める省達を発したが、これだけでは実効性に乏しかったため、一八八六年にはより強い拘束力をもつ法規として「害虫防除予防法」を制定した。この法律は非常に強力で、害虫が発生するおそれがあると判断した場合には農民たちに防除作業を命じることが可能となった（瀬戸口 2009: 64–65）。このように、外来の技術として移入された化学的防除は、近代化政策の名のもとで政府によって周知され、強力に奨励された。しかし、この頃の農民は薬によって害虫を防ぐことができるとはほとんど信じていなかったため、戦前には一般の農村にまで化学的防除が普及することはなかった。

一方、肥料では江戸時代に重宝された魚粕や菜種粕、下肥に代わって明治時代から昭和初期までは大豆を原料とした豆粕《まめかす》が主役となった。その後、豆粕は、日清戦争（一八九四―九五年）の勝利によって中国東北部から大量に輸入されるようになっていった。しかし、日露戦争（一九〇四―〇五年）の勃発によって中国からの豆粕の輸入は途絶え、さらに同時期に起こったニシンの

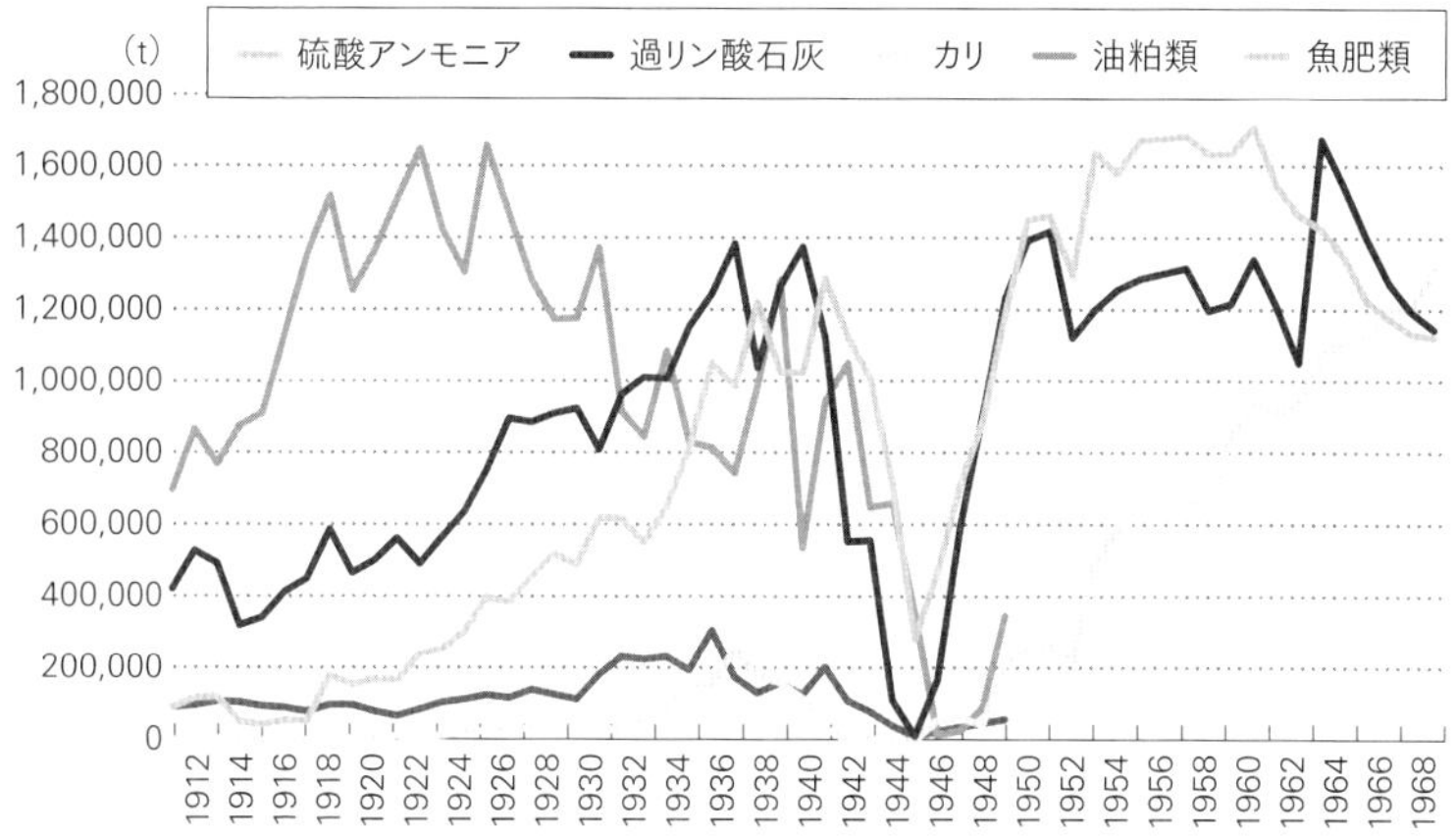

［図 1-1］主な肥料の国内消費量の推移（1912～1968年）

注：油粕類，魚肥類は1949年以降記載なし．

出所：農林省資材部編（1942），農林省農業改良局統計調査部編（1951），農林省農政局肥料機械課監修（1968）をもとに作成．

不漁によって魚粕も不足したことで、化学肥料の需要が一気に高まることとなった（小林2018）。この時期、一八八四年に化学肥料の一種である過リン酸石灰とリン鉱石が試験的に輸入され、一八九六年には硫安（硫酸アンモニウム）が民間の商店によって初めて輸入されていた。その後、化学肥料の国内消費量は徐々に伸びていき、第二次大戦後の一九五三年に実施された調査ではほとんどの農家がなんらかの化学肥料を購入していた（図1－1・表1－1）。

一九世紀末から二〇世紀の初頭にかけて化学肥料の全国的な普及が進んだ一方で、農薬が一般的に利用されるようになったのは第二次大戦後のことであった。とくに、戦後の深刻な食料不足は化学肥料とともに農薬を農村へ浸透させる圧力として働いた。戦後から高度経済成長期にかけて、農薬は日本中の農村

［表 1-1］1953年における化学肥料の購入農家数と比率

	化学肥料購入農家数	総農家数に対する比率
硫安	5,612,000	91.4%
過リン酸石灰	4,977,000	81.0%
塩化カリ	1,650,000	26.8%
化成肥料	1,015,000	16.5%
総数	5,936,000	96.6%

注：総数はいずれかの化学肥料を購入している農家数.
出所：農林省農林経済局統計調査部編（1953）をもとに作成.

へと普及していった。『ポケット農林水産統計』によると、水田における除草剤の使用農家数は、一九五九年には全体の三一・八%だったがその後徐々に増加し、一九六七年には全体の八一・二%となっている。また、ヘリコプターによる農薬の空中散布は二年間の試験的導入を経て一九五八年から本格的に始まり、一九六〇年代には全国的に普及した。一年目の散布面積は全国で一〇四五ヘクタールにすぎなかったが、その後は一九六九年まで一貫して増加していった（表1－2・表1－3）。

　こうして農業の省力化と生産性の向上が進んでいったが、高度経済成長期にはそれまでの産業構造が大きく転換し、農村から大量の青年男性が都市へと流出し、労働者として働き始めた。また、農村内でも兼業農家として勤めに出る者が増えた。農業の主な担い手は高齢層や女性へと急速に移り変わっていったが、それでもこの時期の農業生産に大きな支障が出なかったのは、トラクターや田植え機、コンバインといった石油燃料を動力源とする農機具の大型機械化が進んだからである。こうした大型機械化と農薬・化学肥料の普及によって、この時期の農業は人手不足に陥るどころか、これまでにないほどの生産の増大を達成したのである。

　しかしこの直後、日本は「コメ余り」の時代に突入し、減反政策が導入されることとなった。

一方で、農畜産物の輸入が進み、食料自給率は低下していった。近年においても農業人口の減少と高齢化は止まらないが、「強い農業」のスローガンのもと、産地の収益性の強化や経営体の育成、農畜産物の輸出拡大が目指されている（農林水産省 2019a）。また、「強い農業」をつくっていくための施策として、農地集積による大規模化やロボット・情報通信技術を活かしたスマート農業の導入が奨励されている（農林水産省 2020a）。

このように、有史以前から農業技術は発達を続けており、近代以降は生産主義的な発想による効率化が進められてきた。とくに農薬と化学肥料の発明と石油燃料を動力源とする大型機械化がもたらした農業の近代化は、それまでとはまったく異なる次元で生産性を向上させた。しかし、こうした近代農業が普及するにつれて、そこに歪みを感じ取った者たちによる対抗的な農業のあり方が模索されるようになった。それが一九七〇年代からひろがった有機農業運動である。

［表 1-2］水田における除草剤の使用農家数の推移

	使用農家数	水田作付総農家数に対する比率
1959年	1,527,420	31.8%
1960年	–	–
1961年	2,550,000	51.8%
1962年	3,109,000	62.9%
1963年	3,423,000	69.4%
1964年	3,715,000	75.3%
1965年	–	–
1966年	–	–
1967年	3,796,000	81.2%

注1：1960年，1965年，1966年，1968年以降は記載なし．
注2：すべて都府県のみ．
出所：農林省農林経済局統計調査部編（1962, 1968, 1970）をもとに作成．

⦿草の根運動としての有機農業の誕生

日本では、行政施策として有機農業や環境保全型農業への取り組みが始まる以

［表 1-3］ヘリコプターによる農薬の空中散布面積の推移（水稲の病虫害駆除を目的としたもの）

	面積（ha）	耕地面積（田）における割合
1958年	1,045	0.0%
1959年	4,244	0.1%
1960年	17,915	0.5%
1961年	99,309	2.9%
1962年	272,895	8.0%
1963年	515,150	15.2%
1964年	684,167	20.2%
1965年	838,716	24.7%
1966年	842,879	24.8%
1967年	954,174	27.9%
1968年	1,106,724	32.2%
1969年	1,244,153	36.2%
1970年	1,007,930	29.5%

注：1971年以降は記載なし.
出所：農林省農林経済局統計調査部編（1962, 1964, 1965, 1972），農林水産省生産流通消費統計課（2019）をもとに作成.

前から、近代農業とは異なるあり方として無農薬・無肥料栽培が草の根的に実践されてきた。民間出自の無農薬・無肥料栽培にはいくつかの源流があるが、戦間期から戦後にかけては主に自然農法という呼称が用いられていた。たとえば福岡正信（一九一三―二〇〇八）は、病に倒れ、死に直面したのちに、無農薬、無肥料、不耕起、無除草の原則にもとづく自然農法を一九四七年から実践した。また、世界救世教の創始者である岡田茂吉（一八八二―一九五五）は、清浄な土こそが本来の力を発揮するとして、一九三五年から無肥料栽培を開始し、一九五〇年からは自然農法という呼称を用いた。このような哲学的・宗教的思想と作物栽培とが結びついた実践が近代日本における無農薬・無肥料栽培の最初期の姿であった。

　日本では戦前から農薬と化学肥料の国内生産が進められており、とくに化学肥料は輸出産業として発展するほどの生産体制にあったが、先述したように戦後の深刻な食料不足が全国の農村に農薬と化学肥料を浸透させた決定的な要因となった。こうして戦後から続く高度経済成長期には飛躍的な生産性の向上を遂げたのだが、急速に進んだ増産の後景には、農薬中毒による被害が数多く潜んでいた。それらは農薬散布後のちょっとした体調不良から誤飲による死亡まで、多様に存在した。また、農薬の強毒性が知られるようになると、自殺の手段として使われることも増えた。こうした農薬事故や自殺は、全国各地の農村において徐々に認識されるようになっていった。加えて、都市部においても農産物に付着している残留農薬の危険性を指摘する消費者の声も高まっていった。

こうした社会状況のなか、一九七一年に当時、協同組合経営研究所の理事長だった一楽照雄は、残留農薬によってその安全性が懸念される農産物に疑問を感じ、大量の農薬に依存せざるをえない日本農業のあり方を根本的に変革すべきだとして、「日本有機農業研究会」を結成した（保田 1985: 10）。このとき一楽は、アメリカ合衆国で考案されていた、化学肥料を拒否し有機物によって土壌を肥沃にすることを基本とする"Organic Gardening and Farming"を翻訳し、有機農業という用語を当てはめた（一楽 1975: 41）。

同じ頃、農村部では自給農業の手立てとして有機農業を始める生産者が現れ始めた。現在では有機農業の里として知られる山形県高畠町《たかはたまち》では、一九七三年に「高畠町有機農業研究会」が発足している。この研究会は、主に青年団活動にかかわっていた若年層の新進気鋭な農業者の集まり(1)であり、自給を基本とした有畜小規模複合経営が当時の農業者がおかれた苦境を突破する鍵であるという考えのもとで結成された。

こうして日本の各地で有機農業の萌芽がみられるようになってきたこの時期、有吉佐和子の小説『複合汚染』は、当時の日本において有機農業を支持する一定の世論が形成される一つの契機となった。『複合汚染』は、農薬と化学肥料が農産物や生態系、そしてわれわれの身体にどのような悪影響を与えるかを訴えた長編小説である。全国紙にて連載（一九七四年一〇月―七五年六月）されていたこともあり、大きな反響を呼んだ。この時期には、それまで健康被害が懸念されていたパラチオンや水銀剤をはじめとする各種の農薬成分は一九七一年以降、順次販売および使用が禁止された。

一方、同じ頃に首都圏では「所沢生活村」（前身の「所沢牛乳友の会」が一九七三年に発足、一九七八年に改称）や「安全な食べ物をつくって食べる会」（一九七四年発足）といった食の安全性を希求する消費者団体が形成された。彼女ら（会員の多くは主婦だった）は、まだ有機農産物の供給体制が全国的に整っていないなかで、さまざまな農村地域に点在している有機農業者を探し出し、有機農産物を直接買い取ろうとした。これらの社会的背景から生まれたのが、農村部の生産者と都市部の消費者が市場流通を介さずに有機農産物を直接やりとりする有機農業運動であった。

この時期、生産者と消費者の双方が有機農業や有機農産物を求め始めたが、生産者が自給構想や自家農業のあり方の問い直しといった、自己完結が可能な方向性で有機農業を実践し始めていたのに対し、自ら有機農産物を生産することが困難である都市部の消費者は各地に点在する有機農業者を積極的に探し出さなければならなかった。こうした両者の非対称性から、どちらかというと消費者主導的ないきさつを経て有機農業運動が形成された。(2)

こうして、有機農産物が一つの媒介項となって、農村部の生産者と都市部の消費者が共同で実践する有機農業運動が生まれたのだが、ここで指摘しておきたいのは、この時期の有機農業運動が求めていたものは、単なる無農薬・無化学肥料栽培の農産物ではないということだ。この時期、急速な経済成長の反動として公害による甚大な地域環境汚染が経験され、経済成長を最優先とする近代資本主義的な体制に疑問を感じる人びとは決して少なくなかった。こうした疑問は農業に対しても投げかけられ、身体や生活環境への悪影響が懸念される農薬や化学肥料を大量に投入して生産性を極限まで向上させようとする近代農業もまた、その問い直しが迫られていた。このような、経済合理性の追求を最優先課題とする近代農業への批判的な精神が初期の有機農業や有機農業運動を特徴づけており、だからこそ有機農業や有機農業運動は社会運動の一種であるとして、これまで社会学者の研究関心を引いてきた(この点については第2章であらためて詳述する)。

有機農業運動にみられる草の根的な有機農業の出現は、都市と農村を結びつけるオルタナティブな食と農のネットワークの一つのあり方として意義をもっていた(桝潟 2008)。だが一方、こうした消費者と生産者との直接的な提携関係は、実態としては少数の消費者と少数の生産者による閉じたネットワーク(藤井 2009: 186)として成立しており、普及の規模としては比較的小さなネットワークの点在にとどまった。

◉有機農業の制度化・産業化

高度経済成長期以降、とくにいわゆるバブル経済のさなかにあった一九八〇年代後半には、日本社会は富を蓄積し、先進国の一つとして消費経済のあり方にも変容がみられた。成熟した消費社会では、農産物は従来のような安定的で効率的な供給よりもむしろ、品質を含む多様な差別化による競争戦略が求められる（Allaire 2004）。こうした社会の変容から、有機農産物や減農薬農産物に対する消費者一般の関心が高まり始め、それらを専門に扱う流通業者も現れ始めた。たとえば、有機農産物や無添加食品を専門的に扱う会員制戸別宅配業者の「らでぃっしゅぼーや」が創業したのは一九八八年のことである。この時期には運送業の飛躍的な発展もあり、有機農業運動が始まった一九七〇年代にくらべると流通システムは格段に進歩を遂げていた。

また、この時期にはすでに有機農産物は一般的な農産物とくらべて高価格帯に位置しており、有機農業運動を牽引した比較的初期の有機農業者、あるいはそれを支援する消費者の理想や理念とは別に、高所得者層が買い求めるニッチなプレミアム市場として有機農産物市場は形成されていった。有機農業への注目の高まりを受けて、一九八七年の『農業白書』では初めて有機農業にかんする記載が設けられたが、そこでは有機農業は「高付加価値型農業」の一つとして紹介された。

こうした認知度の向上、あるいはビジネスとしての有機農業の台頭は、市場に大きな混乱も招いた。なぜなら、当時は「有機農産物」の法的な定義が存在しなかったため、高付加価値商品となった有機農産物や減農薬農産物をめぐり、「有機」「無農薬」「低農薬」「減農薬」など、市場における食品表示が雑多に混在する結果となったのである。なかには優良誤認を招きかねない表示も見られ、一九八八年に公正取引委員会は独自の調査にもとづいて、「無農薬」と「完全有機栽培」という表示については一定の行政判断を示し、関連する小売業界四団体に対して、不当な表示がおこなわれることがないよう指導することを文書で要望した。

これら「有機農産物」の食品表示問題への法的な対応策として、一九九二年には「有機農産物等に係る青果物等特別表示ガイドライン」が制定された。このガイドラインでは、一九九六年と一九九七年の改正を経て、「無農薬・無化学肥料栽培農産物」をはじめとする八つの区分が制定された（その後も三度の改正を経て現在に至る）。これが現在のいわゆる「特別栽培農産物」制度にあたる。「特別栽培農産物」制度とは、農薬および化学肥料を地域の基準よりそれぞれ五割以上節減して栽培された農産物の表示にかかわる制度である。そして、一九九九年には「農林物資の規格化および品質表示の適正化に関する法律（通称、ＪＡＳ法）」の一部が改正され、「有機農産物」の法的な基準（通称、有機ＪＡＳ）が定められた。

以上のような認証制度の整備によって、優良誤認表示の問題はある程度の解決がはかられた。そして、国による認証制度の整備は有機農産物の流通をよりいっそう容易なものとした。認証ラベルがあれば国の基準にもとづいた正当な有機農産物であると判断されるため、運送業の発展とあわせて認証ラベルの存在によって、それまでの有機農業運動にみられたような生産者と消費者が直接的に結びつくことの必然性はさらに希薄化した。代わりに、市場を介した売買形態が当たり前のものとなり、消費者は既存の流通・市場システムの中で気軽に有機農産物を購入することができるようになった。もとはといえば有機農産物市場の形成が認証制度の創設を促したのだが、認証制度が導入されたことで有機農産物市場はさらに発展していった。このように、市場と認証制度の相互作用によって有機農産物市場はさらなる拡大を遂げていった。

⊙制度の充実と産業的な成長

やや時系列が前後することとなるが、農政が農業生産活動に起因する環境負荷の問題に初めて着手する姿勢をみせたのが、一九九二年の新農政における「環境保全型農業」への言及である。農林水産省によれば、環境保全型農業とは、「農業の持つ物質循環機能を生かし、生産性との調和などに留意しつつ、土づくり等を通じて化学肥料、農薬の使用等による環境負荷の軽減に配慮した持続的な農業」のことで、基本路線としては生産性に大きな影響を与えない範囲での環境保全的な技術の導入を推奨している。

また、一九九九年に制定された持続農業法では「エコファーマー制度」が導入された。エコファーマーとは、「持続性の高い農業生産方式の導入に関する計画」を都道府県知事に提出して、当該導入計画が適当である旨の認定を受けた農業者の愛称であり、エコファーマーと認定された農業者は農業改良資金の貸付において優遇措置を受けることができる。

その後も、農業環境規範（二〇〇五年）や有機農業推進法（二〇〇六年）といった環境保全型農業や有機農業の支援および推進を目的とする法規が制定された。とくに、有機農業推進法では、有機JAS認証の取得／非取得にかかわらず、ひろく有機農業を推進していこうとする方向性が示された。さらに二〇〇七年に制定された「農地・水・環境保全向上対策」では、こうした農業環境政策として初めて助成金制度が設けられた。これは、非農業者を含む集落単位での農村環境保全活動へ助成金を交付するもので、水路や畦《あぜ》の整備といった農村環境の保全・整備事業や、環境保全に向けた先進的な営農活動等（地域の基準より農薬・化学肥料の使用をそれぞれ五割以上節減するなど）が助成の対象となっていた。この対策は、二〇一一年には「農地・水保全管理支払」へと改定されたが、その際に環境部門だけが独立し、「環境保全型農業直接支払対策」が新たに制定された。「環境保全型農業直接支払対策」は、農業者や農業者団体を対象として環境保全に効果の高い営農活動の導入を促進することを目的としており、環境保全型農業や有機農業を実施する農地面積に対して助成金を交付する「環境支払」の方策としては日本で初めて導入されたものであった。

さらに二〇一四年には、中山間地域および多面的機能への直接支払制度とあわせて、いわゆる「日本型直接支払制度」が創設され、「環境保全型農業直接支払対策」は「環境保全型農業直接支払」としてこの制度の中に組み込まれた。「環境保全型農業直接支払」では、農薬・化学肥料をそれぞれ地域の基準の五割以上節減する取り組みに加えて、地球温暖化防止や生物多様性の保全に効果の高い営農活動と認められる取り組みをおこなった場合に、そうした取り組みをおこなったことで追加的に負担しなければならないコスト（「掛かり増し経費」）に着目して設定された交付金が支払われる。また二〇一五年には、「農業の有する多面的機能の発揮の促進に関する法律」が施行され、環境保全型農業直接支払はこの法律に基づく制度として実施されることとなった。このように、農政による環境保全型農業（農林水産省の定義では有機農業を含む）への支援は、着実に拡充しつつある。

こうした法的な支援制度の拡充とともに、有機農産物市場の拡大傾向はさらに加速している。農林水産省によると、二〇〇九年には一三〇〇億円とされていた国内の有機食品市場は、二〇一七年には一八五〇億円に到達したと推計されている（農林水産省生産局農業環境対策課 2020: 5）。小売部門においても有機農産物への注目は顕著で、たとえば大手小売業者のイオン株式会社はフランスの有機食品小売業者「ビオセボン」との共同出資により、二〇一六年から都心部にて有機食品を中心に扱う小売店を展開し始めた。生産者側の意向としても、二〇一六年には新規参入者（土地や資金を独自に調達し、新たに農業経営を開始した経営責任者および共同経営者）のうち二六・七％が有機農業に取り組んでいるという（農林水産省生産局農業環境対策課 2020: 10）。

グローバルな状況においても、有機農産物市場の規模は増大の一途をたどっている。二〇二一年二月に公開された国際有機農業運動連盟（IFOAM-Organics International）の報告書（Willer et al. 2021）によると、一九九九年から二〇一九年の二〇年間、世界の有機農業の農地面積はおおむね増え続けており、二〇一九年には世界の七二二八万ヘクタールの農地で有機農業がおこなわれている。こうした面積の推移と連動して世界の有機飲食品市場の売り上げも年々増加しており、二〇一九年には世界中で一〇六四億ユーロ、日本円に換算して約一三兆円（二〇一九年一二月三一日時点のレートで一ユーロ＝一二二円）の市場が形成された（特定非営利活動法人 IFOAM ジャパン 2021）。また、日本の農業環境政策と同等もしくはそれ以上に、ヨーロッパをはじめとする多くの先進諸国では有機農業は法的な支援の対象となっている。現在の有機農業においてはグローバルな経済面・政策面の双方において普及のための素地は整いつつあるといえる。

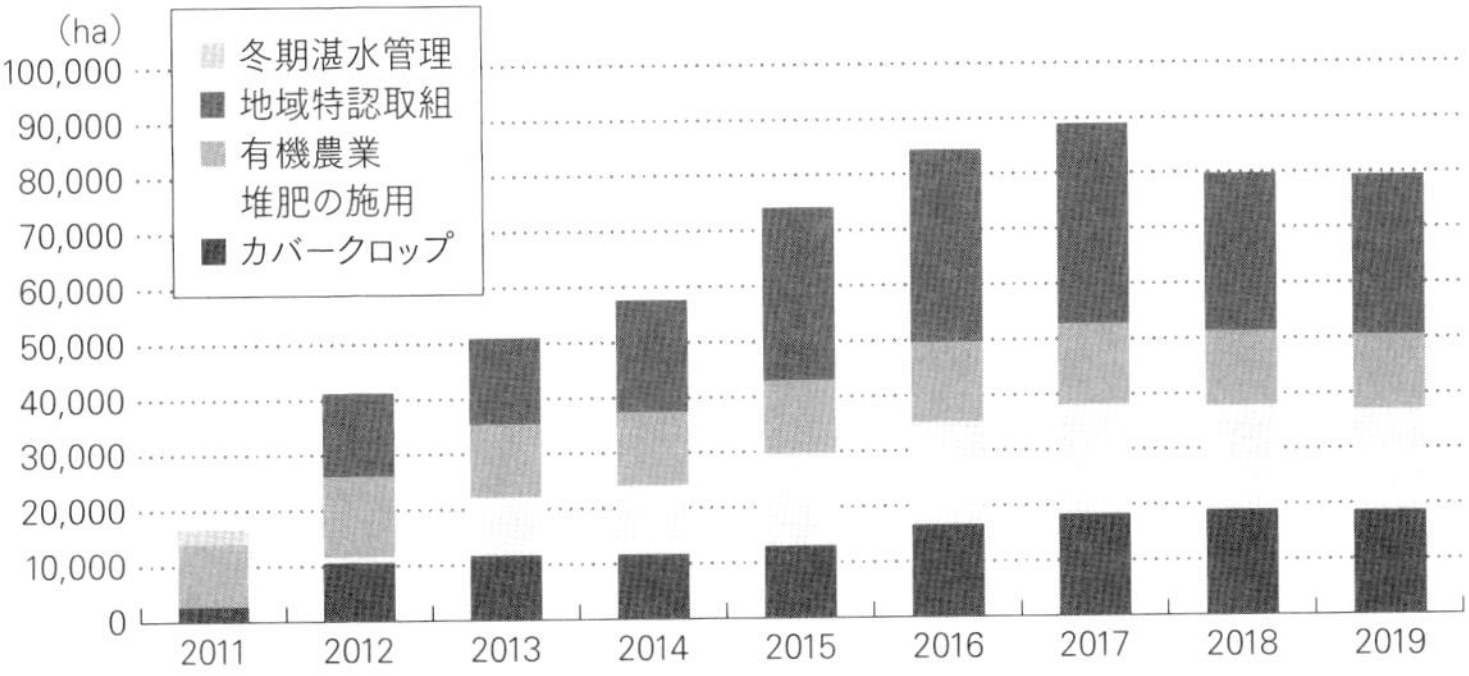

［図 1-2］環境保全型農業直接支払交付金の交付面積推移

注1：2012年に「堆肥の施用」「地域特認取組」が新設．以降，「冬期湛水管理」は「地域特認取組」に含まれる．

注2：2015年度から2017年度の実施面積については，「複数取組」（同一のほ場において1年間に複数回の取り組み）をおこなった場合，各々の取り組みで各々の面積が計上されている．

注3：ここでいう「有機農業」とは，化学肥料・化学合成農薬を使用しない取り組みを指す．国際水準の有機農業の実施が要件とされているが，有機JAS認証の取得は必須ではない．

注4：「地域特認取組」とは，地域の環境や農業の実態等を勘案したうえで，都道府県が申請をおこない，地域を限定して支援の対象とする取り組みをいう．

出所：農林水産省（2012b, 2013b, 2021），農林水産省生産局（2014, 2015, 2016, 2017, 2018, 2019, 2020）をもとに作成．

◉有機農業の隘路

しかし、これだけ制度が整い、産業的にも期待されている現在に至っても、日本国内での有機農業の取り組みはごくわずかにとどまっている。図1―2・図1―3・表1―4は、主な農業環境政策にかかわる農地面積や認定件数の状況である。これらの制度の中で近年最も伸び率が高いのは「環境保全型農業直接支払」で、支払制度が始まった二〇一一年以降、確実に面積を伸ばしつつある。「環境保全型農業直接支払」は有機農業も支援対象としているものの、有機農業の伸び率は停滞しており、この伸びはその他の取り組みによるものである。また、唯一減少しているのがエコファーマーの認定件数だが、これについて農林水産省は、「計画期間（五年間）を終えた者が、エコファーマー認定が価格的優位性に

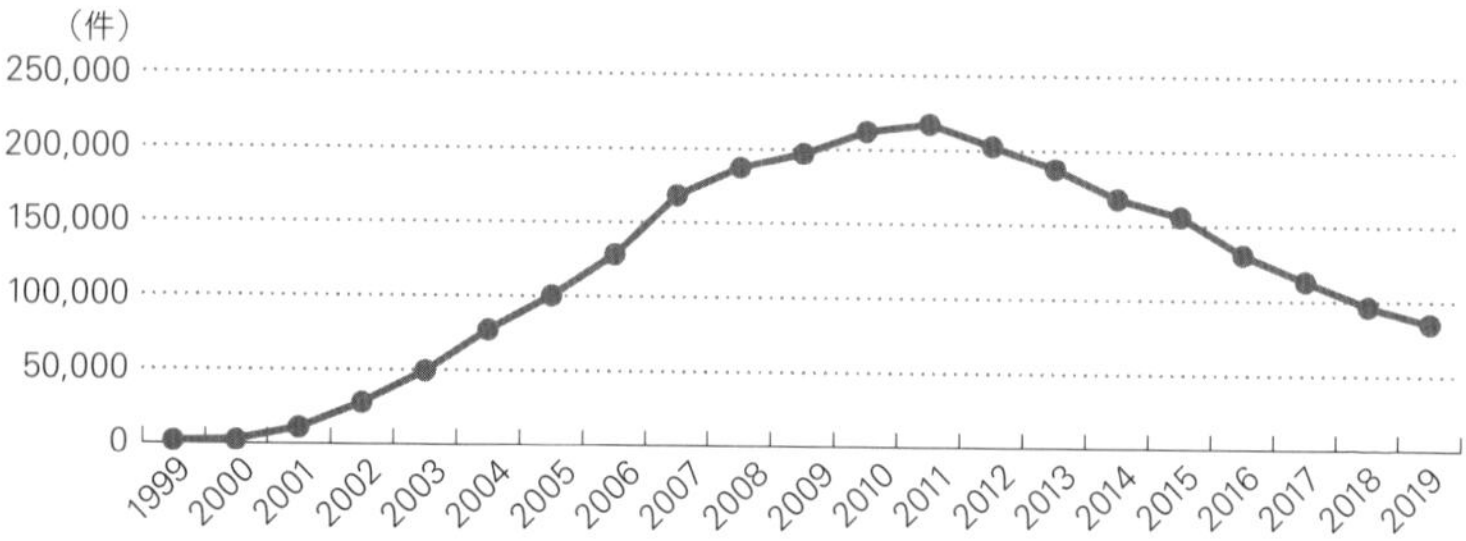

［図 1-3］エコファーマーの認定状況の推移
出所：農林水産省（2020b）をもとに作成.

［表 1-4］国内の有機農業の農地面積および国内耕地面積に対する割合

	有機JAS非取得の有機農業面積（ha）A	有機JAS取得の有機農業面積（ha）B	A+B合計（ha）C	国内耕地面積（ha）D	国内耕地面積（D）に対する有機農業面積（C）の割合
2009年	7,494	8,506	16,000	4,609,000	0.3%
2010年	7,916	9,084	17,000	4,593,000	0.4%
2011年	10,599	9,401	20,000	4,561,000	0.4%
2012年	11,111	9,889	21,000	4,549,000	0.5%
2013年	10,063	9,937	20,000	4,537,000	0.4%
2014年	11,957	10,043	22,000	4,518,000	0.5%
2015年	12,000	9,956	21,956	4,496,000	0.5%
2016年	13,500	10,366	23,866	4,471,000	0.5%
2017年	13,500	10,792	24,292	4,444,000	0.5%
2018年	13,500	10,800	24,300	4,420,000	0.5%
2019年	―	10,850	―	4,397,000	―

注：2015年以降の有機JAS非取得農地の面積は詳細な数値が公表されておらず，グラフ化された公表データ（2015 ～ 2018年）から筆者が概算で推計した.
出所：農林水産省生産局農業環境対策課（2016b, 2020），農林水産省（2009, 2010, 2011, 2012a, 2013a, 2014, 2015, 2016, 2018, 2019b），農林水産省生産流通消費統計課（2019）をもとに作成.

繋がらないことなどを理由に、再認定申請を行わなかったことによるものが大きいと考えられ」ると発表している（農林水産省 2019c）。

有機農業は有機ＪＡＳ認証の取得／非取得にかかわらず微増傾向にあるものの、農地全体に占める面積割合で考えてみると、〇・三％（二〇〇九年）から〇・五％（二〇一八年）へと一〇年弱の間に〇・二％増加したにすぎない（農林水産省生産局農業環境対策課 2020: 9）。また、有機ＪＡＳ取得農地の地目別面積割合では、畑が四五％を占めるのに対し水田は二九％にとどまっており、相対的に水田での有機農業の割合が少ない（ただしこのデータは有機ＪＡＳ認証取得農地に限ったものである）ことがわかる。日本の農村における地域環境保全を考えるうえでは、耕地面積全体の五四・四％（二〇一九年）を占め、水路によって地域の水環境と密接に結びついている水田はとくに重要な対象となる。ところが現状では、水田での有機農業こそ小規模にとどまっている。

こうした、いわば膠着状態にある有機農業の課題として、農林水産省は「高い技術が必要な上、販路確保が難しく定着が進まない」（農林水産省生産局農業環境対策課 2016a: 2）、あるいは「有機栽培や特別栽培等を行っている者が面積を縮小する際の理由は、『労力がかかる』が最大で、販売価格や販路開拓の課題よりも割合が高い」（農林水産省生産局農業環境対策課 2020: 12）といった見解をみせている。つまり、栽培の手助け役となる農薬や化学肥料を用いない有機農業には、その分、高い技術が求められること、またプレミアム市場における販路形成が難しいことが有機農業への参入障壁として認識されている一方で、既存の有機農業者に焦点を絞ると、販路形成よりも労力的な負担が重いため、取り組み面積を縮小する傾向にあるということが訴えられている。他方、同じ発表資料の中では有機農産物専門のスーパーや宅配業者の躍進や、ビジネスホテルでの有機農産物の取り扱い事例などが取り上げられており、今後の消費動向のさらなる拡大に普及への期待が寄せられていることがうかがえる。農林水産省による二〇一七年度の「有機マーケットに関する調査」（農林水産省生産局農業環境対策課 2018）では、週に一回以上、有機食品を利用している人が一七・五％にのぼるとも推計されており、有機農産物市場のさらなる拡大に向けて、「オーガニック・ビジネス実践拠点づくり」といった事業も実施され始めている。

こうした市場の拡大による有機農業の普及の可能性、なかでもとくに小売業の本格参入による普及にかんしては、日本に先んじて有機農産物市場が拡大してきた欧米の先進諸国でも研究が進められてきた。たとえば、イギリス、ドイツ、オランダにおける持続可能な食品（sustainable food）の普及状況について調査したP・オーストーバーは、スーパーマーケットでの取り扱いの増加が持続可能な食品の普及に寄与していると指摘する（Oosterveer 2012）。だが、環境社会学者の大倉季久が指摘するように、こうした小売部門による持続可能な農業・食品へのアプローチは、かつての有機農業運動が推し進めてきたような、農地への持続的で有機的な働きかけを基軸とする農業のあり方を支援・支持しているわけではない。むしろ現状の潮流では、小売部門によるアプローチは、「環境負荷を考慮しつつ自在に立地を組み替えながら自力で農産物を生産、調達」（大倉 2017a: 36）することができる植物工場の建設を後押ししている。

一見、相反する存在に思える有機農業と植物工場だが、植物工場は有機農業がこれまで担ってきた「安全・安心」の実現や環境負荷の削減などの機能を一部代替している。たとえば、閉鎖空間である植物工場では農薬を撒く必要性がほとんどないため、「安全・安心」な無農薬栽培が容易に達成できる。さらに、仮に農薬などを使ったとしてもその流出等による周辺環境の汚染も防ぐことができる。また、気候や土壌の質といった自然条件に影響を受けることもほとんどないため、立地の自由度も高い。都市近郊に建設すれば、輸送段階で生じるエネルギー消費を削減することができるし、水耕栽培であれば土を落とす洗浄のために使われていた水資源を節約できる。以上の点から、植物工場は環境負荷を削減しながら「安全・安心」な食料の供給を安定的・効率的に実現できる農業として近年着目されており、国連のＳＤＧｓ（持続可能な開発目標）に適合的であるという声もある。

哲学的・宗教的実践として始まった有機農業は、有機農業運動を経由して市場の形成に成功した。現在では法的な認証制度が整備された一方、法的な枠組みに当てはまらない多様な有機農業もまた、政策的な支援の対象となっている。グローバル／国内のどちらの有機農産物市場も年々拡大しており、さらなる市場の拡大による普及が展望されている。だが一方で、普及率はいまだ国内耕地面積の一％にも満たず、ほとんどの農地では従来どおりに農薬・化学肥料を用いる慣行農業がおこなわれている。また、市場の拡大による普及が展望されているが、いまや農産物流通における門番（Oosterveer 2012）となった小売部門は、良質な食品を求める消費者需要への究極的な対応として、植物工場による「持続可能」で「安全・安心」な食料供給を推し進めようとしている。

大倉が指摘するように、「今日の農産物の商品化と市場構築をめぐって顕在化しているのは、有機であるか否かという対抗関係というよりもむしろ、環境負荷の軽減に対する複数のアプローチの競合関係である」（大倉 2017a: 35–36）。ここでいう環境負荷の軽減に対する複数のアプローチの競合関係とは、先述の植物工場のような、「農地への持続的な働きかけ」を前提としない農業（大倉 2017a: 36）をどのように考えるのかという問題だけではない。グローバルな有機農産物市場における発展途上国への搾取的な構造（Marsden 2003）や、化石燃料をエネルギー源とする大型機械を用いた栽培と収穫、収穫後の洗浄工程で大量の水を消費し、最終的にはプラスチック容器に包装され空輸される有機農産物への疑義（Buck et al. 1997）のように、農業と環境あるいは農業と持続可能性との関係性は、いまや有機であるか否かという二項対立によって判断することがほとんど不可能となりつつある。こうした状況を前に、私たちはどのような「持続可能な農業」、あるいは「持続可能な地域社会」の姿を描くことができるのだろうか。

2　農業環境問題をとらえる視座

◉地域住民・地域農業者による地域環境保全

現在、有機であるか否かという二項対立軸は環境負荷の軽減やそれが目指すところである持続可能性の説明項としては成り立たなくなりつつある。それでは、どのような農業のあり方ならば

「持続可能な地域社会」をつくり上げていけるのだろうか。方向性として次の二つが考えられる。一つは、環境負荷の増大や搾取に加担するような有機農業に対抗し、「真の有機農業」を探求・実践する動きである。たとえば、国際有機農業運動連盟は、公的な認証制度によってグローバルビジネスと化した有機農業に対抗する「真の持続可能な農業（truly sustainable farming）」として「オーガニック3・0」の枠組みを提唱している（Arbenz et al. 2016）。こうした動きは、有機農業とくくられるものの内部に「真に持続可能であるかどうか」という新たな対抗軸を形成しようとするものであり、グローバルな認証ビジネスとして回収されつつある有機農業から脱却し、ふたたび草の根的な運動として「真の有機農業」を立ち上げようとするものである。

もう一つは、視点を地域社会に設定し、ローカルな営みのなかでローカルな環境保全を目指そうとする一連の流れと地域農業とを連動させていくこと、つまり地域住民や地域農業者による地域環境保全の実現を目指すものである。近年では、地域社会の構成員が主体となって地域の環境保全を進めていくローカルな環境ガバナンス（宮内編 2013, 2017）が注目されているが、こうしたローカルな環境ガバナンスの枠組みの中で地域農業と地域環境の関係性を再考し、実践的な地域環境保全を組み立てていこうとする試みだといえる。本書ではこうした、地域住民や地域農業者を主体としたローカルな営みによるローカルな環境保全に着目し、どのような地域農業のあり方が地域農業者の暮らしと地域環境を守っていけるのかということを検討していく。

なぜ、本書がローカルな営みによるローカルな環境保全を重視するのかというと、一つにはレジティマシー（正統性・正当性）の問題がある。レジティマシーとは、「ある環境について、誰がどんな価値のもとに、あるいはどんなしくみのもとに、かかわり、管理していくか、ということについて社会的認知・承認がなされた状態（あるいは、認知・承認の様態）」（宮内編 2006: 20）のことである。地域住民は地域環境を保全したり、あるいは破壊したりすることで、地域環境から利益を得たり、逆に被害をこうむったりする。地域住民は地域環境と最もかかわりが深い存在であり、地域住民がどんな価値のもとに、あるいはどんなしくみのもとに地域の環境にかかわり、管理していくのか、そしてそれらがどんな社会的認知や承認のもとでなされていくかということは、その地域社会を規定し、そのゆくえを大きく左右する。

また、本書がローカルな地域単位での取り組みを重視するのは、それが地域環境保全の効果という観点からみても、実際的に有用だと解明されているからでもある。たとえば、経済協力開発機構（ＯＥＣＤ）の研究報告書『農業環境公共財と共同行動』では、農地やさまざまな周辺の自然環境との連続的な一体性をもった地域環境を保全していくためには、地域農業者とさまざまな主体（非農業者の地域住民、ＮＧＯやＮＰＯ、大学などの研究機関、民間企業、中央政府、地方公共団体など）が協働し、ある程度の規模をともなった対策を講じることが有効であると指摘されている（OECD 2013＝2014）。これは、生物多様性や農村景観などの地域環境を保全していくためには、個々の農業者・農地レベルでの取り組みよりも、多様な主体の協働によって実現しうる、地域単位でのより大規模な取り組みの方が効果的なものとなる場合が多い（OECD 2013＝2014: 29–30）ということだ。つまり、個別の農地においてどのような環境保全対策がとられているかではなく、地域として、ある程度の規模をともなった取り組みがなされている方が、地域環境保全の方策として効果的であるということだ。

この指摘は、現在の有機農業（とくに認証制度における有機農業）をとりまく言説からのパースペクティブの転換をともなう。これまでの有機か否かという二元論的なとらえ方だと、ある特定の農地において化学合成農薬や化学合成肥料が使用されているかどうかといった、個別の農業者・農地レベルでの化学的な農業資材の使用の有無に照準が当てられていた。たとえば、農地での過去三カ年以上（水稲《すいとう》の場合）の農薬・化学肥料の使用を規制する有機ＪＡＳ認証制度はその最たるものだろう。

一方で、地域単位で生物多様性や農村景観などの地域環境（後述するように、本書ではこれらを「農業環境公共財」と呼ぶ）を保全しようとするならば、地域農業全体で環境負荷をひろく削減していくためにはどのようなやり方が有効かという観点から方策を考える必要がある。このとき、こうした方策の対象となるのは、地域農業者の多数を占める、農薬や化学肥料を地域で定められている通常レベル程度に使用している慣行農業者である。ある地域において、慣行農業による環境負荷をいかに削減できるのか、そしてそれは地域農業や地域農業者にとってどんな意味をもちうるのか。本書では、地域農業と地域環境を担う慣行農業者を対象として、以上のような視座から事例分析をおこなっていく。

◉農業環境公共財とは何か

本書では、地域住民、とくに地域の慣行農業者による地域環境保全のあり方に着目していくが、その際に、「農業環境公共財」の考え方は有効な視座を提示してくれる。

農業環境公共財（agri-environmental public goods）とは、農業環境を公共財として扱おうとする意図をもった概念であり、これまで私的財として扱われることが多かった農地に対して公共財的な意味合いを積極的に付与しているという特徴をもつ。ここでいう財（goods）とは、物質的であれ精神的であれ、なんらかの効用をもっているものをいう。公共財（public goods）とは、非競合性と非排除性という二つの基準を満たしている財のことであり、すべての人が無料で同程度に同時に使うことができる財のことである。たとえば、国防や無料放送、知識などは公共財の典型例だが、これらは誰かがその便益を享受していたとしても、ほかの誰かも同程度に、同時にその便益を享受することができる。

公共財の対義語は私的財（private goods）である。一般的に商品とされているものは、ほとんどがこの私的財に当てはまる。たとえば、食べものは私的財である。ある一個のりんごがあったとして、誰かがこのりんごを購入して食べてしまえば、ほかの誰かがそのりんごを食べることはできない。これが競合性と排除性の双方を有する財（＝私的財）である。

しかし、実際の世の中には完全な公共財である純粋公共財はほとんど存在せず、公共財的な性質をもつ財の多くは程度の差こそあれ、競合性と排除性をもっている（Cooper et al. 2009）。こうした、完全な非競合性と非排除性を有する純粋公共財と完全な競合性と排除性を有する私的財との中間にあたる財は、準公共財と呼ばれる。具体的には、準公共財にはクラブ財と共有資源の二種類がある。クラブ会員であれば誰でも同程度に、同時に使えるような財、つまり競合性はない

［表 1-5］ 農業環境公共財の分類*1

		競合性（使用により数量が減少する程度）小	競合性（使用により数量が減少する程度）大
排除性	困難	**純粋公共財** ・農村景観 ・生物多様性, 野生生物（非利用価値*4） ・治水 ・土壌保全 ・地すべり防止	**共有資源*2** ・生物多様性, 野生生物（利用価値*3） ・コミュニティ潅漑施設（排除が困難な場合） ・集水域
排除性	容易	**クラブ財** ・生物多様性, 野生生物 （クラブ会員が独占している場合） ・農業用用排水路 （クラブ会員が独占している場合） ・コミュニティガーデン （クラブ会員が独占している場合）	**私的財** ・農産物

＊1　各種のリストは網羅的ではなく, 主な例のみを列挙している.
＊2　共有資源は, 飽和点あるいは混雑点に達するまで非競合性による便益を供給するが, それらの点を過ぎるとサービスは非常に競合的になる.
＊3　利用価値とは, i）実際の利用に関連した価値, ii）不確定な将来の選択をおこなうことができる価値を指す.
＊4　非利用価値とは, i）人間が「資源の存在」という単純な事実に対して認める価値, ii）人間が将来世代のために資源を維持する可能性に対して認める価値を指す.
出所：OECD（2013＝2014: 42）.

が排除性がある財のことをクラブ財といい、有料衛星放送などがこれにあたる。また、誰でも自由に使えるものの限りがある財、つまり競合性があって排除性はない財のことを共有資源（またはコモンプール財、あるいはコモンズ）といい、漁業資源や森林資源、石炭などがこれにあたる。以上のように、財の種類は競合性と排除性の程度から、純粋公共財、準公共財（クラブ財・共有資源）、私的財に分けることができる。

こうした基準から農地や農業生産活動が生み出す財は次のように分類できる（表1－5）。純粋公共財にあたるのが、農村景観や生物多様性、野生生物（非利用価値）

などである。この非利用価値というのは、(i)人間が「資源の存在」という単純な事実に対して認める価値、(ii)人間が将来世代のために資源を維持する可能性に対して認める価値を指す（OECD 2013＝2014: 42）。つまり、現在は直接的には利用しないのだが、それが存在し、将来世代のために残っていることに対する価値である。次に、準公共財のうち、共有資源にあたるのが生物多様性、野生生物（利用価値）などである。利用価値とは、(i)実際の利用に関連した価値、(ii)不確定な将来の選択をおこなうことができる価値のことである（OECD 2013＝2014: 42）。つまり、実際に自分たちがなんらかの用途で利用するための価値である。クラブ財は、クラブ会員がその利用を独占している生物多様性や野生生物、またはコミュニティガーデンなどである。最後に、農産物は典型的な私的財である。以上の分類の中で、地域環境保全において重要となるのは公共財や準公共財にあたるものの保全や維持管理である。

次に、農業環境公共財が生み出される生産システムを、システムに投入される財とそこから生じる私的な、または公共財的な価値を有する生産物という観点から具体的にみてみよう（図1-4）。農業生産活動は、水や土壌など市場で取引されない財と、労働力や燃料など市場で取引される財とを投入し、商品（私的財）として市場で取引される農産物を産出する。それと同時に、生態系サービスの基盤となる生物多様性や景観アメニティなどの正の農業環境公共財や、汚染された空気や水、土壌など負の農業環境公共財も生み出している。ここでいう正の農業環境公共財（agri-environmental public goods）とは、農林水産省が農業・農村を支援する根拠としてあげている「農業・農村の有する多面的機能」が発揮されるための土台となるようなものである。たとえば、多面的機能としてあげられている洪水防止機能や水質浄化機能、生物多様性を保全する機能などは、正の農業環境公共財がもつ機能であるといえる。

また、ここでは、農業生産活動の過程で産出される各種の汚染物のことを負の農業環境公共財

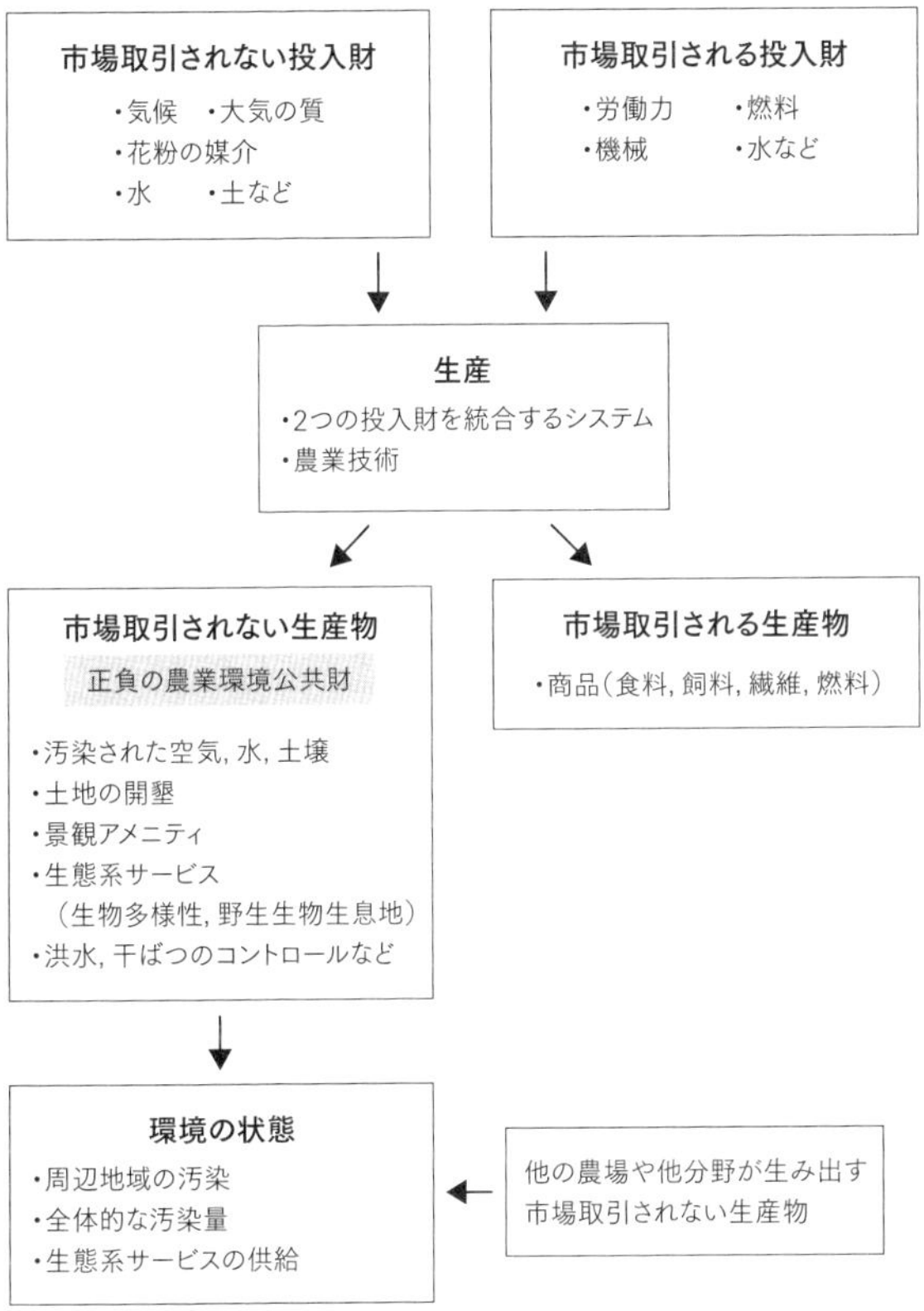

［図 1-4］農業生産と農業環境公共財の関係性

注：市場での取引に適さない投入財や生産物については，人為的に市場を創設することができる場合がある（たとえば汚染物質の排出取引等）.

出所：OECD（2013＝2014: 38）を一部改変して作成.

(agri-environmental public bads) と呼ぶ。環境経済学者のC・コルスタッドは、非排除性を有する財が有害であり、人びとがそうした財を望んでいない場合に、それは「負の公共財 (public bads)」であると定義している (Kolstad 2011)。本書では、こうしたコルスタッドの定義に準拠し、正の農業環境公共財の対概念として負の農業環境公共財を提示する。

序章で定義したように、本書のいう環境配慮型農法とは、具体的な行為として化学合成農薬や化学合成肥料を節減している農法を指す。言いかえれば、環境配慮型農法とは負の農業環境公共財を削減しうる農法のことである。ここで農業環境公共財を正負の双方からとらえようとするのは、農業による環境負荷の問題にとくに着目し、ローカルな環境ガバナンスや地域環境保全の文脈においてこれを議論するためである。

これまで、「農業・農村の有する多面的機能」のように、農業による環境保全の側面、つまり正の農業環境公共財の側面が着目され、政策的な支援の対象となることが多かった一方で、農業による環境負荷の総体である負の農業環境公共財については、これに特化するような施策はとられてこなかった。たとえば、現行の主たる農業環境政策である「環境保全型農業直接支払」制度では、「化学肥料・化学合成農薬を原則五割以上低減する取組」という、負の農業環境公共財を削減する取り組みが制度の適用対象として含まれている。しかし、この「取組」は、堆肥の使用や水田の冬期湛水管理などの「地球温暖化防止に効果の高い営農活動」および「生物多様性保全等に効果の高い営農活動」といった追加的な営農活動とあわせて取り組むことではじめて制度の適用対象となる。つまり、負の農業環境公共財の削減に直接アプローチするような施策は現在とられておらず、正の農業環境公共財やその他の環境問題への追加的な取り組みとあわせて、はじめて支援の対象となるのである。

しかし、地域農業と地域環境が調和的に共存していくためには、「多面的機能」や「生物多様性保全等に効果の高い営農活動」のような正の農業環境公共財の供給にかかわる部分に注力する以前に、農業生産活動によって産出される負の農業環境公共財に目を向け、それをどのように削減していけるのかという観点から対策が練られるべきである。私的財の効率的な生産を追求する生産主義的な考えによって成立している現状の近代農業の枠組みの内部で正の農業環境公共財を供給しようとすると、そこには追加的な営農活動が発生する場合が多い。一方、負の農業環境公共財の削減とは、使用する農薬や化学肥料を節減することであるため、追加的な営農活動が発生するというよりは、これまでにくらべて特定の営農活動を控えるという選択である。もちろん、除草剤を節減したことによる除草作業の増大など、特定の営農活動を控えたことによって追加的に発生する営農活動もあるが、ここで主張したいのは、正の農業環境公共財の供給と負の農業環境公共財の削減は区別して論じられるべきであるということだ。

以上のような農業環境公共財の概念を導入することは、次の二つの視座を提供してくれる。まず、農業環境公共財の視座からは、これまでひとくくりにされて論じられることも多かった食の安全性の問題と農業環境問題とを分離して考えることができる。化学合成された農薬や肥料を農地に投入することの問題性は、これまで主に食の安全性といった論点と関連づけて議論されることが多かったが、これはつまり、特定の生産工程によって産出される私的財の品質に焦点を当てた議論であった。しかし、農業環境公共財の視座においては、化学的な農業資材の過剰な投入は負の農業環境公共財の発生源となりうるといった観点において問題視され、これは地域の公共財の供給や維持管理の問題として扱われる。そのため、先述したように、農業環境公共財の視座においては、有機か否かという二元論は棄却され、代わりに地域規模でいかに農業生産活動にもとづく環境負荷を低減させることができるのかということが探求される。

次に、農業環境公共財の視座を導入することで、農業生産活動に起因する環境負荷の問題を、資源管理にかかわる多くの環境問題が共通して抱えている「社会的ジレンマ」の問題構造に当てはめて考えることができるようになる。この点については、公共財を集合財（collective goods）としてとらえるM・オルソンの問題提起からみていこう。

⦿フリーライダー問題と非知

ここまでみてきた農業環境公共財の視座では、私的財である農産物と対比される正負の農業環境公共財は、その利用や産出が一定程度開かれたものであるがゆえに、地域規模での供給や削減が必要とされるということがわかった。そのため、本書では地域住民や地域農業者による地域環境保全（＝正負の農業環境公共財の維持管理）に着目するとした。しかし、地域環境の担い手である地域住民や地域農業者による環境保全を構想することは、思いのほか難しい。なぜなら、多くの環境問題と同様に、正負の農業環境公共財の維持管理は、「社会的ジレンマ」および「フリーライダー」の問題を抱えているからである。このことについて、まずは経済学者M・オルソンによって定式化されたフリーライダー問題の内容をみてみよう。オルソンは、公共財を集合財(collective goods)として次のように定義し、集団が大規模になればなるほど公共財は供給されなくなるという法則をみいだした。

ここでは共通の集合財あるいは公共財は、次のような財として定義される。たとえn人から成る集団Xのどの個人X_1がそれを消費しても、当該集団内の他者が利用できなくなることのないような財である。換言すれば、公共財あるいは集合財を購入しない、あるいは支払わない人といえども、その財の消費の分け前から排除されることはない。(Olson 1965=1996: 13)

オルソンの公共財の定義には、次の三つの前提がある。一つは集団内の個々人が公共財を供給するためのコストをそれぞれ支払っているという前提(公共財=集合財という前提)であり、次に、そうしたコストを支払わなくても公共財による便益は得られるという前提、そして最後に、こうしたコストを負担しようとしない個人が現れるという前提である。たとえば、オルソンは国防や警察といった国家サービスを例として、国家の中のほとんどすべての人がこれらを利用できなければならないが、「政府費用の分担を自発的に支払わない人々に、軍隊、警察、司法による保護を与えないことは、不可能ではないとしても、明らかにありえないこと」だとし、「ゆえに、租税が必要となる」と指摘している(Olson 1965=1996: 13)。このように、利用が一定程度開かれている公共財は、その維持にかかるコストを支払わなくても利用することができるため、コストを自発的には支払わない「フリーライダー」が現れる。しかし、国家サービスがそうであるように、公共財とは集団内の個々人がコストを支払うことによって維持されている集合財としての性質をもつため、フリーライダーが増えれば増えるほど公共財の質が劣化し、ついには公共財の供給が止まってしまったりする。こうした事態を防ぐため、国家サービスの場合には租税という強制的な徴収手段がとられている。

オルソンによれば、合理的な個人ほど、とくに集団が大規模になるにしたがって、集合財(公共財)のコストを負担しなくなる。なぜなら、集団が大規模になればなるほど、メンバー一人あたりの便益の分け前は小さくなる一方で、誰か一人がコストを負担しなかったとしても、それによって他のメンバーの負担が著しく増えたり、いきなり集合財(公共財)の供給が止まったりするような事態には陥らないようになるからである。したがって、合理的な個人にとっては、コストを負担せずに便益だけ享受することが最適な行動となる。

しかし、多くのメンバーが便益にただ乗りするフリーライダー的な行動をとれば、集合財(公共財)はもはや維持できなくなる。そうなると、フリーライダーを含めたメンバー全員が不利益をこうむることとなる。これが、オルソンの定式化した「フリーライダー問題」(「集合行為のジレンマ」ともいう)である。フリーライダー問題は、どんな集団においても起こりえる問題で、国家サービスだけでなく、労働組合の組合運動(組合員全員が組合運動に参加するというコストを支払えば、組合員全員にとって利益となる賃金の引き上げが実現する可能性が高まるが、実際にはほとんどの組合員が積極的には組合運動に参加しょうとしない）や、校内の清掃（清潔な校内は生徒全員にとって利益であるはずだが、ほとんどの生徒は自発的に校内清掃に参加しようとはしない）など、個別最適と全体最適とのトレードオフは社会のあらゆる場面でみられる社会的な課題である。

オルソンは、こうしたフリーライダー問題の解決手段として、集団を一定の規模以上に拡大せずに小集団制をとること、罰則をともなう強制的な制度をつくること、コストを負担したくなるような「選択的誘因」を与えることの三つが必要であると結論づけている。しかし、理論的にはこうした解決手段が提示されているものの、現実の社会においては、フリーライダー問題は現在もなお至るところで発生している。環境問題もまた典型的なフリーライダー問題であるが、どうすれば環境問題は解決できるのかということは、多様な学問領域において、グローバル／ローカル、マクロ／ミクロのさまざまな視座からこれまで検討され続けてきた。

オルソン自身は経済学者だが、個人の合理性と集合的な利益との相克を明瞭に描いたフリーライダー問題は、伝統的に個人（ミクロ）の意図や行動と社会（マクロ）で発生している問題やその解決策をいかに架橋するかという問題関心を有する社会学にも援用された。とくにこうした個別最適と全体最適とのトレードオフは環境問題を引き起こす基本的な原理であることから、環境問題とは「社会的ジレンマ」の一類型であるとしてこれまでその解決に向けた研究が取り組まれてきた。

では、環境問題におけるフリーライダー問題（社会的ジレンマ）は、どうすれば解決できるのだろうか。こうした問いに対し、これまで有力な解決策の一つとされてきたのが、「環境を守るべきだ」という規範意識を社会の成員全体が共有することである。こうした規範意識の共有が環境配慮行動を活性化したり、あるいはフリーライダーを抑止することにつながるという想定である。たとえば、環境社会学者の舩橋晴俊は、社会的ジレンマにおける集合財をめぐる共倒れの状況を回避するには、合理的にふるまう個人や組織がフリーライダーとなってしまう「合理性の背理」を乗り越えるような社会的規範の定立と運用、そしてそれに対応した規範意識の共有が必要であると指摘した（舩橋 1995）。このとき、とくに着目されるのが、環境保全に対して特段の価値を感じていない人びとや組織を総称した「通常の主体」である。舩橋によれば、こうした「通常の主体」に対していかなる制約条件や選択肢を用意すれば、個々の主体のミクロ的、短期的に合理的な行為の累積的効果が、社会システムの水準におけるマクロ的、長期的な帰結という点で、環境破壊を回避できるようになるかが探究されねばならない（舩橋 1995: 7）。

「通常の主体」をいかに環境保全に巻き込むかという問題は、本書の課題である地域環境保全の文脈においても重要となってくる。なぜなら、地域には多種多様な利害関係や、それらを反映した多様な価値基準をもった数多くの人びとや組織が共存している。そのなかには環境保全に特段の興味をもたない人びとや環境保全が自身の利益と相反すると考える組織ももちろん存在する。こうした「通常の主体」である人びとや組織を含めて、ともに地域環境を保全していくためのしくみやしかけをつくろうとすることは、環境問題の実際的な解決過程において重要となってくる。

⦿非知による規範の喚起と不公正の助長

しかし、ここで注意したいのは、「環境を守るべきだ」という規範意識によって多様な主体を環境保全に導こうとする態度は、これまでさまざまな軋轢や対立を地域に生み出してきたという点だ。たとえば、専門家が市民や地域住民のような非専門家を科学的な知識が欠如した存在とみなし、一方向的に科学知識を伝達し、またそれを受容することを啓蒙するようなコミュニケーションのあり方は、「欠如モデル（Deficit Model）」（Wynne 1991）として知られている。とくに環境保全の現場では、生態学の専門知識やそれを扱える者が暗黙のうちに力をもってしまう場合が少なからず存在する。環境社会学者の松村正治は、地域環境保全の現場に立ち現れるこうした暗黙の力を「生態学的ポリティクス」と名づけ、生態系の保全こそが正しいとする規範によって現場で引き起こされている問題の存在を明らかにしている（松村 2007）。

こうした指摘の多くは、科学をめぐる専門家と非専門家との間に発生する権力関係やそうした権力構造の表出形態であるコミュニケーションのあり方を批判してきた。しかし、コミュニケーションのあり方は、そのコミュニケーションが伝達しようとする情報の種類に応じて変容する。そのため、コミュニケーションのあり方が再検討されるうえでは、まずはそこで伝達されている情報がどんな性質をもつものなのかを明確にする必要がある。

ここで着目したいのが、環境問題における知のあり方である。たとえば、専門知をもつ専門家と専門知をもたない非専門家との間には「持つ者」と「持たざる者」という上下関係が発生しやすい。こうした知をもつ／もたないという対比がコミュニケーションのあり方を規定するというのは比較的わかりやすい権力構造であるし、環境保全の現場に限らず、社会のあらゆる場面でこのような状況は発生しうる。

しかし、近年の環境保全あるいは環境問題の場面において特徴的なのは、「非知（Nichtwissen）」、つまり「わからない」という知のあり方である。この「わからない」という独特な知のあり方は、リスクコミュニケーション論や科学技術社会論といった学術分野では、不確実性（uncertainty）や不定性（incertitude）と呼ばれているもので、これらの分野ではこうした「わからなさ」の分類がおこなわれてきた（Stirling 2010; 本堂ほか 2017）。ここでは、こうした「わからなさ」の分類にくわしく立ち入ることはしないが、(3)この「わからない」という知のあり方は環境問題にかかわるコミュニケーションに大きな影響を与える。それが非知による道徳的な先鋭化の問題である。

ドイツの社会学者N・ルーマンによると、生態系にかかわる問題において非知の増大は次のような事態を引き起こしている。


例えば、今や歴史上初めて世界の人口総体が、それどころか地球上の生物すべてが一度に消滅してしまいかねない状態となっている云々との主張もなされている。したがって、そんなことは阻止されねばならないという話になる。これはもちろん正しい。そしてまた内容的な先鋭化はどんなテーマにおいても、それほど目立たないかたちでつねに生じていることではある。しかし問題はそれに続いて道徳的な先鋭化が生じてくることである。つまりエコロジカルな厄災に抗う善きものと、厄災を望まないまでもそれを生ぜしめることになる悪しきものとが選り分けられるのである。（Luhmann 1992＝2003: 119）

環境問題、とくに持続可能性にかかわるような長期的な問題では、さまざまなシナリオのシミュレーションが試みられているものの、いつ、どこで、どのような結果や結末が引き起こされるかということは誰にもわからない。したがって、持続可能性の問題はつねに非知を内包しているといえる。非知を抱えている持続可能性の問題においては、現状を放置しているとそのうちに破局的な結末(カタストロフィ)を迎えてしまうかもしれないという想定を立証するための根拠となる知も、そうした想定を棄却するための根拠となる知も存在しえない。したがって、先のことはわからないが、そうだとしても今すぐに行動するべきだという「警告」が鳴らされるようになる。

このように、非知は道徳や規範、倫理を喚起する。さらに、非知の領域では科学的な根拠をもって自分の意見を表明したり、相手を説得あるいは論破したりすることがもはや不可能となるので、非知にかんするコミュニケーションは完結したり収束したりすることなく増大し続ける。道徳的な先鋭化もまた収束することなく増大し続け、環境を守ろうとする主体は「善きもの」として、そうでない主体は「悪しきもの」として選り分けるようになっていく。非知という知の形式においては、知をもつ／もたないという二分は消失し、専門家／非専門家という権力構造は意味をもたなくなる。代わりに、コミュニケーションにおいては道徳的な善／悪の二分が導入されるのだが、ここで今度は、環境を守ろうとする者／そうでない者といった規範にもとづく二分がふたたび立ち現れる。

しかし、「環境を守るべきだ」というグローバルに浮遊する規範にもとづく区別は、実際の環境保全にかかわる利益とコストの偏在を隠蔽してしまう危険性を有している。とくに、近年の環境正義論の研究成果からは、社会の中で相対的に不利な立場に置かれている構造的な弱者ほど、環境問題にかんするコストをより多く負担させられるということが判明しており、「環境を守るべきだ」という規範が構造的な弱者にさらなる負担を課すという社会的不公正の問題が発生しかねない。

⦿農業者と非農業者でのコストとリスクの偏在

負の農業環境公共財である農業生産活動に起因する環境負荷を削減しようとする場合、そのコストやリスクの多くは農業者が負担しなければならないが、それによって得られる便益は地理的にひろく拡散し、農業者が直接的に享受するわけではない。こうした農業環境公共財における便益とコストの偏在は、次のようにまとめられる(表1－6)。環境配慮型農法に転換した場合に農場つまり農業者が直接的に得ることができる便益というのは、全項目のうち農地内投入コストの削減(時間、労働力、機械の節約)と土壌の肥沃さや水分の保持による長期的な収量の増加などの二つの項目しかない。このうち農地内投入コストを削減することは、先述の除草剤と除草作業の例のように、別の追加的な労働力を発生させることがありうる。また、長期的な収量の増加というのは空間的な農場つまり土壌にとっては便益かもしれないが、農業者にとっては短期的に回収できるような利益には結びつかないため、それを「便益」として感じられるかは個々の農業者によって異なってくるだろう。

[表 1-6] 環境配慮型農法に関連した便益とコストの空間スケールごとの配分状況

便益とコスト	農場	地域および国内	グローバル
◉便益			
・農地内投入コストの削減：時間，労働力，機械の節約	○		
・土壌の肥沃度と保湿性の向上により，長期的な収量増加，収量変動の減少，食料安全保障の向上を実現	○	○	○
・土壌の安定化と浸食の防止による，下流域の堆積物の減少		○	
・地表水および地下水汚染の削減		○	
・河川の流量の調整，洪水の削減，枯井戸の再興		○	
・浸透性の向上による帯水層の涵養		○	
・耕耘機類による大気汚染の削減		○	○
・大気中へのCO_2排出量の削減（炭素固定化）			○
・陸域・土壌生物多様性の保全			○
◉コスト			
・特別な栽培設備の購入	○		
・作物管理体系の変化による短期的な害虫問題	○		
・新しいマネジメントスキルの習得	○		
・追加の除草剤の適用	○	○	
・農業者団体の組織づくりと運営	○	○	
・技術的な不確実性による農業者へのハイリスク	○	○	
・適切な技術パッケージと研修プログラムの開発		○	

出所：Knowler and Bradshaw (2007: 28).

一方、環境配慮型農法に転換した場合のコストは、そのほとんどが農場つまり農業者に直接的にふりかかる。これらのコストは金銭的な負担や時間的な負担が多くを占めるが、それらは精神的な負担にまで波及する。さらに、不確実な新しい技術を導入することが経営リスクを高めることも考えられ、こうした事態もまた、精神的な負担の増大につながる。経営リスクの中には、環境配慮型農法に転換することで収量が落ちるかもしれないといった生産性の問題もあれば、環境配慮型農法で栽培された農産物の多くは追加的に発生したコストの分を価格に上乗せするため、これまでの顧客のほかに新規の販路を開拓しなければならないというリスクも存在する。

正負の農業環境公共財の供給および削減の問題のように、農業環境問題においては、農薬や化学肥料を用いる農業者が「悪しきもの」とみなされがちだ。しかし、農業者にとっては環境配慮型農法へ転換するためのリスクやコストは自らこうむらなければならないが、その分の便益が返ってくるわけではなく、ここには明らかに便益とコストの不均衡が存在する。

3 本書の課題

本書が着目する農業環境公共財の問題は、その他の環境問題と同じく、フリーライダー問題（社会的ジレンマ）を抱えており、正負の農業環境公共財が供給されない（あるいは削減されない）ことは社会の成員全体にとって不利益であるにもかかわらず、合理的にふるまう主体ほど公共財を供給するためのコストを支払おうとしない。こうしたフリーライダー問題を解決するためには、環境保全に特段の興味をもっていない「通常の主体」をいかに巻き込むかが重要となってくるが、「環境を守るべきだ」という規範を共有することで問題解決をはかろうとする姿勢は、これまで地域社会に数々の軋轢を生み出してきた。

とくに、農業環境公共財のように、(超)長期的な資源管理にかかわる持続可能性の問題は、「わからない」という知の形式である非知を内包しており、道徳的な先鋭化によるグローバルな規範の台頭が指摘されている。こうしたグローバルに浮遊する規範は、構造的な弱者にさらなる負担を強いる社会的な不公正の問題を引き起こしつつある。実際に、農業環境公共財の問題においては、環境配慮型農法への転換に際して、農業者が負担しなければならないリスクやコストと、それによって得られる利益の配分に不均衡が生じており、構造的な弱者である農業者に負担が集中している問題が指摘できる。

以上の課題に対し、本書では、地域住民によるローカルな環境ガバナンスの観点から、とくに地域の慣行農業者による環境配慮型農法の実践に焦点を当てる。そして、「持続可能な地域社会」の基礎的な要件である環境配慮型農法が地域に普及し、地域農業者によって生産が継続されるには、どのような社会的な条件が必要であるのかを、事例分析によって明らかにしていく。こうした目的のもと、本書では先ほど小括したように、次の三つの課題を検討していく。

一つ目は、農業環境公共財におけるフリーライダー問題にいかに対応するかという課題だ。本書では、農業環境公共財という概念を導入することで、これまで十分な対応策がとられてこなかった負の農業環境公共財（農業生産活動に起因する環境負荷）に着目し、これを農業環境問題において対応すべき課題として設定する。

二つ目は、非知のコミュニケーションにおける規範の喚起とそれによる不公正の助長をいかに回避するかという課題だ。「わからない」という知の形式である非知をつねに内包する持続可能性の問題領域では、環境を守ろうとする者を「善」とし、そうでない者を「悪」と断じる道徳的な先鋭化が立ち現れる。こうした規範の喚起は、現状の農業をとりまく社会構造のさなかで、農薬や化学肥料を使わざるをえない構造的な弱者である農業者に対し、不公正を助長する方向に作用する可能性がある。

三つ目は、農業環境公共財を供給するためのコストやリスクが農業者に偏在しているという課題だ。農業環境公共財を供給するためのコストやリスクは構造的な弱者である農業者に集中している一方、農業環境公共財から得られる利益は空間的にひろく拡散しており、農業者が負担するコストやリスクとそれによって得られる利益との間に不均衡が生じている。

本書では、事例分析を通して以上の三つの課題を検討し、これに応答する。そして、課題への応答を通して、環境配慮型農法が地域に普及し、地域農業者によって生産が継続されるための社会的な条件を解明していく。これらの課題に応答するため、次章ではこれまでの学術的な研究成果を確認しながら、第3章以降の事例分析において、これらの課題をどのような観点から検討していくのかを提示する。

第2章

どうすれば 環境配慮型農法は 普及するのか

生業と文脈化の過程から

田植えを終えた水田（2017年6月，登米市南方町）
撮影：筆者

はじめに

どうすれば環境配慮型農法は地域に普及するのだろうか。本章では、環境配慮型農法にかかわる学術研究をふりかえり、前章で提示した三つの課題を理論的に検討する。本書の着眼点が既存のどんな研究とどのように異なっているのか、あるいは、どのような点で共通しているのか、こうした差異と共通点の双方を明瞭にしていくことがこの章の目的である。

これまで、日本の農村社会学や環境社会学では、環境配慮型農法の研究とは有機農業運動研究であったといってよいほど、有機農業運動・有機農業者が中心的な分析対象であり続けた。一方で、本書が対象とする減農薬栽培・慣行農業者は、どちらかといえば有機農業を中心とした分析における周縁的な存在と位置づけられ、これまで看過されてきた。

こうした既存の研究に対し、本書では「持続可能な農業の社会学（Sociology of Sustainable Agriculture）」の視座を基礎としながら、経済社会学における「埋め込み」の概念を援用する。環境配慮型農法の普及過程は、これまで主にその技術的側面と経済的側面が着目されてきたが、本書の視座では、経済的行為である農業に対する社会的側面の影響が注目される。さらに、本書の分析において鍵概念となる文脈・文脈化を提示したうえで、本書では環境配慮型農法が普及し、継続されていく過程を、動的な文脈化の過程としてとらえるということ、そしてこうした文脈化の過程が本書の主な分析対象であることを述べる。以上の理論的な視座から三つの課題にかかわる学術研究を概観し、事例分析における着眼点を提示する。

1 本書の理論的視座

本章では、第1章で示した本書の三つの課題について、主に環境社会学や農村社会学における学術的な研究動向を確認していく。これによって、第3章以降の事例分析において、本書がどのような観点から課題を検討していくのかを具体的に提示する。

まずは、本書が分析対象とする環境配慮型農法について、これまでどのような学術研究がおこなわれ、そこからどんな知見が得られてきたのかをあらためて確認したい。その後、本書がどのような視座から環境配慮型農法をとらえ、前章で示した三つの課題に取り組んでいくのかを明らかにする。

⦿「あたらしい社会運動」としての有機農業

これまで日本の環境社会学や農村社会学では、環境配慮型農法にかんする研究のほとんどは有機農業に着目するというアプローチがとられてきた。とくに、有機農業運動にかんしては数多くの研究蓄積が存在し、日本の環境社会学における特徴的な研究テーマである（長谷川 2003）とされてきた。こうした傾向は、これまで社会学にとって有機農業とは第一義的には有機農業運動であったこと、つまり、社会学においては有機農業とはその社会運動としての特徴が注目され、分析されてきたということを物語っている。

では、これまで社会学的な関心を集めてきた有機農業運動とはどのような社会運動であったのか。ここでは、金子美登（埼玉県・霜里《しもさと》農場）による有機農業の実践を起点として、有機農業運動が何を目指してきたか、そしてそうした実践がこれまで社会学者によってどのように分析されてきたのかを確認する。なお、金子の実践の全容については、環境社会学者の折戸えとなが丹念な調査をもとにした記録と分析を残しており（折戸 2014, 2019）、本書もそちらを参照している。

日本の有機農業運動を代表する一人である金子美登は、会費制での自給区農場を一九七五年より開始した。金子は「元来、生命そのものであった」農業が、経済合理性のみを追求する工業的な製品出荷のプロセスとなってしまっていること、さらには工業と同様に公害を生み出していることを憂い、農薬等の化学物質を用いず、自然界での分解と循環を利用する「生態系農業」を志した。経済合理性から距離を置いた「生態系農業」を実践するうえで、金子は当初から農産物の市場出荷を想定しておらず、農場の前を流れる槻川《つきかわ》の上流に住む人びとに声をかけ、読書会や映画鑑賞といった文化活動を二年にわたりおこなったのちに、流域の一〇世帯を会員とした会費制の自給区農場を始めた（折戸 2019: 73–74）。

しかし、この自給区農場は消費者世帯との間に発生した問題を解決しきれず、二年一カ月後に解散となった。争点はいくつかあったが、農産物の質と価格の問題や除草を手伝う援農の負担感など、消費者が提供している金銭や労働力に見合った対価（農産物）が得られていないというのが不満の大きな要因の一つだった。農薬や化学肥料を使わない有機農業では除草作業が増える一方で、初期の頃には農産物の収穫量や品質が安定しないことも多い。消費者の間では、労力なしに手に入る八百屋の野菜の値段とくらべて、会費が高いか安いかということが話し合われていたといい、提携関係を続けるなかで、金子の理想と消費者の認識との乖離がひろがっていき、自給区農場は解散せざるをえない状況となった（折戸 2019: 77–82）。

会費制の自給区農場を解散した金子は、消費者との関係性を「お礼制」に切り替えて再出発をはかった。この「お礼制」では農産物の値段を決めることはせず、消費者がなんらかのお返しをするという方法がとられていた。「お礼」の内容はたいていの場合は貨幣だが、届いた小麦で焼いた菓子や手づくりエプロンといったモノと一緒に支払われることも多い（折戸 2014: 136）。こうした霜里農場における「お礼制」は、現代におけるいわゆる贈与経済の一つのあり方であり、商品経済における生産者と消費者との従来的な関係性とは異なる、人と人との友好的なつきあい関係を土台とする〈提携〉の一形態であった（折戸 2019）。

では、こうした有機農業運動のあり方は、学問的にどう位置づけられてきたのか。同じく環境社会学者で、有機農業運動の研究を続けてきた桝潟俊子は、有機農業運動の実践は「あたらしい社会運動」の一種であると分析した（桝潟 2008）。「あたらしい社会運動」とは、資本家と労働者の間での労働闘争に代表されるような従来型の社会運動と異なるタイプの社会運動のことであり、たとえば環境運動、女性運動、平和運動などがこれに位置づけられる。桝潟によると、有機農業運動もこれらの社会運動といくつかの特徴を共有しているが、なかでも有機農業運動は自らのライフスタイルや価値観を改めようとする強い「自省性」をもつという特徴があるという。有機農業運動にみられる生産者と消費者の直接的で人間的な交流は、純粋な売買関係にとどまらない、信頼や親密さをともなう相互行為であるとして〈提携〉と呼ばれてきた。

折戸や桝潟以外にも、有機農業に特定の価値をみいだす研究は少なくない。たとえば、農村社会学者の徳野貞雄は、無農薬栽培の一種である合鴨農法(アイガモの雛を水田に放つことで雑草を抑制する農法。アイガモの排泄物は肥料の役目を果たす)を、「農民が田んぼに行きたくなる農法」だとして評価している(徳野 2011)。また、環境社会学者の舩戸修一は、有機農業者の「考える野菜たち」という発言から、自然と向き合い、観察力を身につけていくことが農業の「面白さ」や「楽しさ」につながっていたと分析する(舩戸 2004)。これらの研究では、有機農業者の精神性に着目することで、生産力の向上を最重要課題としてきた近代農業とは異なる農業のあり方が描かれている。

こうした従来の有機農業研究では、有機農業の精神性を獲得した農業者が実践している営みは、厳密な意味では「農業」ではないとされる。それは、「二〇世紀システムにおける苦役に似た労働観とはまったく違う新しい労働観」(池上 2000: 49–50)なのである。すなわち、「有機農業は農家と自然のかかわりを創造していく営み」(舩戸 2012: 177)であり、そこで営まれているのは全体性を回復した「農」である。この「農」に対置されるのが近代農業であり、「いかに田圃に行かずに米を作り、いかに汗水流さず働かずに、儲ける農業を行うかに尽きる」(徳野 2011: 343)と表現される農業のあり方だ。

有機農業学者の中島紀一が総括するように、日本の有機農業運動のアイデンティティはそのオルタナティブ性にある（中島1998）。これまで、日本の社会学において着目されてきた有機農業とはすなわち有機農業運動であり、それは自省的態度をともなって自己の価値観やライフスタイルを革新しようとする、変革志向性をもつ実践であった。こうした変革志向性を有する営みであるからこそ、有機農業はこれまで社会学者の興味を引いてきたといえる。

以上のような社会学による有機農業のとらえ方は、経済合理性のみを追求する資本主義的な（あるいは工業的な）農業のあり方を相対化し、批判する役割を担ってきた。また、こうした近代農業批判の文脈において、循環を鍵概念とする有機農業は大量生産・大量消費を象徴する近代農業と対比されてきた。ここに環境保全の論理との接続性がみられ、有機農業は環境調和的な循環型社会に資する（谷口2011）農業だとしても、これまで一定程度評価されてきたのである。

すなわち、社会学研究においてはこれまで、変革志向性をもち、経済合理性の追求とは別の次元に目標を据える有機農業が着目され、評価されてきた。つまり、有機農業はアクティビストによる農的な営みとしての側面が着目され、研究の対象となってきたのである。

以上のような環境社会学・農村社会学における有機農業研究は、有機農業という農的な実践に内在する価値体系を明らかにするという意義を有していた。しかし、有機農業の実践的な側面に着目するこれまでの研究アプローチは、有機農業者の精神性や消費者との人間的な関係性を洞察することに長けていた一方、こうしたアプローチは有機農業者を主眼に据えるため、地域社会や地域農業の持続可能性にかかわる問題はどちらかといえば周縁的な課題として看過されてきた。

⊙環境配慮型農法の社会的な条件を分析する視座

こうした既存の研究アプローチに対し、本書では「持続可能な地域社会」の基礎的な要件である環境配慮型農法が地域に普及するための社会的な条件を解明するために、主に「持続可能な農業の社会学（Sociology of Sustainable Agriculture）」の視座から事例分析をおこなっていく。ここでは、持続可能な農業の社会学がどのような視座を有しているか、そして本書ではとくにどんな着眼点から事例を分析していくのかを説明する。

環境社会学者のE・カラミとM・ケシャバーズ（Karami and Keshavarz 2010）は、持続可能な農業の社会学とは、持続可能な農業（Sustainable Agriculture）が普及する過程やその普及が社会に与える影響を、社会学的な観点から分析しようとする学問領域であるとしている。こうした問題関心から、持続可能な農業の社会学においては、主に、①持続可能性の解釈に用いられるパラダイム、②持続可能性に対する態度や行動を説明する社会学的なモデル、③持続可能な農業実践の採用行動、④ジェンダーと持続可能な農業、⑤社会的な影響評価と持続可能な農業という五つの論点が扱われることとなる。

カラミとケシャバーズは、持続可能な農業にかかわる多くの研究では、持続可能な農業への転換過程がその技術的な側面と経済的な側面からのみ説明されており、こうした転換過程において、その社会的な側面の重要性が看過されてきたことが、持続可能な農業の普及をこれまで限定的なものにしてきたと主張する。たしかに、一部の自給自足や贈与経済を除けば、現代における農業とはそのほとんどが生計を立てるための経済合理的な生業である。そのため、持続可能な農業の普及過程においても、主に自然科学や農業経済学的な観点から、技術的な障壁や経済合理性にかかわる障壁を論点とする研究が数多くなされてきた。

しかし、カラミらが主張するように、現実の社会においては、持続可能な農業への転換過程は完全に技術的な要件のみで決定づけられたり、完全に経済合理的な思考だけでその採用が決まったりするわけではない。こうした見解から、持続可能な農業の社会学の視座では、持続可能な農業への転換過程を、ある主体の持続可能な農業に対する態度と行動の社会的な変容過程ととらえる。したがって、持続可能な農業への転換過程には、特定の集団や地域コミュニティが調整や交渉を経験しながら、自らが関与する根本的で基礎的な問題を探究するという社会的なコミュニケーションや議論の過程が含まれており（Karami and Keshavarz 2010）、そうした社会的な過程こそが持続可能な農業の普及を左右する要件なのである。

だが、こうした社会的側面への着目は、今度はともすると生産活動としての農業が経済的側面や技術的側面による拘束を免れえないという論点を過小評価してしまうことにもつながりかねない。そこで本書では、現代の農業の多くが市場を介した経済的行為であるという視点から、経済社会学における「埋め込み」概念を援用し、農業が地域社会や人びとの行為のネットワークに「埋め込まれている」様態に着目して調査事例を描写・分析していく。

「埋め込み（embeddedness）」とは、経済人類学者のK・ポランニーが提唱した概念であり、経済的行為において社会的文脈の存在を示す概念である。ポランニーは、近代以前の諸社会の歴史的な分析から、かつて諸々の経済的行為は地域社会における具体的な社会制度や人びとの間の関係性のもとにしか存在しえなかったと指摘し、これを経済的行為の社会への「埋め込み」と表現した（Polanyi 1944＝2009）。

こうしたポランニーの「埋め込み」概念は、全国的な自己調整的市場が創出される以前の前近代的な社会における経済的行為の特徴を述べたものであるが、経済社会学者のM・グラノヴェッターは、これを再解釈し、現代社会における新たな「埋め込み」概念を提唱した（Granovetter 1990）。ポランニーにおいては、土着の規範や社会関係に「埋め込まれた」経済的行為は、全国的な自己調整的市場の台頭によって消失したとされるが、グラノヴェッターはこうした前近代社会における「埋め込み」は「強い埋め込み」であるとし、現代社会においては、経済的行為は市場を介した経済合理性と社会的文脈の双方から影響を受ける「弱い埋め込み」の状態にあると主張した。そして、この「弱い埋め込み」こそが現代における実際的な経済的行為に対して随所でさまざまな影響を与えているとした(1)。

以上のような「埋め込み」概念を援用することで、市場を介した経済的行為としての農業を分析するうえで不可欠な視点である経済的側面や技術的側面に関心を払いながら、そうした経済合理性とともに実際の経済的行為を規定する要因である社会的文脈にも着目することが可能となる。

しかしながら、本書の目的である、環境配慮型農法が地域に普及するための社会的な条件を解明するためには、これまでの経済社会学における「埋め込み」概念をそのまま援用するだけではやや不十分である。なぜなら、これまでの「埋め込み」の分析では、市場を介した経済的行為がどんなモノに「埋め込まれている」、あるいは「埋め込まれてきた」のかという、「埋め込み」の様態が主な分析対象とされてきたが[(2)]、これはすでに存在する静的な様態の描写であり、これまで着目されてこなかったものの、じつは存在したモノを詳らかにしようとする試みであった。しかし、本書の事例分析においては、環境配慮型農法の一つである「環境保全米」が、どのような文脈においてつくられ、どのような文脈に対して「埋め込まれていった」のかという、一連の文脈化の動的な過程を分析対象とする。このように文脈化、すなわち「埋め込み」の土壌となる社会的文脈がつくられたり、あるいは既存の社会的文脈に「埋め込まれていく」動的な過程に着目することこそが、環境配慮型農法が普及するための社会的条件を解明する具体的な分析視座となる。本書では、以上のような文脈化の過程に着目し、市場を介した経済的行為である現代農業を経済合理性と社会的文脈の双方から分析をおこなっていく。

では、こうした本書の理論的視座から前章で提起した三つの課題をとらえた場合、どのような観点から事例を分析するべきだろうか。以下で確認していこう。

2　農業環境公共財の視座による完全主義の相対化

ここからは、第1章で提起した三つの課題について、既存の学術研究の知見をふまえながら、理論的な検討を深めていく。

◉「有機農業運動」の行きづまりの要因

第1章で示したように、本書の第一の課題は、農業環境公共財の視座からフリーライダー問題に取り組むことである。この課題について、本書では有機農業の完全主義を相対化することで、地域農業者による地域環境保全の新たなあり方を提示していきたい。ここではまず、既存の研究で有機農業運動の行きづまりの要因として指摘されてきた完全主義とは何であるかを説明し、完全主義がはらむ問題点を指摘する。そのうえで、本書が分析対象とする減農薬栽培がこれまでどのような観点から学術的に検討されてきたのか（されてこなかったのか）を確認する。

これまでの研究アプローチのように、有機農業をアクティビストによる実践ととらえるならば、それは個人における内的な価値合理性の表出行為とされるため、有機農業が地域的に普及しうるのかどうかという観点から問われるべき必然性はない。もちろん、多くの社会運動がそうであるように、社会変革を目指す集合行為においては支持者や協力者を増やすことが社会に対する影響力を高めていく手段となりうる。しかし、有機農業が強い「自省性」をともなう農的な実践であり、それこそが有機農業の特徴であると考えるならば、有機農業が体現する価値に特段興味を示さない「通常の主体」を巻き込み、地域規模での運動として展開していくことはやや障壁が高い。

前章でもみたように、有機農業運動は一九七〇年代から八〇年代にかけて活発となったものの、その後徐々に勢いを失っていった。このことについては、九〇年代以降、有機農業研究者の間でその原因を究明しようとする議論がなされてきた。たとえば、次のようなものだ。

七〇年代に運動の創始者たちが構想したような有機農業モデルは、現在でもなお点的存在を脱するほどには伸びてはいない。理念的には幅広い支持を受けながらも、二〇年という時間の経過にもかかわらず、一般的農業としての広がりを実現できていないということは、その構想に何らかの問題が内包されていたことを示唆している。だが、そういった点についての立ち入った検討はまだほとんど手がけられていない。(中島 1998: 56)

なぜ、有機農業運動はかつての勢いを失っていったのだろうか。その要因について、研究者の間ではこれまで次の二つのとらえ方があった。一つは、外在的な要因によって運動は衰退せざるをえなかったとするとらえ方である。一九八〇年代以降の有機農産物市場の出現や運送業の発展が、〈提携〉関係の代替手段としての機能を担ったという本城昇の解釈がこれにあたる(本城 2004)。有機農業が社会的な認知を得て在来型の市場流通に乗るようになればなるほど、私的空間での売買ネットワークを形成していた有機農業運動はその役目を終えていくというものだ。

もう一つは、内在的な要因が運動のさらなる展開や拡大を妨げたという解釈だ。たとえば、山形県高畠町での取り組みを調査した松村和則は、生産者と消費者の双方が〈提携〉の理念の中で意図せずつくり上げた「神話」に苦しんだと指摘する。有機農業運動はその展開の過程で、「目覚めた消費者」と「望ましい農民」という二つの像をつくり上げ、これが双方へ負担を強い、不信感が相互に高まることにつながったと松村は分析する（松村 1991）。また、茨城県八郷町《やさとまち》での取り組みを調査した閻美芳は、松村の「神話」の解釈を受け、従来の提携関係において「神話」が不可避的に発生してしまったのは、〈提携〉という考え方の中に農業者や消費者の暮らしへの視点が十分に組み込まれていなかったことが大きいのではないかと指摘する（閻 2004）。こうした分析は、有機農業運動が近代批判や自己批判といった変革志向性を内包するがゆえにそうした性質が自己破壊的に作用してしまったことを暗示している。

加えて、〈提携〉的な関係性を理想とするあまり、有機農業運動は少数の生産者と消費者の間での閉じた空間を形成してしまったという指摘もある。農村社会学者の藤井和佐は、〈提携〉が一部の高所得者や価値観を転換した「心ある」消費者、あるいは産業社会からドロップアウトした生産者たちによる閉じたネットワークとなっているのではないかと指摘する（藤井 2009）。これに関連して中島紀一も、オルタナティブ性を有する有機農業運動が閉じた系におけるロマンの追求へと変質していったことを指摘している（中島 1998）。

こうした、有機農業運動を衰退させたとされる内在的な要因の中でも、本書がとくに着目するのは、有機農業運動を特徴づける変革志向性が有機農業を完全無農薬・無化学肥料栽培を志向する完全主義に結びつけたとする指摘である。地域社会学者の大久保武によると、有機農業には正しいあるべき農業を取り戻すための運動こそが有機農業だとする社会変革を思考する思想性が埋め込まれている（大久保 2005: 321）。大久保は、こうした有機農業の思想性は一九七〇年代から八〇年代にかけての冷戦構造下のイデオロギーが大きく与したものであり、完全主義のみが無前提に主張されるのであればそれはイデオロギーでしかないと断じている（大久保 2010: 159）。先述したように、有機農業を内的な価値合理性の表出行為ととらえるならば、それをイデオロギーであると指摘することは批判として成り立たない。一方、有機農業は農業環境問題を解決しうる手段であるとしてその普及に期待をかけるならば、完全主義は有機農業の展開や拡大を困難にするイデオロギー的な要因であるとして批判の対象となる。

有機農業研究者の中でも、完全主義への厳しい見方は存在する。青木辰司は、完全無農薬・無化学肥料栽培への純化は、地域の圧倒的多数の兼業農家や慣行栽培を営む専業農家の経営観との相違を顕現させ、結果的に有機農業の地域的展開を困難にしたと指摘する（青木 2000: 15–16）。青木は、完全無農薬栽培を前提とする有機農家が労働過重に陥っており、身体的な不調をいくつも抱えていたことも明らかにしており（青木 1991b, 1998）、こうした地域性と身体性という二重の制約条件をどう超克するかが今後の有機農業運動の持続的展開にとっての課題であると述べている（青木 1998: 63）。青木の指摘は、完全主義を有機農業（運動）の展開や拡大の阻害要因であるとして批判するものであり、ここには有機農業（運動）は展開・拡大すべきものだという前提がみられる。

また、こうした完全主義は、資本主義批判を含む強い「自省性」を有する有機農業運動のみでなく、市場からの要求に応じて進行した有機農業の規格化によっても助長されたと考えられる。有機農業の産業化の過程では、市場内部での優良誤認表示の問題に対処するために、法律にもとづく有機ＪＡＳ規格が設計されたという背景があったが、規格化はその制度運用において、規格に当てはまるものとそうでないものとの間に瞭然たる区別が存在することを要請する。こうした規格化に内在する性質が、有機ＪＡＳ規格にみられるような完全主義的な有機農業をつくり上げていった側面もある。

しかし、制度化の過程で有機農業が完全無農薬・無化学肥料栽培へと純化していった一方で、初期の有機農業の実践者たちが完全無農薬・無化学肥料栽培のみを「有機農業」とみなしていたわけではなかったことは、ここで一度確認しておかなければならない。有機農業学者の本城昇によると、有機農業が制度化に向けて動き始めた一九八八年当時は、無農薬・無化学肥料栽培による農産物が少ない頃であり、それだけに、減農薬の努力をしてつくられた農産物については、その労力を評価して有機農産物と大雑把にとらえてもいいのではないかという雰囲気があった。そして、当時の有機農業運動を支えていた当事者の間では、無農薬・無化学肥料栽培の農産物のみを「有機」と特別視して付加価値のある農産物とみるのは、商業主義に毒された視点以外のなにものでもないというとらえ方も存在していた[3]（本城 2004: 72）。

本城の指摘を裏づけるように、当時のアンケート調査からは、この時期の有機農業者の多くが完全主義的な思想をもっていたわけではなかったことがわかる。一九八〇年に実施された国民生活センター調査研究部によるアンケート調査（国民生活センター編 1981）では、回答した有機農業者のうち、農薬（殺虫剤と殺菌剤）を「使うべきではない、使う必要がない」と答えた者は全体の二五・九％であり、その他の回答者は程度の差はあれ、農薬の使用を完全には否定していない。また、化学肥料や除草剤においても同様の回答傾向がみられ、これらをあわせて考えると、完全無農薬・無化学肥料栽培だけを許容すると回答した有機農業者は全体の二〜三割程度と推計される。

この時期の有機農業者やその支援者は、近代農業に抗するという精神性から編み出された農法を、ある程度の寛容さをもってひろく「有機農業」ととらえていたと考えられる。しかし、そうした精神性は、有機農業が農業の一分野として確立していく過程で、有機農業者自身の強い「自省性」によって、あるいは一部の消費者からの要望に応えるかたちで失われていったのではないか。また、品質表示の信頼性を高める目的でつくられた規格は、そもそもこうした余地を許容しない。市場からの要求に応えるかたちで始まった有機農業の規格化が、有機農業を無農薬・無化学肥料栽培たらしめたという側面も少なからず存在したといえる。

こうした完全主義は、経済的・技術的側面と文脈化の双方において、有機農業をはじめとする環境配慮型農法の地域的な普及を困難にした。まず、経済的側面からみれば、完全主義的な有機農業は、それを求める一部の消費者とのプレミアムマーケットを形成することで小規模に完結してしまうため、地域規模での農業環境公共財の供給を支えることは難しい。また、完全無農薬・無化学肥料栽培は技術的な障壁が高く、これを実践するためには高い技術やノウハウだけでなく、農薬や化学肥料を使用する農法以上の追加労働やそれをこなす体力も求められる。そのため、完全無農薬・無化学肥料栽培を実践したいと考える者、あるいはさまざまな条件面をクリアしたうえで実践できる者は、地域規模でみれば農業者の一部に限定されてしまう。これは、多様な価値基準をもち、さまざまな条件のもとで農業を営んでいる地域農業者の中で、完全主義的な有機農業を自身の生活実践のなかで文脈化しうるほどの資源をもつ者が相対的に少ないということを意味している。前章で確認したように、農業環境公共財を持続的に供給していくためには、個々の農業者・農地レベルでの取り組みの度合いよりも、地域規模での取り組みの多寡が重要となってくるため、地域農業者の大半を占める慣行農業者を主体とした地域環境保全のあり方を構想する必要がある。完全主義の問題点は、地域に多様に存在する、地域環境保全の担い手となりうる慣行農業者を地域環境保全の実践から阻害してしまうという点だ。

⦿有機栽培と減農薬栽培の共通性と異質性

ここでもう一度、既存の有機農業研究をふりかえると、じつは完全主義の枠外において、地域環境保全に資する実践がこれまで普及していたということがわかる。たとえば、次のような指摘は、完全主義的な有機か否かという二元論を回避することが有機農業を地域に普及させてきたことを示している。

また、厳密な意味での有機農業の担い手の側でも、自家経営のすべてを完全な有機農業に転換したという例ばかりでなく、経営のなかに慣行栽培の部門や減農薬栽培の部門も残した、いわゆる並行栽培の事例も少なくなかった。このような事例のなかには、有機農業以外の部門の農産物も有機農業の提携ルートに乗せられる場合もあった。さらに有機農業生産グループのなかには厳密な意味での有機農業部門をもたないいわゆる減農薬農家も含めているという例もあった。

要するにこれまで有機農業と非有機農業の境界は必ずしも明確ではない場合があり、そのことが結果として有機農業や環境保全型農業の発展に役立ったという面も否定できないのである。（中島 1998: 72–73）

この指摘が意味するところと同様に、完全主義的な有機か否かという二項対立図式においては見えにくくなっていた、有機と慣行の狭間に位置する減農薬栽培が、じつは地域的な普及という点では有効であったとする調査報告は少なくない。たとえば、第1章からくりかえし言及している、「有機農業の里」である山形県高畠町では、有機農業者の増加が一定の規模でとどまったのに対し、有機農業者の「二軍軍団」を自称する地域農業者たちが始めた減農薬栽培を主とした生産組合が会員数を伸ばし、結果として地域での農薬空中散布の面積を縮小させることを実現した。この生産組合が成功した要因は、あくまでも農業者の経済行為としての安全な米づくりが明確に運動理念として位置づけられ、その手段としての減農薬栽培という段階的な実践が地域の農業者に抵抗なく受け入れられた点にあった（青木 2001: 138）。

また、一九七八年に福岡県で起こった減農薬稲作運動は、福岡県全体での農薬の使用基準を変更させる成果を生んだ。当時の農業者の間では、農協が指示する農薬散布のスケジュールは、種類と回数が多いにもかかわらず、水田の現状にそぐわない散布もしばしばみられるという疑問が呈されていた。そこで当時、福岡県の農業改良普及員だった宇根豊は、安価に作成可能な虫見板《むしみばん》を用いて水田の虫を観察し、農薬の使用の是非や使用時期を農業者自身で判断することを提案した。虫見板は福岡県全域に普及し、結果として福岡県全体で農薬散布のスケジュールが見直されることとなった（宇根 1987）。こうした減農薬運動は、その参入のしやすさやひろがりの大きさから、無農薬栽培よりも高く評価する人が多い（徳野 2001: 126–127）と評されている。

以上の調査報告からわかることは、同じ地域において有機農業には参入しなかったが減農薬栽培には参入したという農業者が一定規模存在したことと、比較的多くの農業者が参入できるため、減農薬運動は集合的な力となって現状を変えうることだ。こうした点を評価するならば、地域における農業環境公共財の供給を支える実践として、減農薬栽培により着目すべきだろう。

しかしながら、これまでの研究では、有機農業運動として、あるいは農的な実践の一形態として有機農業が着目されてきた一方で、減農薬栽培に着目した研究はほとんどなされてこなかった。とくに、地域環境保全という観点から減農薬栽培を積極的に意義づけるような研究はこれまでほとんど存在しない。だが、地域規模で負の農業環境公共財を削減するためには、環境配慮型農法の中でも参入障壁が比較的低く、それゆえに地域に多様に存在する慣行農業者も参入しやすい減農薬栽培に着目する必要がある。

減農薬栽培が直接的な研究対象とされてこなかった要因として、地域環境保全という観点から意義づけられてこなかったという理由のほかに、有機農業と減農薬栽培が連続的な存在だとみなされていた可能性が指摘できる。先述したように、有機農業運動を牽引する有機農業者の間では、有機農業と非有機農業の境界は必ずしも明確ではなかったという実態も存在していた。また、高畠町の事例にあったような、減農薬栽培は有機農業の「二軍」であるという考えが、現地の農業者の間だけでなく、彼／彼女らの実践をつぶさに観察してきた研究者の間でも一定程度共有されていたとすれば、それもまた減農薬栽培への着目を希薄化させた要因であったと考えられる。この場合、減農薬栽培と有機農業は連続した存在であるとみなされているが、その間には明確な序列が存在し、減農薬栽培は有機農業に次ぐ存在であるため、とりたてて論じる必要はないとされる。

だが、たとえ技術的には連続した存在であったとしても、有機農業の普及要因と減農薬栽培の普及要因には明確な相違があることが確認されている。農業経済学者の胡柏が農業センサスや自身が実施したアンケート調査など複数の統計データを組み合わせて分析したところ、有機農業（有機ＪＡＳ制度）への取り組みを促す要因と、減農薬栽培である環境保全型農業（エコファーマー制度）への取り組みを促す要因にはほとんど共通性がみられなかった。なかには、片方に対してポジティブに働く要因がもう片方にはネガティブに働いている場合も認められ、有機農業と環境保全型農業がまったく別の要因によって促されているということが明らかとなった（胡 2007）。こうした普及要因の違いから、有機農業を実践する農業者と減農薬栽培に取り組む農業者もまた、質的に異なる存在である可能性が指摘できる。本書では、減農薬栽培に取り組む農業者を調査対象として取り上げ、地域農業者による地域環境保全の新たなあり方を提示していく。

3　非知における正当性の承認

本書の第二の課題は、非知のコミュニケーションにおける規範の喚起とそれによる不公正の助長をいかに回避するかというものだった。本書では非知をめぐる問題が、環境を守ろうとする者が「善」、そうでない者が「悪」であると規定するようなグローバルに浮遊する規範によってではなく、現場に固有な文脈から立ち上がる規範やそれを根拠とする正当性によって、つまり固有の文脈性において解釈されていくさまに着目する。とくに、「公論形成の場」という言説空間と、日常的な生活実践の双方の場面において、どのようにして非知をめぐる問題が調整や交渉を経験し、正当性を得ることができるのかという観点からこの課題を検討していく。言いかえれば、非知のコミュニケーションにおいて、浮遊する規範の共有以外を正当性の根拠とする、協働の可能性と日常生活における自然とのかかわり方を事例から探っていく。

◉公論形成の場における非知

持続可能性にかかわる問題は、複合的な要因によってひろく時空間をまたいで発現するとされており、問題設定そのものに「わからない」という形式の知である非知が内包されている。その結果、非知が内包されたコミュニケーション過程では、環境を守ろうとする者が「善」であり、そうでない者を「悪」と規定する道徳的な先鋭化が引き起こされる。前章では、こうした規範の喚起が社会における構造的な弱者に対する不公正を助長する可能性があることを指摘した。本書の事例分析では、合意形成を主な目的とする言説空間である「公論形成の場」において、非知をめぐる折り合いのつかなさがいかにして調整され、いかにして「環境を守るべき」というグローバルに浮遊する規範以外を正当性の根拠とした協働が立ち上がったのかを明らかにする。ここではまず、「公論形成の場」とは何であり、これまでの学術研究においてどのような観点から検討されてきたのかを確認していこう。

環境ガバナンスの研究において、とりわけ「公論形成の場」の設置やその豊富化は重要である（舩橋 1995, 1998）とされてきた。ここでいう「公論形成」とは、ある問題に関与する諸主体が、共通の情報にもとづいて意見交換をし、問題の性格についての事実認識を深め、さまざまな解決策の優劣を検討し、価値基準や解決原則についての社会的合意の程度を高めることであり、とりわけ公共の利益についての合意を形成することである（舩橋 1995）。そして、「公論形成の場」とは、「利害関係者に対する開放性をもって異質な視点・情報を集め突き合わせることで新たな問題の場をおし広げ、より普遍性のある問題意識と解決策を生み出す討議の場」と定義されている（舩橋 1998）。つまり、公論形成の場とは、ある問題のステークホルダーである多様な価値基準をもった異質な他者同士が出会い、その問題について討議し、問題への理解を深める過程でなんらかの解決策を提案し、そのことについて合意を取り結ぶために設定される言説空間のことである。

しかし、こうした公論形成の場は設置されれば即座に有効に機能するわけではない。実際の対話の場面では、理念上は対等な関係であるはずのステークホルダー間において、ある主体が説明し、ある主体は説明されるといった一方向的な関係性に終始してしまうことがある（足立 2001; 土屋 2008）。また、ステークホルダー間で開かれた対話の場をつくろうとしても、何を問題とするか、それをいかに解決していくかといった問題設定や認識の枠組みに齟齬がみられることもある（脇田 2001; 富田 2014）。どのような対話の空間が有効に機能するのかについては、これまでさまざまな事例の知見から理論の精緻化がはかられてきたが、議論はまだ発展途上の段階にあるといえる。

こうしたなかで、科学社会学者の定松淳は、「公論形成の場の豊富化」という概念が民主主義的な理念としての魅力を強く備えたものであるがゆえに、かえって「すでに利害をもった主体」が存在する際に、こうした主体を開かれた討議にいかにして引き込むかという点の分析が手薄になっていると指摘する（定松 2014: 191–192）。その多くが合意形成を取り結ぶための場としての機能を担う公論形成の場において、既存の利害関係を有する主体が参加することはむしろ好ましい事態である。しかし、そこに理念の相反や折り合いのつかなさがあった場合、合意形成やその先に期待されるステークホルダー同士の協働は実現されにくくなる。

この点について、環境社会学者の黒田暁は、〈不合意〉の存在に積極的な意義をみいだしている。黒田は、合意形成を目指したコミュニケーションにおいて、そこに〈不合意〉が包摂される過程が存在していたことが、異なる利害関係を有する多様な主体が参加し続けられる可能性を保持する結果につながったと指摘する（黒田 2007）。また、環境学者の富田涼都は、各主体がなんらかの論理において意見が一致するという通常想定されうる合意形成のあり方とは異なる「同床異夢」的なあり方を提案している。富田のいう「同床異夢」的なあり方とは、さまざまなステークホルダーがある自然環境に対して同様の価値を感じていることを根拠として取り結ばれる合意ではなく、それぞれが異なる価値基準をもちつつも、表出される集合行為のレベルでは協働を実現しているようなあり方を指す（富田 2014）。これらの指摘は、公論形成の場において利害の不一致や多様な価値基準の混在がみられた場合に、それらを統一しようとするのではなく、合意が不在であるさまを承認することが公論形成の場の破綻を回避し、多様な主体の参加を保持する契機となりうることを示唆している。

非知のコミュニケーションにおいては、「わからない」ことが出発点であり、帰結点でもあるため、特定のステークホルダーの意見や見解において、その他のステークホルダーを説得しうるような明確な根拠は存在しえない。したがって、「環境を守るべきである」という道徳的な先鋭化を根拠とする説得が試みられる。しかし、こうしたグローバルな規範にもとづく説得もまた相対化され、明確な根拠としては存立しえないため、非知のコミュニケーションにおいては、利害の不一致や多様な価値基準を調停しうる知はもはや存在しないのである。以上の観点から、本書では、非知をめぐる農業環境公共財の問題が、公論形成の場においてどのように調整されていくかという交渉過程に着目する。とくに、折り合いのつかないステークホルダー同士が、合意が不在であるさまを承認し、それを許容することで新たな協働の可能性がひらかれるということを事例から検証する。

◉日常生活における正当性の承認

次に、日常生活の地平から、グローバルな規範以外を根拠とする自然とのかかわり方を検討していこう。

非知におけるコミュニケーションにおいては、誰もが納得できるような普遍的な知はもはや存在しない。このことは、非知を内包する問題に対する解決方策が、それがどんな方策であるにしても、どこであっても万人に受け入れられるような普遍的な正当性を調達することはできないということを意味している。だからこそ、非知を内包する持続可能性にかかわる問題では、道徳的な説得のコミュニケーションが喚起され、そしてそれが先鋭化していく。こうした正当性の不在をめぐる問題に対し、本書では日常生活の中から生まれる規範や「物語」を根拠とする正当性の可能性を検討する。

ローカルな規範を根拠とする正当性

まず、日常生活の中から生まれる規範として、本書では農村社会における社会的ネットワークが有する規範に着目する。ここでは、これまでの農村社会学における知見から社会的ネットワークが環境配慮型農法の普及を後押しする可能性を指摘する。

農村における技術普及研究では、すでに一九六〇年代には社会的ネットワークが農村における技術の普及を促進するということが明らかにされている。アメリカの農村社会学者E・ロジャーズは、保守的な傾向にある農村ではいかに合理的な先進技術であっても普及しないケースが存在することに着目し、農村において新技術の普及を後押しする要因として、住民同士の関係性や住民と外部からの技術伝達者との関係性といった社会的ネットワークの有効性を指摘した（Rogers 1983＝1990）。こうしたロジャーズの研究は、純粋な経済的行為にみえる技術導入過程においても、特定の地域社会の内部に存在する社会的ネットワークによって、その技術を導入するかどうかという個人の意思決定が大きく左右されることを示している。

ロジャーズは、コミュニケーションによる情報伝達経路としてローカルな社会的ネットワークに着目していたが、本書では情報伝達経路としての役割を果たすローカルな社会的ネットワークを、地域的な規範を共有した者同士が結びついた社会的な関係性の総体としてとらえる。こうしたとらえ方は、ある特定の地域社会において、どんな規範を共有した者同士の社会的ネットワークを介した情報にどんな正当性が付与されうるのかという分析を可能にする。

これまでの日本の農村社会学においては、農業者の社会的ネットワークに着目した研究はほとんどみられなかった。これは、長らく日本の農村社会学が家族を基礎とするイエと呼ばれる社会関係や、イエの連合体である集落（ムラ）を基本的な分析対象として据えてきたからである(4)（秋津 1998: 7–8）。こうした観点からは、農村社会に存在する規範の根拠もまた、基本的にはイエやムラの存立にあると前提されてきた。

これに対し、農村社会学者の秋津元輝は、イエやムラといった集合体単位で農村を分析するのではなく、個々の農業者がもつ社会的ネットワークと「つきあい関係」から農業生活のあり方をとらえようとした（秋津 1998）。しかし、ここでは農業者個人を分析対象として農業者の生活実態を描写することに重点が置かれており、農村におけるイエ・ムラとは異なる規範の存在についてはあまり着目されていない。

本書では、農村におけるイエ・ムラとは異なる規範のありかとして、地域農業者同士のネットワーク、なかでもとくに農協を中心とする農業者ネットワークが共有する規範に着目し、こうしたローカルな規範が環境配慮型農法の普及をどのように促進しうるのかを検討する。

「物語」を根拠とする正当性

次に、日常生活における「物語」を根拠とする正当性の可能性について検討しよう。これまで、「物語」や語ることが有する機能については、主に医療社会学や病の社会学の分野でひろく検討されてきた[5]。そこでは、「物語」や語ることは、個人が自身の経験を主観的意味づけから再構成したもの／する過程として、その語られ方が着目されてきた。

普遍的な知が存在しえない非知の領域においては、正当性の根拠としての共同的な主観性が重要な意味を帯びてくる。なかでもとくに、地域において集合的に経験された出来事は、間主観的な「物語」として、正当性の根拠となりうる。このことに関連して、環境倫理学者の福永真弓は、地域の自然資源管理において、集合的記憶が構築される過程を根拠とした正当性（正統性）の可能性を提示している（福永 2010）。本書においては、集合的記憶と同様に、ある地域や集団において集合的に構成されるものでありながら、記憶よりもさらに主観的で多義的な解釈がありえ、それゆえに豊富な正当性の源泉として機能しうる「物語」の可能性を検討する。

4　環境配慮型農法を普及させる利益

◉経済的・技術的要因による普及の困難さ

本書の第三の課題は、農業環境公共財を供給するためのコストやリスクが農業者に偏在している一方で、農業環境公共財が供給されることで得られる利益はひろく拡散しており、農業者が負担するコストやリスクとそれによって得られる利益に不均衡が生じているという課題であった。ここではまず、既存の研究アプローチから、どんな利益がもたらされれば環境配慮型農法は普及するととらえられてきたのかを確認しよう。

環境配慮型農法の普及要因を特定しようとする研究は、日本では農業経済学や農業経営学において一九九〇年前後から徐々にみられるようになってきた。時代的な背景としては、農林水産省による「環境保全型農業」の提唱が一九九二年であり、農政の方針として効率的な農業生産と環境配慮型農法の両立が言及され始めた時期であったことがあげられる。

日本においても、環境配慮型農法の普及にかんする研究では、経済的な要因や技術的な要因に言及する研究アプローチがほとんどである。たとえば、矢部光保らの研究では、環境負荷を削減する「低投入型農業」を農業者が採用するためには、どの程度の補償額が必要とされるかが推計されている（矢部ほか 1995）。また、紺屋直樹らの研究では、「農家が慣行技術よりも環境調和型技術を採用するには、利潤について環境調和型技術が慣行技術よりも上回る必要がある」（紺屋ほか 2002: 44）との指摘がある。[6]

しかし、こうした経済的・技術的側面での困難さは、これまで環境配慮型農法の普及を阻害してきた要因の一つであることには違いないが、一方で経済的・技術的側面での困難さは社会的に生み出されているという側面をもつ。つまり、環境配慮型農法を導入しようとする際に発生する経済的・技術的側面でのコストやリスクを農業者個人に集中して負担させる社会的な問題構造が指摘できる。したがって、経済的・技術的側面での困難さについては、それが農業者個人に帰されてしまう社会的な構造をいかに回避できるかということも検討されるべき課題となってくる。そこで本書の事例分析では、技術的側面において、農業者に集中しがちなコストやリスクの負担がどのように分かち合われてきたのかということと、経済的側面において農業者に対してどんな支援があったのかに着目する。

だがここで、環境配慮型農法が生み出す利益を、狭義の経済的利益の観点からのみとらえてしまうと、それは農業のもつ生業（subsistence）としての側面を見逃してしまうことにつながる。ここでいう生業とは、「自然から糧を得て、自ら再生産を繰り返し、自然のリスクをある程度受け入れつつもより大きなリスクを回避するべく生きてきたその生存のあり方」（鬼頭 2009: 16）のことである。慣行栽培にくらべ、自然を制御する度合いを抑える環境配慮型農法では、その分、自然からのリスクをある程度引き受けなければならない。こうした特徴をもつ環境配慮型農法を、生業という視座から検討することで、環境配慮型農法が農業者に採用され、継続されていく過程を単なる技術普及論としてではなく、人間と自然との相互作用を生み出す営みとして分析することが可能となる。こうした考えから、本書では環境配慮型農法の営みをとらえる新たな視座として、社会的リンク論における生業と「遊び」の概念を導入する。

⦿社会的リンク論における生業論とは

環境倫理学者の鬼頭秀一によって提唱された社会的リンク論とは、生業の営みに注目し、その環境との関係のあり方について規範的な構造と実体的な構造とを明らかにしようとするものである。生業については、エコ・フェミニズムにおける議論（Mies et al. 1988＝1995）や環境・平和学での議論（戸崎・横山編 2002）などが存在するが、鬼頭の観点では、生業には、経済的で社会制度にかかわる側面と、精神的な思いや価値、その制度的表現としての文化的表象や宗教的儀礼にかかわる側面の二つの側面がある。この二つの種類の行為は、それぞれ市場経済も含めた社会的・経済的な文脈と文化的・宗教的な文脈に位置づけられており、その文脈のつながりの中ではじめて存在している。このつながりが、「社会的・経済的リンク」と「文化的・宗教的リンク」であり、この二つのリンクの存在のあり方や関係のあり方が、人間と自然との関係性のあり方を特徴づけている（鬼頭 1996, 2009）。こうした社会的リンク論において、生業の営みは文化的・宗教的リンクが組み込まれたかたちで存在しているにせよ、社会的・経済的リンクが中心を占める営みであると位置づけられる。

社会的リンク論における生業論では、経済的側面の強い生業に対比される営みとして、精神的側面が強い娯楽としての「遊び」が位置づけられている。経済的側面の強い狭義の生業と娯楽としての「遊び」は連続的にとらえられ、その狭間にある、経済性よりも精神性が強い生業的な営みを「遊び仕事」と呼ぶ。「遊び仕事」とは、文化人類学におけるマイナー・サブシステンスの概念を翻訳・拡張したものである。マイナー・サブシステンスとは、文化人類学者の松井健が提唱したもので、経済的には副次的な意味しかもたないが、それでも脈々と受け継がれてきた副次的生業であり、消滅しても大した経済的影響を及ぼさないにもかかわらず、当事者によって意外なほどの情熱によって継承されてきた、遊びの要素が強い営みのことである（松井 1997）。マイナー・サブシステンスは、「遊び仕事」概念の範疇に含まれるが、「遊び仕事」は過去や現在の具体的なマイナー・サブシステンスに限らず、経済性よりも精神性が強い広義の生業的な自然との営みがこれに当てはまる。狭義の経済的行為である生業と「遊び」との連続性に積極的に着目することが、社会的・経済的リンクと文化的・宗教的リンクを統合的に再構築し、自然との豊かなかかわり方をつくっていく（鬼頭 2009: 18–19）。

以上のような社会的リンク論における生業論は、自然のリスクを受け入れつつも自然から糧を得てきた生業としての農業を分析するうえで示唆的である。しかし、「遊び仕事」概念は、翻訳元のマイナー・サブシステンスが魚釣りなどの比較的娯楽性の強い生業的な営みに着目した概念であったこともあり、「遊び」の要素として主に娯楽性が前提とされている。だが、農業を通した人間と自然との相互作用をとらえる場合、その精神的側面を娯楽性からのみとらえることは、より多義的にひろがる豊かな精神性を取りこぼすことにつながってしまう。とくに、環境配慮型農法においては、自然の化学的な制御を抑えることで、リスクを含めた自然からの応答がよりはっきりと感じ取れるようになる。また、以下でみるように、これまでの研究成果からは、環境配慮型農法が農的な営みとして多様な精神的価値づけを得ていることがわかっている。以上の理由から、本書では、精神的な豊かさの源泉となりうる自然とのかかわりをひろく「遊び」としてとらえ、経済的側面の強い生業としての農業において、環境配慮型農法は「遊び」を生み出すしかけとなりうるのではないかという視点から環境配慮型農法の継続動機を分析する。

⦿環境配慮型農法の継続動機にみられる精神性

これまで、環境配慮型農法を営む農業者を対象とした研究から、環境配慮型農法の継続過程では、経済的合理性とともにその精神的側面も重要視されているということがわかってきた。たとえば、滋賀県で「環境こだわり農業」を営む農業者に対して実施されたアンケート調査によると、農業者は有利販売という経済合理的な動機のほかに、「安全かつ安心な農産物を消費者に届けるため」や「琵琶湖の水質を守るため」といった環境配慮的な動機も重要であると感じていた（黒澤・手塚 2005）。また、新潟県佐渡市で有機農業に取り組む農業者に対して実施されたアンケート調査でも、経済的側面に加えてトキの野生復帰という環境配慮的な動機が重視されていることがわかっている（小田・木南 2014）。

環境社会学者の菊地直樹が兵庫県豊岡市で「コウノトリ育む農法」に取り組む農業者に対して実施した聞き取り調査では、きっかけとしては行政への協力や勉強会への参加などの対人関係があげられる一方、目的としては安全・安心や無農薬への志向や美しい田園風景の創造などの精神的側面が語られる傾向にあるという違いがみられた（菊地 2012）。こうしたきっかけと目的の違いは、第三者から環境配慮型農法を提案された場合にとくに顕著となると考えられる。宮城県の蕪栗沼《かぶくりぬま》周辺水田でも、ラムサール条約（水鳥の保護を目的とした国際条約）への登録をきっかけに有機農業を始めた地域農業者たちは、水鳥の保護といった行政の思惑とは別に、次世代への良好な環境の継承といった精神的価値づけを設定して取り組んでいた（武中 2008）。

環境配慮型農法が地域の農業環境公共財を持続的に供給していくためには、その普及が一過性のものとならずに、多くの地域農業者によって継続されていく状態が望ましい。これまでの研究では、取り組みのきっかけには多様性がみられるものの、継続動機としては経済的合理性とともに精神的側面が語られるという共通のパターンがみられた。こうした研究結果は、環境配慮型農法を営む農業者にとって、その精神的側面が継続動機としてポジティブに働いている可能性を示しており、環境配慮型農法が本書の着目するひろい意味での「遊び」を生み出しているだけでなく、「遊び」が農業者にとって環境配慮型農法を継続するうえでの必要な動機として位置づけられていることも示唆している。

5　本書の課題と視座の整理

以上で議論してきた本書の理論的視座を、前章で示した三つの課題とあわせてまとめると、次のようになる。

本書では、「持続可能な地域社会」の基礎的な要件である環境配慮型農法が普及するための社会的条件を解明することを目的としている。これまでの環境社会学・農村社会学においては、どちらかといえば有機農業運動が有する変革志向性が分析の主な対象として設定されており、地域社会や地域農業の持続可能性にかかわる問題は周辺的な課題として看過されていた。こうした研究アプローチに対し、本書では、農業環境公共財が持続的に供給されるための手立てを探究するという方針から、環境配慮型農法が普及する過程やその普及が社会に与える影響を分析対象とする持続可能な農業の社会学の観点を採用する。そのうえで、経済社会学における「埋め込み」概念を援用し、市場を介した経済的行為である現代農業を、経済的側面・技術的側面が農業技術の普及に与える諸影響と、非経済的な要因である社会的文脈が与える諸影響の双方に着目した分析をおこなっていく。その際、環境配慮型農法をめぐって新たな文脈が創出されたり、既存の社会的文脈に環境配慮型農法が「埋め込まれていく」といった文脈化の動的な過程にとくに分析の主眼を置く。

前章でみた本書の三つの課題のうち、第一の課題である、農業環境公共財におけるフリーライダー問題は、有機農業の完全主義化によって解決が阻害されている側面があった。完全主義的な有機農業は、経済合理性の観点からは、食の安全性を求める一部の消費者との需給関係において、小規模なプレミアムマーケットとして成立してしまうため、地域規模での農業環境公共財の供給を支えることが難しい。また、技術的な障壁が高いため、地域環境保全の担い手となりうる慣行農業者の参入を妨げてしまう。これは、多様な価値基準をもつ地域農業者の中で、完全主義的な有機農業を自身の生活実践において文脈化しうる者が相対的に少ないということを意味している。こうした課題に対し、本書では減農薬栽培に着目することで、地域農業者による地域環境保全の新たなあり方を提示していく。

第二の課題である、非知による規範の喚起とそれによる不公正の助長の問題に対しては、「環境を守るべきだ」というグローバルに浮遊する規範の共有以外を正当性の根拠とした、協働の可能性と自然とのかかわり方を見つけることが必要である。これらは、固有な現場においてのみ成立する特定の文脈の中に環境配慮型農法を「埋め込む」ことを意味している。本書では、非知を抱えた農業環境公共財の問題が固有の正当性（正統性）を獲得する過程を、公論形成の場と日常生活の場という二つの場面から描いていく。

第三の課題である、農業環境公共財の供給に際してコストやリスクが農業者に偏在している一方、利益が相対的に少ないという不均衡の問題では、環境配慮型農法の経済的・技術的側面における困難さが社会構造によって助長されている面があるということに着目する。そこで本書では、経済的・技術的支援のあり方を含め、いかにして地域社会が地域農業者の負担するコストやリスクを軽減させながら、環境配慮型農法から得られる利益を生み出すことができるのかを事例から明らかにしていく。その際、経済的利益に限らず、環境配慮型農法を営むことで得られる精神的な豊かさや効用をひろく「利益」ととらえることとする。また、社会的リンク論における生業（経済的側面）と「遊び」（精神的側面）の連続性の議論を援用し、経済的側面の強い狭義の生業である現代農業において、環境配慮型農法は「遊び」を生み出すしかけとなりうるのではないかという視点から環境配慮型農法の継続過程を検討する。

以上の理論的検討を経て、続く第3章、第4章、第5章では、「環境保全米運動」の成立過程および「環境保全米」の地域的普及と継続の過程を描写していく。その後、第6章では、本章での理論的検討と次章以降の事例分析とをあわせた考察をおこなっていく。

第3章

環境保全米の普及に向けた発想の転換

対立を乗り越えるための試行錯誤

環境保全米の商標である赤とんぼマーク（2021年7月，愛知県名古屋市）
撮影：筆者

はじめに

一九九一年夏、宮城県仙台市で農薬空中散布への反対運動が巻き起こった。地元の新聞である「河北新報」は、この問題を長期連載企画「考えよう農薬」として取り上げ、「くろすとーく」という公開討論の場を設けた。本章では、「くろすとーく」から続く一連の活動が環境保全米運動として成立し、環境保全米が宮城県内に普及していく過程から、異なる利害関心をもつステークホルダー（利害関係者）同士の協働が達成されるためには、どんなコミュニケーションや交渉の過程が必要であるかを解明していく。

環境保全米運動へとつながった一連の活動では、事の発端となった農薬空中散布に対する反対運動の直接的な成果として、農業者が「反省」したり、「心を入れ替え」たりして、環境保全米づくりに取り組み始めたというわけではない。むしろ、環境保全米運動が立ち上がったのは、本章で述べる食糧管理法の廃止といった国内規模での政治的変動を経験したからであって、それ以前の活動では地域内流通の振興が主な目的とされていた。実際に、そうした活動の成果として、一九九六年には地産地消型ネットワークである「朝市・夕市ネットワーク」が設立された。ではなぜ、農薬をめぐる生産者と消費者との対立を取り上げた連載企画は、一度は地域内流通の振興へと着地し、そしてふたたび農薬を削減した生産手法の探求へと向かったのだろうか。

そして、環境保全米の行く先をめぐるもう一つの疑問は、序章冒頭の〈二つの「環境保全米」〉にある。生産者と消費者をつなごうとした環境保全米〈運動〉は、いつ、どんな理由から農協の〈戦略〉となったのだろうか。農協の〈戦略〉化は、環境保全米に何をもたらしたのだろうか。この章では、以上の二つの疑問を解き明かしていこう。

1 生産者の論理と地域住民の論理の対立

◉農薬の空中散布をめぐる対立

宮城県仙台市に本社を置く河北新報社は、東北地方を代表する地方新聞社であり、とくに地元の宮城県内では圧倒的なシェアを誇っている。手厚い取材にもとづく連載企画や写真企画を得意としており、これまでに日本新聞協会の新聞協会賞を数々受賞してきた。本書で取り上げる環境保全米の生産も、もともとは河北新報の連載企画「考えよう農薬、減らそう農薬キャンペーン」(1)をきっかけとしている。

河北新報は一九九一年六月二〇日の朝刊に、「宮城県仙台市内の浄水場から農薬成分検出」という記事を掲載した。その内容は、仙台市西農協（当時）が農薬の空中散布を実施した翌日に、近隣の浄水場から散布農薬と同一の成分が検出されたというものだった。宮城県を含め、当時は水田の病虫害対策として、有人ヘリコプターによる農薬の空中散布が全国的に主流であった。小型の無人ヘリコプターと異なり、有人ヘリコプターの場合は飛行や操縦に際してある程度の高度が必要となる。そのため、水田に散布しているはずの農薬が風に乗って水田周辺の農地以外の場所にもひろく飛散する「ドリフト」が問題視されていた。

仙台市西農協管内でのドリフトの問題は、その後、浄水場で検出されたものと同様の成分が近隣の小学校のプールからも検出されたことから、地域社会問題として抗議が拡大し、主婦グループや弁護士会が仙台市西農協に対して農薬空中散布の中止を求める陳情書を提出するに至った。こうした抗議活動に対する答弁として、当時仙台市西農協の組合長を務めていたA氏は、河北新報に以下のような寄稿をおこない、市民に対して農家や農薬の現状を知り、農薬への認識を「再考」してほしいと訴えた。

……まず対応については前年比二五%を地上散布に切り替えました。当然、除外地域の農家から「なぜわれわれだけが犠牲になるのか」という悲痛な叫びと憤まんが爆発しました。しかし、水道水に微量たりとも農薬の混入は許されないという大義名分に涙をのみました。……そもそも農薬は農薬取締法によって農水大臣の登録を受けないと製造、販売ができません。しかも、毒性、残留性、人間、環境に対する安全性の審査が世界一厳しい日本政府の検査をパスし、安全使用基準を守って使用している農薬の十億分の一、百億分の一の濃度はどういう意味をもっているのだろうか、と言わざるを得ません。……今回の空散〔空中散布〕

問題を機会に空散に頼らざるを得ない背景と農薬イコール悪・危険と言う考え方にちょっと待てよとブレーキをかけ、改めて農薬を再考していただきたいと思います。(「河北新報」一九九一年八月一六日付「論壇」)

しかし、「農薬イコール悪・危険と言う考え方」を再考してほしいというA氏の言い分がそのまま受け入れられるような余地はなく、この抗弁をもってして事態が収束するということはなかった。むしろ、連日の報道によって事態は宮城県全域を巻き込んだ議論となっていった。たとえば、A氏の寄稿の三週間後には宮城県の北東部に位置する小牛田町《こごたちょう》(現、遠田郡美里町《とおだぐんみさとまち》)の行政区長が以下のような反論を寄稿している。

農薬の空中散布による水道水やプールの水の汚染が社会的な問題になっていますが、いささか遅過ぎた感じがしないでもありません。……なぜ、農薬の空中散布〔の問題〕にこだわったかというと、安全と言われてきた殺菌、殺虫、除草剤による被害が起き、使用禁止や製造中止になった例を幾つも知っていたからです。……八月一六日の論壇で、仙台市西農協のA組合長が、空中散布に頼らざるを得ない農家の事情を説明していますが、確かに農家の実態は省力と米の多収穫のために空中散布が必要であることは理解できます。しかし、散布方法を見直ししない限り、賛成できません。……今回検出されたフサライドが微量であることを理由に、A氏は、問題にすることが常識のない行為であるかのように言い、「農薬イコー

［写真 3-1］農薬の空中散布後に農薬成分が検出された小学校プールの位置
（1988年6月29日撮影，宮城県仙台市宮城野区）
出所：国土地理院「地図・空中写真閲覧サービス」

ル悪・危険は再考を」と言うに至っては、安全な米作りを進める農協の方針を逸脱した考えと言わざるを得ません。（「河北新報」一九九一年九月五日付「論壇」）

こうした対立の根底には、都市部と農村部の混在といった地理的な要因や、新住民と旧住民の混住といった社会構造的な要因が存在したと考えられる。たとえば、プールから農薬成分が検出された小学校近辺の当時の航空写真（写真３－１）を見てみると、小学校が水田地帯の真ん中に位置しており、小学校の北西部と、川を挟んだ北東側にはそれぞれ新興の集合住宅地ができている。こうした混住地域では、もともとこの土地に暮らしていた旧住民の多くが農地を所有し農業を営んでいる一方で、引っ越してきた新住民の多くはサラリーマン世帯であるというパターンがみられ、互いに価値基準も異なってくることから地域内で対立や齟齬が生まれることも多い。とくに宮城県の場合には、仙台市都心部を中心に都市的な生活スタイルの人びとがある程度まとまって存在する一方で、昔からの水田単作地帯でもあることから、水田をめぐる地域環境問題が紛糾することは避けられなかったといえる。[2]

以上のように、仙台市西農協管内の農薬空中散布とそれへの反対運動は、当該の農協と近隣住民だけがかかわる問題だったわけではなく、水田農薬をめぐる生産者と地域住民間での対立を顕在化させた一つの契機であった。これを地域社会全体がかかわる社会問題であるととらえた河北新報社は、まず七月から八月にかけて「検証　農薬空中散布」という特集を組み、農薬空中散布の実情や問題点を五回にわたって取り上げた。その後、「農薬問題についてより深く検討する」といった目的のもと、「くろすとーく」という座談会企画を立ち上げた。

⦿「くろすとーく」とは

一九九一年一〇月二一日から一九九二年六月二〇日まで、八カ月にわたる長期連載企画として実施された「くろすとーく」では、五名の固定メンバーが計一一回の座談会を重ね、農薬使用のあり方について議論を深めていった。座談会にはメンバーのみで議論する非公開形式と聴衆を入れる公開形式とがあり、公開形式のときにはゲストスピーカーが招待された。ゲストスピーカーは、農薬や作物の専門家から流通産業の従事者、外食産業の従事者に至るまでひろく食と農にかかわる主体が選ばれた。また、河北新報はこうした連載企画と連動した「農薬ホットライン」を設置し、連載期間中には投書に加えて電話でも農薬にかんする質問や意見を受け付けた。こうして集まった市民からの声は連載企画の紙面上で共有された。

「くろすとーく」のメンバーには、今回の農薬空中散布問題の当事者である仙台市西農協組合長のA氏に加え、県内大学に所属する農村地理学の研究者B氏、若柳町《わかやなぎちょう》（現、栗原市）在住の専業農家の主婦C氏、仙台市在住の主婦D氏、仙台市在住の広告ディレクターで地域活性化委員会に所属しているE氏の五名（職業・居住地などはすべて当時）が選定された。なお、この五名がどんな過程を通してどのような基準で選ばれたのかという経緯は公表されていなかった。B氏のみ、筆者の調査時（二〇一五―一九年）にも同大学の教員として在籍していたこと、また筆者の調査時にも環境保全米運動を担う中心的人物の一人として活動していたことから聞き取り調査をおこなうことができた。

B氏によると、当時の河北新報は「生産から流通までのすべての現場の見識を有する研究者」を探しており、たまたまそのときにそのような研究をしていたB氏が候補者として選ばれたという。B氏は二回ほど企画担当社員との面接を受けたが、その面接では当時の食と農のあり方について長時間にわたってかなり話し込んだという。正式にメンバーとして選定された際には、「生産者と消費者のどちらにも入りすぎず、中間的な位置に立ってほしい」と依頼されていた。後述するように、「くろすとーく」は農薬問題の解決策として流通構造の改革に取り組んでいくようになるのだが、B氏が選定された経緯をみると、企画の準備・構想の段階から、生産現場だけでなく既存の流通構造も農薬使用を規定する要因としてすでに着目されていたことがうかがえる。

ちなみに、冒頭で紹介したように河北新報は調査報道にもとづいた企画を得意としており、地域環境問題をクローズアップした長期にわたる取材や報道については農薬空中散布の件が初めてではない。たとえば一九八一年には、当時問題視されていたスパイクタイヤによる粉塵問題を「スパイクタイヤ追放キャンペーン」として取り上げ、連載企画を実施していた。こうした河北新報の報道が、実際の世論の形成過程や政策への反映過程にどれほど影響を与えたのかは慎重に検証しなければならないが、宮城県では同様の問題が確認されていた他の道県に先駆けて、全国で初めてスパイクタイヤの対策条例が施行されている（一九八五年公布、翌年四月施行）。

⊙農薬に対する見解の相違

先述したように、「くろすとーく」のメンバーの選定過程やその選定基準は公表されておらず、B氏を除いた他の四名が当時どのような経緯を経てメンバーとして選ばれたのかは定かではない。しかし、集まったメンバーの属性や発言の特徴をみてみると、立場や意見が多様になるような人選がおこなわれていたという見方ができる。

では、五名はそれぞれどのような立場であり、どのような意見をもっていたか。まだ本格的な議論が始まっておらず、自身の意見に対する他者の影響が最も少ないと考えられる第一回の座談会での発言をみてみよう。

農協組合長として反対運動に直面した当事者であり、「くろすとーく」のメンバーにもなったA氏は、「農家にとって、農薬は生産に欠かせない資材であり、消費者がかつてのDDTなどの農薬のイメージにとらわれて、問題視するのは納得がいかない」(3)と話している。また、「現場では、化学肥料や農薬を少なくすれば、別の形でその分、労力をかける必要がある。兼業農家には、そうした余裕がない[4]」と、専業農家だけでなく、兼業農家にとっても農薬と化学肥料が今の生活を維持するうえで必要不可欠であることを説明している。農家にとって、農薬と化学肥料は労働コストを抑えながら農作物の品質を保つ役割を果たしており、「環境にやさしい農業」がいくら標榜されたからといって、A氏からすれば、「農業を守っていくための、思い切った農業経営の改革がなければ、その展望も開けない[5]」のである。

　次に、「中間的な位置に立ってほしい」と河北新報から依頼されており、実質的に司会者のような役割を果たすこととなった農村地理学者のB氏は、「農薬の危険性や健康・環境への影響を考えることは重要だが、何のために、だれのために使われているのか、についても考えてみたい[6]」と話す。さらに、「低米価の中で少しでも収入を上げようと、病気に弱いが消費者の好む、価格のよい米作りのために使われる農薬。農薬は野菜流通にとって欠かせない見栄えや規格のためにも使われている[7]」として、消費者のために、また流通の効率化のために農薬が使われていることにも言及している。

　三五頭の肉牛を肥育し、四ヘクタールの水田を耕作する専業農家の主婦C氏は、「除草剤を散布していて気分が悪くなることもあり、農薬は決して身体や環境にいいとは思っていない[8]」し、「有機肥料として堆肥を使っているので、化学肥料は普通の農家の半分程度で済ませている[9]」という。だが、「収入が限られている米作りにばかり人手をかけては、専業農家といえども経営は成り立たない[10]」ため、「除草などは農薬に頼るしかない[11]」と訴える。

仙台市在住の主婦D氏は、『減農薬』『有機栽培』と表示されているものは、価格が高くても買ってしまいがち[12]」だと言う。近所に住む八歳の子どもは、「農薬を使った普通の米を食べると、体中に湿疹が出たり、吐いたり。アトピー特有の症状が出てしまう[13]」ため、「主食は専ら減農薬米[14]」であるという。こうした近所の子どもの例から、農薬を過剰に使った米は健康になんらかの悪影響を与えるのではないかと不安に感じていることがうかがえる。

漁業の盛んな気仙沼《けせんぬま》市で地域活性化委員会に所属するE氏は、「地域づくりの関係で、沿岸漁業の行方に関心を持っている[15]」という。三陸の海から魚やウニ、アワビがいなくなりつつあることを気にかけており、「農薬などの化学物質が、川を伝って海に影響を与えているのではないか[16]」と心配している。

こうした考えをもつ五名によって、この後一〇回にわたって議論が重ねられていくのだが、この「くろすとーく」は、後続する企画を含めた一つの結論として、ローカルな生産と消費を結ぶ地産地消型のネットワーク「朝市・夕市ネットワーク」を創設する。農薬の使用を減らすための方策として、たとえば地域農業を担う農家や農協に交渉をはかったり、あるいは無農薬でつくられた農産物を買い取るための消費者組織を結成したりするといった直接的な選択肢がありえるなかで、「くろすとーく」では間接的な方策とも考えられる、地産地消型のネットワークの創設が選ばれている。このような、農薬について議論を重ねた一つの成果として、農薬を直接的に規制するような手段を選ばなかったところが「くろすとーく」および後続企画の一つの特徴といえる。

ではなぜ、「くろすとーく」のメンバーはこのような一見、農薬問題への対処とはほど遠く感じられる方策を選んだのだろうか。その手がかりとして、ゲストスピーカーの属性に着目しながら第二回以降の展開を追っていこう。

2　生産者／消費者を越えて

◉生産者でも消費者でもない利害関係者の存在

ゲストスピーカーとして招待されていたのは、たとえば、水田空散反対全国ネットワーク代表（ゲストスピーカー①）といった空中散布に直接的に異議申し立てをおこなっている組織の代表に加え、農薬を製造する化学工業系企業の研究所長（ゲストスピーカー③）や大手外食チェーンの研究所長（ゲストスピーカー④）、さらに東京都中央卸売市場の業務課長（ゲストスピーカー⑤）など多種多様な立場の人びとであった（表3－1）。彼らの立場に共通するのが、農家や農協のように農薬を農地に散布するわけではないものの、農薬が使用される一連の過程の中でかかわってくるステークホルダー（利害関係者）であるという点だ。

農薬製造や外食・流通の現場にかかわるステークホルダーは、農薬が生産され、使用される社会的な構造の一端を実際に担っているという意味で、農薬使用の是非を論じるうえでは見逃せないアクターである。

[表 3-1]「くろすとーく」座談会の概要

	開催日	タイトル	公開／非公開	聴衆（人）	備考
第1回	1991年10月21日	「私の視点」	非		
第2回	1991年11月12日	「農薬と環境・健康」	公開	50	ゲストスピーカー①（大学教員（理学），水田空散反対全国ネットワーク代表） ゲストスピーカー②（宮城県内病院院長）
第3回	1991年11月30日	「農薬開発の現状」	公開	70	ゲストスピーカー③（化学工業系企業研究所長）
第4回	1991年12月14日	「食卓で何が起こっているのか」	公開	60	ゲストスピーカー④（大手外食チェーン研究所長）
第5回	1991年12月27日	「これからの論点」	非		
第6回	1992年1月25日	「どうする農産物流通」	公開	70	ゲストスピーカー⑤（東京都中央卸売市場業務課長）
緊急	1992年2月1日	「残留農薬と貿易摩擦」	公開	50	ゲストスピーカー⑥（弁護士（東京弁護士会所属））
第7回	1992年2月22日	「岐路に立つ生産現場」	公開	70	ゲストスピーカー⑦（宮城県内地域農協組合長）＊空中散布から地上散布へと切り替えた地域農協 ゲストスピーカー⑧（福島県内地域農協営農販売課長）＊無農薬・減農薬栽培に取り組んでいる地域農協
第8回	1992年3月27日	「戦後農法と農薬」	公開	70	ゲストスピーカー⑨（大学教員（作物学））
第9回	1992年4月16日	「くらしと環境：減らそう農薬・見直そう食と農」	公開	200	ゲストスピーカー⑩（宮城県農協中央会会長），⑪（みやぎ生協専務理事），⑫（農林水産省職員），⑬（仙台市経済局長） 「みやぎフォーラム」と題して議論の集大成である「私たちの7つの提案」を発表．
国際シンポジウム	1992年5月8, 9日	「環境・人間・食糧」	公開	不明	
地球サミット	1992年6月8日	「クロストークフォーラム・イン・リオ」	不明	不明	7カ国のNGOから11名のパネリストが参加．「くろすとーく」のメンバーからはB氏のみ参加．
第10回	1992年6月20日	「新たな出発」	非		

出所：河北新報社編集局編（1992a, 1992b, 1992c）をもとに作成．

しかし、農薬の問題は、今回の農薬空中散布反対運動がそうであったように、農薬を散布している農業者だけが批判の対象となりがちである。だが実際には、農薬を製造・出荷する会社が存在し、製造基準は国によって認可されている。さらには、流通や消費の場面では、農薬が使用された農産物の方がコモディティ（一般化された商品）としては経済的に優位に立てるという側面もある。ゲストスピーカーの選定基準には、こうした一面に光を当て、市民の批判の矛先となっている農業者をとりまく社会的背景を浮かび上がらせようとする意図がみられる。

では、「くろすとーく」という言説空間は、議論を通してどのような集合的な共通認識を形成していったのか。その経過を追っていこう。なお、分析の結果、議論の連続的な経過に直接的な影響を与えていないと判断した「緊急くろすとーく」と第一〇回の分のデータは記載していない。

⊙議論を通したフレームの転換

第二回「農薬と環境・健康」（ゲストスピーカーを招いた公開討論としては初回）には、ゲストスピーカーとして、水田空散反対全国ネットワーク代表（大学教員でもあり、専門分野は理学）と仙台市などで農薬による健康障害調査を続けている医師の二名が登壇した。こうした二名をゲストスピーカーとして迎えたため、ゲストスピーチ後の公開討論の内容はそのほとんどが農薬に関連したものだった。ここではすべての議論の内容を掲載することは難しいため、議論の流れを反映していると思われる発言をいくつか時系列順に紹介していく。なお、以下では発言の分量が多い場合、前後の発言を一部省略している。

C氏：私たちの町でも今年は五年に一度の空散の見直しの時期で、来年どうしたら良いかが問題になっている。純農村地帯なので仙台のような問題は出ていないが、空散による環境汚染の被害は全国的にどの程度広がっているのか。[17]

A氏：多種多様の農薬を全部ひっくるめて農薬は悪とか農薬が危険なんだという発想はどうも納得がいかない。[18]

E氏：〔農薬の誤飲などの事故に対して、農薬の危険性にかんする情報提供が不十分なために起きているとするゲストスピーカーの発言を受けて〕情報が公開されないというが、逆にいえば原因が複雑ということか。それに、研究が進まないというのは、実験が複雑だからという要因だけなのか。[19]

B氏：把握システムが非常に遅れているし、生産者も消費者も十分に熟知していない問題点がだんだん見えてきた。[20]〔討論を通して最後の発言〕

この第二回では、ゲストスピーカー二名がどちらも農薬が環境や人体に与えうる影響を研究している人物だったため、メンバーからは農薬にかんする質問が相次いでいた。これに対し、たとえば次のやりとりに顕著にみられるように、ゲストスピーカーからは「わからない」ということ、つまり農業環境問題が内包する非知の存在が指摘されていた。

D氏：農薬を含めた環境汚染物質の量が限られていれば、自然の生態系によって浄化され、人間まで汚染が及ぶのを食い止めてくれたと思うが、農薬に対する自然の浄化作用というのはどの程度のものなのか。[21]

ゲストスピーカー①：残念ながら、分からないと答えるのが一番正確だ。今の農薬が使われ始めたのは一九五〇年以降で、まだ四〇年ぐらいしかたっていない。技術がどんなに進歩しても、そういうものを環境の中で使ったときにどういう変化をもたらすのか、環境にどういう影響が出てくるのか、ということは分からない。[22]

以上のやりとりでは、農薬が農地外に飛散・流出した際の環境負荷（＝負の農業環境公共財）がどれほどなのかは専門家であっても断定することができず、それはたとえ「技術がどんなに進歩しても」、わからないとされている。こうした非知の問題において、科学的な厳密さが求められるならば、「わからない」と答えるのが最も科学的に正しい姿勢となる。

第二回では、B氏の最後の発言にみられるように、農薬については生産者と消費者、そして専門知を有する研究者や医師の立場からもわからないことが多いということが確認されていた。

続いて、第三回「農薬開発の現状」では、農薬の開発現場である化学工業系企業の研究所長がゲストスピーカーとして登壇した。ここでも議論の流れを反映していると思われる発言をいくつか時系列順にみていこう。

D氏：〔日本の社会的許容性は他国とは異なるというゲストスピーカーの発言を受けて〕安全基準について、考え方の違い、価値観の違いであると言われてしまうと話し合い自体が止まってしまうし、納得のいかないことが多々ある。[23]

B氏：事実を知って、どこまで互いに努力できるか、というところから答えを見つけていくことになる。Cさんからも出たが、その最たる問題が運用の問題だ。[24]

A氏：本来的に農家は、苦労しながら高い金を出して農薬をまくことを好まない。……ただ、われわれ指導者は、もう少しこの問題〔農薬の問題〕について考え直しながら取り組んでいかなければならない、と反省もしている。[25]

E氏：議論を突き詰めると、どうしてもメーカーの方と農業をやっている人たちにとって、有利というとおかしいが、納得させられるようなところがある。だが実は、そうにもかかわらず環境問題というのはある。そこを一遍考えたい。[26]

この第三回では、D氏とE氏の発言にみられるように、農薬の開発現場に携わっているゲストスピーカーの発言が農薬を擁護しているように受け取られている。とくに消費者の立場であり、生産現場に直接かかわっているわけではないD氏とE氏は、農薬は安全であり必要なものであるという論調によって、議論が閉じられてしまうことに対する危機感を訴えている。一方で、ゲストスピーカーが農薬を擁護している（ように受け取られやすい）立場であるためか、あるいは初回からここまでの討論による心境の変化なのか、これまで寄稿を含めて頑なに農薬を擁護するような発言をくりかえしていたA氏から初めて、農薬運用の問題について反省の言葉が述べられている。

第二回、第三回の議論の経緯をまとめると、どちらもゲストスピーカーが農薬に関連した問題関心や利害を有しており、メンバーとの討論も農薬の話題に終始していたといえる。そのため、この頃はまだ、最終的に「くろすとーく」とその後継組織が導き出した、生産者と消費者を結ぶ地産地消型のネットワークの構想はまったく出てきていない。

また、第二回、第三回は農薬そのものがクローズアップされており、農薬についてよく知っているゲストスピーカーと彼らに質問をするメンバーという討論の構図ができていた。そのため、メンバーたちは第一回でみたようなメンバー間での意見の相違を正面から討議し合う必要性がなかったともいえる。当時の企画担当者への聞き取り調査がかなわなかったため、こうした結果が企図されていたのか、それとも偶然の産物だったのかは判断できない。しかし、当初の問題関心や利害関心によってメンバー間での対立構造が固定化されてしまう事態が回避できたことは、その後の議論を深めていくうえでポジティブな影響をもたらしたと考えられる。

では、引き続き第四回以降の議論の内容をみていこう。第四回「食卓で何が起こっているのか」では、大手外食チェーンの研究所長がゲストスピーカーとして招かれていた。以下でも、議論の流れを反映していると思われる発言をいくつか時系列順に示してある。

B氏：消費の仕方がめちゃくちゃな側面がある。それがAさんやCさんのような生産者段階に行くと、農薬を使わないと対応できなくなり、一年中トマトを作れ、きゅうりを作れと要求されて困っている。消費者の食生活のあり方が、農薬問題を乱している一つの原動力になっているのではないか。[27]

E氏：われわれの口に入るまでのシステムの中に大変な問題があるのではないか。農薬を「善」とか「悪」とする前に、構造を問わなければいけない。安全であるとかないとか、農家は大変なんだという事だけで、解決できない問題がある。[28]

C氏：農家から農家に嫁いだので、野菜は買ったことがなかった。実家が野菜農家で、安全なものをつねに食べているので「安全」を意識したこともなかった。旬のものしか食べない。それが今、トマトなどが一年中出ているのを見ると、農薬などが使われているからかと思っている。[29]

第二回、第三回とは異なり、第四回では、現在の消費のあり方が農薬を使わざるをえない状況を生み出しているのではないかという問いが複数のメンバーから発せられている。トマトが一年中買えるような状況に代表される「めちゃくちゃ」な消費のあり方が問題視される一方、E氏はさらに一歩踏み込んだ考察として、消費の終着点である「われわれ（消費者個人）」に到達するまでのシステムが元凶なのではないかとして、その構造を問う必要性を説いている。

このような生産と消費をとりまく構造への着目は、第五回「これからの論点」（非公開、ゲストスピーカーなし）でのメンバー同士のやりとりでもみられる。第四回では、E氏の「構造を問わなければいけない」という指摘にとどまっていたが、第五回では具体的に「流通のしくみ」が問題視されるべき要因として取り上げられ始めている。

D氏：食卓の農薬問題には、流通が深く関わっているのではないか。流通の仕組みは、消費者の要求とは関係ないところで作られている気もする。[30]

E氏：食べ物をめぐっては、農産物をはじめ生産と消費の真ん中はブラックボックス。お互い無意識に信じているようなものだ。[31]

こうした現状の流通のあり方をめぐる議論に対し、次のような生産者と消費者をつなぐ地域内流通への期待が語られ始めたのも、第五回からであった。

C氏：Dさんは買う方で私たちは生産して出す方だが、今は自分たちの出したものがどこに行っているのか全然わからないのが実情だ。情報は少しも耳に入ってこない。初めて農協婦人部で店頭で売った時に、「このほうれん草おいしかった」と言われ、こうやって作れば消費者は喜んでくれると知った。どうすれば、こういう仕組みがスムーズに作れるかといったことも話し合いたい。[32]

このように、既存の流通構造に対する批判的な意識と、オルタナティブな流通のあり方への期待が高まる一方で、第五回では以下の発言にみられるように、初期の一部のメンバーにみられた生産者や生産現場を批判するような姿勢が軟化しつつあることも確認できた。

E氏：一般に都市の情報に比べて、生産現場の情報が極端に不足していることが農薬問題にも影響している。農家の言い分をもっとはっきり出せばいいのではないか。今までのグルメであれ、アトピーであれ、すべて消費者から出ている。生産者の方から「そうは言っても」という言い分をぶつけないと駄目だ。[33]

D氏：消費者の責任をさらにはっきりさせ、「農薬」と聞いても生産者がドキッとしないようにしないと。(34)

以上のように、第五回までには、「くろすとーく」とその後継組織の最終的な提案の一つである地産地消型ネットワークに近い構想が出始めていた。これは、農業生産活動に起因する環境負荷の問題が、実際には農業生産現場にとどまらず、食と農をつなぐ流通構造や消費のあり方から生み出されている問題であるという発想の転換によって生まれた構想である。社会科学では、あるものや出来事を認知する際に無意識的あるいは意識的に使用される認識の枠組みのことをひろくフレームと呼ぶが、「くろすとーく」においては、第五回までに、農業生産活動に起因する環境負荷の問題についてのフレームの転換が起こっていたといえる。ここでのフレームの転換以降、農業者は既存の流通構造の枠組みの中で農薬を使わざるをえない立場に置かれている構造的な弱者であるととらえられるようになっていく。つまり、既存の流通構造や消費のあり方が根本的な問題であると認識された時点で、農業者は直接的な批判の対象ではなくなっていったのである。

⦿地域内流通に目を向ける

農薬空中散布への反対運動をきっかけとして始まった「くろすとーく」は、第五回までに農薬空中散布の実施主体であった生産者を批判の中心的な対象とはしなくなった。そこで新たに批判の対象となったのは、これまで生産と消費をつなぐ役目を果たしてきた流通構造であった。

第六回「どうする農産物流通」では、全国流通の心臓である東京の中央卸売市場からゲストスピーカーが招かれ、地域をまたぐ大規模流通にかんして討論がくりひろげられた。かいつまんで議論の流れをみてみよう。

C氏：生産者から見て、出した値段と消費者に届いた時の値段の差があまりにもありすぎる。値段というのは、どういうふうに決められているのか。[35]

B氏：農薬問題との関係でいえば、野菜流通がなぜ問題なのかというと、一つは生産者に対して相当の負担をかけている。流通から様々な要請が生産者の方にいく。その中の一つが、農薬を使わざるを得ない規格流通。流通のあり方を問わない限り、いくら農薬をやめろといっても生産者は農薬を使わざるを得ない。[36]

A氏：仙台市内のうちの農協の場合、すぐ近くに大きな団地があるので、朝市とか夕市とかいう形で、消費者と直結した野菜を販売する動きはある。都市近郊型農業ということでそれを広げていけば、細々とではあるが、野菜作りを続けることができるのではないかと感じている。[37]

E氏：ビッグスケールの広域流通になってきているのが現状だ。それに対して、産直というのがミニスケールというか、スモールスケールでリスクをなんとかカバーしようという流通がある。例えば宮城県、あるいは両隣の県を含めた程度のミドルスケールの地域内流通を再編することはできないものか。(38)

まず、専業農家であるC氏は、農産物の出荷価格と消費者の実際の購入価格に差がありすぎると感じ、値段の決められ方に疑問をもっている。この疑問の提示の仕方は、流通による金額の上乗せや中抜きがあるのではないかという不信感を暗に含んでいる。研究者であるB氏は、広域流通にあわせた規格化が農薬使用を促していると、生産者と消費者のそれぞれの立場から見えにくくなっている部分に焦点を当てている。A氏とE氏はどちらも地域内流通に希望をみいだしており、最終提案である地産地消型ネットワークに通ずる具体的な言及が出始めている。第五回までに起こったフレームの転換によって、既存の流通構造を変革していくことが農薬使用を削減させる手立てとなるという認識が共有され始めているといえる。(39)

続く第七回「岐路に立つ生産現場」では、農薬空中散布を廃止した地域農協と無農薬・減農薬栽培に取り組んでいる地域農協からゲストスピーカーが招かれた。第七回は討論の内容が多岐にわたっていたため、ここでは第七回前後の座談会の内容と照らし合わせて、整合的であると判断したものを取り上げる。

B氏：お二人〔ゲストスピーカー〕の話から、空散問題というのは、個々の農家の努力のレベルで考えるのではなく、地域の農業全体をどうするか、という視点で考えないと解決できない問題であることがはっきりしてきたと思う。農業現場が見えない消費者は、空中散布さえなくなれば問題は解決するように考えがちだが、生産現場はそれだけでは解決しない。[40]

C氏：この「くろすとーく」に参加するまでは、私たち農家は作っていればいいと思っていた。しかし、議論の中で流通の仕組みや消費者がどういうふうに考えているのかがわかった。[41]

B氏：生産者が持っている一番の情報源は食べ物そのものだ。その情報を消費者に正確に伝えていくには、農協自身が一番身近な地域の消費者にものを売る努力をすべきだ。情報発信の面からも地域流通の大切さを考えていくべきだ。[42]

B氏は、消費者から見えやすい農薬空中散布の問題は、現在の農業をとりまく包括的で大きな問題の一部にすぎないと指摘している。農薬空中散布の問題とは、根本的には「地域の農業全体をどうするか」という問題に通じており、地域の農業全体に焦点を当てなければ解決は難しいという見解をB氏はみせている。また、生産現場との距離が開きつつある消費者への情報発信の手法の一つとしても、地域内流通の重要性を訴えている。生産現場に身を置くC氏も、流通のしくみや消費者の考えを知り、これまでの「作っていればいい」という受動的な態度を自省した発言をしている。

⦿依然として存在する齟齬

次の第八回「戦後農法と農薬」では、水稲《すいとう》栽培の中でも疎植《そしょく》法を専門とする作物学の研究者F氏（県内の大学に所属）がゲストスピーカーとして招かれた。疎植法とは、通常より間隔を空けて稲を植えることで、稲本来の生命力を引き出そうとする栽培手法であり、それゆえ近代農法の特徴である資材の多投を前提としない農法である。こうした疎植法を専門とするF氏は、資材を多投する近代的な農法は「歪み」をもっていると発言したのだが、それを受けたA氏の発言、そのA氏の発言に対するD氏の発言が以下のものだ。

A氏：現代農法の歪みという言い方をされたが、今の農業が歪んでいるのかどうか、わかりにくい。安全、安心という言葉を使われたが、今農家が消費者に供給している農産物が安全でないのか、安心して食べられないものなのか。私はいつもこの言葉に抵抗を感じている。(43)

D氏：どうしても安全、安心の問題ではAさんと意見が食い違って残念なのだが、先生の話は大変参考になった。自然の生態系というものを大切にした生活をしたいということを、ずっと思ってきたのだが、先生の話で、私たちが生きて食べていること自体が、耕地生態系というものに基づかないと駄目なんだということを、わかりやすく教えていただいた。(44)

ここで注目したいのが、メンバー間での意見の不一致は依然として存在していることだ。これまでに確認してきたとおり、「くろすとーく」は異なる立場性をもったステークホルダーが集った言説空間である。とくに、農薬の安全性にかんしては当初から立場による認識の違いが鮮明だった。こうした認識の違いは第四回以降、既存の流通構造こそが問題であると認識され始めたことで潜在化していたが、だからといって個々のステークホルダーの認識が統一されたわけではない。既存の流通構造を問題視するという新たに獲得されたフレームを通したときに、「くろすとーく」としての集合的な共通見解がみられるのである。

⦿グローバルな視野のひろがり

第九回は、「みやぎフォーラム　くらしと環境：減らそう農薬・見直そう食と農」として、これまでで最も大きな規模で開催された。ゲストスピーカーには、宮城県農協中央会会長、みやぎ生協専務理事、農林水産省職員、仙台市経済局長（すべて当時）といった地域の食と農と暮らしのあり方に大きな影響をもたらしうるステークホルダーが招かれた。この回は、ゲストスピーカーの属性が多様で人数も多かったためか、内実を深く追求するような討論はみられなかった。これは、以下に記す「私たちの七つの提案」にみられるように、第九回までにメンバー間である程度の統一的な見解がすでに用意されていたためでもあると考えられる。

「くろすとーく」の集大成として用意された「私たちの七つの提案」では、以下の項目が掲げられた。①農薬使用量の削減、②情報公開と監視強化、③環境保全と農村、④環境創造型農業の推進、⑤「浪費型」流通の改善、⑥「交流広場」の設置、⑦「環境」の担い手づくり、の計七項目である。なかでもとくに着目したいのは、「くろすとーく」の中盤以降、フレームの転換によって新たに問題視されるようになった、⑤（「浪費型」流通の改善）と⑥（「交流広場」の設置）である。⑤の項では、「生産者と消費者が常に交流できる地域・地場流通を積極的に拡大する」とあり、⑥の項で提案されている「交流」の場として機能しうる地域・地場流通が、「浪費型」流通の改善にも寄与できるという見解が述べられている。また、⑥の項では、「消費者は生産現場を理解し、生産者は農業の魅力と農業への期待を再認識できる交流が求められている」というように、生産者と消費者の間に生じている社会的な距離を埋めることの必要性が投げかけられている。ここでは、広域流通の発展によって分断された地域の生産者と消費者を、地域内流通を通じてふたたび引き合わせることが、農薬散布の問題を含めた農業環境問題を解決する重要な手段として認識されている。

第九回が開催された二カ月後には、ブラジルのリオ・デ・ジャネイロで国連の環境開発会議（地球サミット）が開催された。これにあわせ、「くろすとーく」ではサミット開催の前月に仙台市にて国際シンポジウム「環境・人間・食糧」を開き、また地球サミットにおいても七カ国のNGOから一一名の代表者を招いて、「クロストークフォーラム・イン・リオ」を開催した（後者は海外での開催だったためか、参加者はB氏のみであった）。

第九回までの「くろすとーく」では、農業環境問題にかんする国際的な議論はあまりされてこなかった。一度だけ、第六回と第七回の間に特例的な回として、輸入農産物のポストハーベスト

（農産物の収穫後に使用される殺菌剤や防カビ剤などの農薬）の規制緩和に警鐘を鳴らす「緊急くろすとーく：残留農薬と貿易摩擦」が開催された。しかし、この回での議論は単発的なものにとどまり、常会として続く第七回以降の「くろすとーく」の議論に対してまで影響力をもつものではなかった。第七回以降では、それまでと同様に地域の食と農に焦点が当てられてきた。

一方、第九回以降の活動では、グローバルな食料供給体制が引き起こすさまざまな環境問題・社会問題が議論されるようになっていった。「くろすとーく」企画は第一〇回「新たな出発」をもって終了したが、同年のうちに、発展的な後継組織である「EPF（環境 Environment・人間 People・食糧 Food）情報ネットワーク」が設置された。EPF情報ネットワークは、初年度のテーマを「世界の中での日本の農産物輸入」としており、のちに「経済大国日本の過剰な食糧輸入が世界の環境や食糧バランスを崩し、人口増加が続く発展途上国の貧困にもつながっている現状を、さまざまな角度から検証した」（『河北新報』一九九四年八月二九日付）と説明されているように、「くろすとーく」のようなローカルな視点を継続するというよりも、グローバルな視点から昨今の環境と人間と食糧の問題を読み解くという方向性を打ち出した。こうした転換は、「くろすとーく」メンバーの問題関心が移行したというよりも、地球サミットの開催といった国際政治的な動きと連動したものだったと考えられる。

EPF情報ネットワークのメンバーは、「くろすとーく」の五名全員が続投したほかに、ゲストスピーカー⑨として登壇したF氏、宮城県農協中央会参事（シンポジウム登壇者）、みやぎ生協専務理事（ゲストスピーカー⑪）、仙台弁護士会副会長（シンポジウム登壇者）、宮城の水辺を考える会代表（シンポジウム登壇者）、河北新報編集局長の六名が加わって計一一名となった（役職等はすべて当時）。「くろすとーく」と同様に、ＥＰＦ情報ネットワークの活動は河北新報の連載企画としておこなわれ、「くろすとーく」が解散した直後の一九九二年六月から一九九八年三月まで六年近くにわたって継続された。その後、ＥＰＦ情報ネットワークは、研究者であり長年「くろすとーく」の中心的な人物の一人であったＢ氏を代表として一九九八年四月にＮＰＯ型のシンクタンクとして独立した。ウェブサイトに掲載されていた情報によれば、一九九八年度はＥＰＦ環境セミナーの開催と「環境保全米運動についての報告書」を作成し、また一九九九年度は新企画の環境セミナーの開催と環境保全米運動の推進、「朝市ネット」を中心とする食糧の地域自給・地域流通の取り組み、砂漠化防止運動への情報発信をおこなっていくと表記されていた。このウェブサイトは二〇〇〇年以降、更新が止まっているのだが、これは後述する環境保全米ネットワークへと主たる活動の場が移っていったためであると考えられる。

⦿地産地消型ネットワークの実現

ＥＰＦ情報ネットワークは、初年度は「世界の中での日本の農産物輸入」といったテーマで活動した。先ほど説明したように、この年は地球サミットとの連動が意識されていたためか、グローバルな視点からみた食糧・農業環境問題が中心となっていた。その後、二年目以降は「くろすとーく」の元来のテーマであった地域の食と農の問題へと視点が移っていった。二年目は「担い手」をテーマとして、農業大学校の学生や新規就農者、産直給食の実践校、他県の農協がおこなっている産直市などを取材した。三年目にはこれまでの二年間の活動をふまえ、「これからの環境、食糧を考える上で、生産と消費をどうつなぐかが大きな課題との意見で一致」（「河北新報」一九九四年八月二九日付）し、「農産物の流通」をテーマとした。とくに、連載「食をつなぐ」では、仙台市中央卸売市場のほかに、小売店や外食産業、あるいは地域内流通に取り組む生産者などを取材した。四年目には、連載「地域流通と生産者」が組まれ、地域の生産者と消費者をつなぐ方策が模索された。このように、ＥＰＦ情報ネットワークは、地域内流通を実現させることが農薬問題をはじめとする農業環境問題を解く一手となるという、「くろすとーく」で練られた問題意識を継承し、それを実践するための手立てを考える時期となった。ＥＰＦ情報ネットワーク発足時から加わったメンバーの「そこでは生産者との交流、情報交換もあるし、農産物の規格を整えたりきれいにパックする必要もない」（「河北新報」一九九五年二月二七日付）という発言もみられ、産直市の必要性はＥＰＦ情報ネットワーク内でも明確に意識されていた。実際に、同じ東北地方で無農薬・減農薬栽培を実践する産直グループらへの取材は何度もおこなわれ、「産直農業」という企画内での造語もつくられていた。

そして、活動四年目の一九九五年秋には、宮城県内の産直市同士の交流を深め、地域内流通を促進するための地産地消型ネットワークとして、「朝市・夕市ネットワーク」が準備された。翌年五月には、同ネットワークによる第一回合同市が開かれ、新聞紙面での呼びかけに八グループの生産者が集まった。「くろすとーく」が描いた地域内流通の構想は、「朝市・夕市ネットワーク」というかたちで実現されたのである。

しかし、「朝市・夕市ネットワーク」が準備され始めた頃、EPF情報ネットワークは新たに浮上したもう一つの問題に直面しており、それへの対応策を講じていた。その問題とは旧食糧管理法の廃止、すなわちコメ自由化の問題であった。

3 「環境保全米運動」の提唱

⊙食糧管理法廃止の衝撃

「くろすとーく」以降、生産者と消費者の分断が農業と環境にかかわるさまざまな問題を引き起こす要因であるというフレームが採用されてきた。こうしたフレームによって、生産者は農薬を使わざるをえない構造的弱者であるという認識が共有され、農薬をめぐる認識の相違は後景化した。しかしそれゆえ、直接的に農薬の使用を削減しようとする試みはなされてこなかった。

ところが、一九九五年の旧食糧管理法の廃止を契機として、農薬と化学肥料を削減した「環境保全米」を普及させようとする「環境保全米運動」が立ち上げられることとなった。旧食糧管理法のもとでは、一部の特例は認められていたものの、基本的な米の売買は政府の管理下に置かれていた。しかし、旧食糧管理法に代わる新食糧法においては、米の売買は原則的にはすべて市場原理に委ねられることとなった。そうなると、生産者や産地間での競争の激化は避けられない。

これまで以上に農業者と産地の淘汰が加速していくことは目にみえていた。

ＥＰＦ情報ネットワークにおいても、こうした市場原理の導入が低価格競争を巻き起こすことは確実であると認識されていた。具体的には、次の四つの懸念点があげられていた。まず、低価格競争の中で生き残りをかけた農家や米業者が、付加価値米として理念をともなわない「有機」米を販売し始めるのではないかという点。次に、「有機」と表示しながらも、実際の生産工程では表示どおりの栽培をおこなわない「手抜き」が横行するのではないかという点。そして、米市場全体での価格下落がこれまでなんとか経営を成り立たせてきた小規模の有機農家の経済的逼迫を招くのではないかという点。さらには、農薬や化学肥料を使用する慣行農家であっても、低価格競争で淘汰された者が稲作経営をあきらめていき、問題となっている耕作放棄地の拡大がさらに加速していくのではないかという点である。こうした問題認識は、食の安全・安心を求めた消費者が「手抜き」で生産された「有機」米を誤って購入してしまうのではないかという〈消費者に対する懸念〉と、これまでの問題関心からは真っ先に守るべきとされる、ささやかに農業を営んできた地域農業者が淘汰されてしまうのではないかという〈生産者に対する懸念〉の双方を含んでいた。

ここで、これまでの問題関心を引き継ぎつつ、これまでは未着手だった農薬・化学肥料の使用削減に直接アプローチする環境保全米運動が提唱された。環境保全米とは、「(1)低農薬、無農薬の有機栽培によって生産現場の環境を守る(2)環境保全の役割を担っている地域の農地の維持・保全を目指す――という二つの視点に立って生産されるコメ」(「河北新報」一九九五年一〇月三〇日付)

と説明されている。しかし、このときに提起された環境保全米運動の根幹には、以上の二つの視点だけでなく、生産者と消費者をつなぐという、「くろすとーく」以来の目的が存在していた。以下は、環境保全米運動を主導したB氏が、河北新報のインタビューに答えたものである。

生産現場の環境を守り、消費者に安全性とおいしさを提供するということからすれば、低農薬、無農薬の有機栽培米であることが必要だが、それだけでは不十分だ。地域の環境保全の役割を担っている農地の維持・保全にも役立つコメづくりでなければならない。消費者の間に有機米への理解は広がっているが、農地と結び付くところまではいっていない。

環境・食糧をめぐる、これまでのEPFのさまざまな議論から、コメについて生産者と消費者の新しい関係をつくる必要性が指摘されていた。さらに、流通の規制を大幅に緩和した新食糧法によって、コメ流通に市場原理が導入され、地域の環境や農地が、厳しい状況にさらされるという声も高まったことから、「環境保全米」づくり運動を呼び掛けることになった。（「河北新報」一九九五年一一月一四日付）

生産者と消費者の新しい関係をつくることで地域の環境を守る——これが、「くろすとーく」以来引き継がれてきた目標であった。環境保全米運動においても、環境保全米は単なる「低農薬、無農薬の有機栽培米」ではなく、生産者と消費者をつなぐ存在でなくてはならなかった。こうした理念にもとづき、環境保全米運動では生産者と消費者から会員を募集する会員制にもとづく売買形式が構想された。

⊙農協との協働体制の萌芽

環境保全米運動の出発点として、一九九六年一月に、「農家や主婦などのほか、学生、流通、教育現場の関係者ら多彩な市民が約二三〇人」（「河北新報」一九九六年一月二三日付）集まった場で、「環境保全米実験ネットワーク」が設立された。代表には、「くろすとーく」でゲストスピーカー⑨として登壇していた作物学者のＦ氏が就任した。

環境保全米実験ネットワークが設立された目的は、まずは宮城県内で無農薬（あるいは減農薬）・無化学肥料（あるいは減化学肥料）栽培の「環境保全米」が生産可能であるかどうかの実証実験をおこなうためであった。そのため、技術開発と指導者の役割を担うことができるＦ氏が代表として選ばれたと考えられる。(45) 実証実験では、広大な宮城県を気象条件によって四つの地域に区切り、それぞれの地域で実験に協力してくれる農業者を募った。このときに協力者となった者の中には、以前から独自に有機農業を営んでいた農業者も含まれていた。

一年目の実証実験の結果では、四地域一一地区すべてにおいて環境保全米が生産可能であると判断された。二年目は参加地区がさらに増え、規模が拡大した。

二年目に増えた参加地区のうち、旧登米《とめ》郡の南方町《みなみかたまち》と中田町《なかだちょう》からの参加が、次章でみるＪＡみやぎ登米管内での大規模な環境保全米生産のきっかけとなった。南方町では、環境保全米運動が始まる以前から「生産部会」（次章で詳述）に所属する農業者たちが農協とともに、独自に環境配慮型農法に取り組んでおり、こうした取り組みを聞きつけた環境保全米実験ネットワークが環境保全米づくりを依頼した。

もう一方の中田町が参加した経緯は、じつは「くろすとーく」の時代にまでさかのぼることができる。国際シンポジウム「環境・人間・食糧」に登壇し、その後、EPF情報ネットワークのメンバーとなった元農協中央会参事のG氏が[46]、環境保全米実験ネットワークが発足した頃には中田町農協の組合長に就任していたのである。G氏は、環境保全米実験ネットワークでの初年度の実証実験が終わった際に、次のような感想を残している。

すべての実験農家が「農薬の半減は難しくない」と確信しており、さらに減らせる可能性も出てきた。これまで適量と思われていた散布量や回数が、本当に必要量なのだろうか。あらためて検証することも必要だ。コメづくりの仕方を基本的に見直す必要性を明らかにした点で、大きな意義があった。（「河北新報」一九九六年一一月二六日付）

こうして、G氏は中田町農協と中田町行政との協働のもと、「なかだ環境保全米協議会」を立ち上げた。なかだ環境保全米協議会では、環境保全米実験ネットワークの指導を受けながら、五名の個人生産者と四つの生産法人、および農業科がある公立高校が環境保全米の生産を始めた。なお、このとき参加した生産者も、南方町と同様に「生産部会」に所属している者たちだった。

G氏は、なぜこれほどまで積極的に環境保全米の生産を支援したのだろうか。もちろん初年度の実験結果をみて、実現可能性を見込んだというのもあるだろうが、他方で環境保全米運動が目指すところとG氏が描いていた構想が一致していたというのも大きい。ここで、一九九二年のシンポジウムに登壇した際のG氏の発言を確認してみよう。

〔フロアからの、「農協の米価運動も値上げだけでなく、自然環境保全と並行して運動を展開すべきではないか」という意見に対して〕農家は農業を維持しながら環境を守っているのだから、消費者米価が本当に高いのか、コスト概念について消費者と同じグラウンドでもっと議論しなければならない。それが私の提唱する「新農本主義運動」だ。(47)

G氏はここで、農業が地域環境を保全する役割を担っていること、つまり第1章で紹介した正の農業環境公共財の側面に言及している。一方、フロアからの質問者は農業が自然環境に負荷をかけているという負の農業環境公共財の側面に言及しているため、両者にはやや齟齬がみられるが、ここで重要なのは農業に地域環境保全といった公共的価値があるとG氏が主張している点である。ここでG氏が主張しようとしているのは、農業が公共的価値を担っているにもかかわらず、農産物の価格には出荷時点での農産物の商品価値しか反映されていないということである。

しかし、こうしたG氏の主張が正当性をもつためには、フロアからの指摘にあったように、負の農業環境公共財の側面と向き合うような対応策をとらなければならない。そうでなければ、農地を維持することは地域環境保全に対して正の効果があるものの、農業を営むうえで結局は負の効果も付随してくるということになり、「農家は農業を維持しながら環境を守っている」という言説の説得力が欠けてしまう。

G氏にとっては、すべての実験農家が「農薬の半減は難しくない」と確信したという環境保全米は、負の農業環境公共財の側面に対応しうる策であった。さらに、先述のB氏のインタビューでも確認したように、環境保全米運動の基本的なコンセプトとして、生産者と消費者の新しい関係をつくることで、地域の環境を守ることが意図されていた。その具体策として、生産者と消費者が既存の流通を介さずに結びつく直接的な売買の形式が掲げられていたが、こうした売買形式は流通経費が削減できるため、消費者の支払い価格がこれまでと同程度だとしても生産者からすればより高い単価で売買を成立させることができる。

つまり、環境保全米実験ネットワークが構想したコンセプトとシステムは、地域環境保全に積極的に寄与する農業者に対してその公共的価値を含めた対価を支払うというものであり、これはG氏の考えときわめて親和性が高かった。もちろん、こうした親和性は偶然の一致ではなく、G氏がEPF情報ネットワークのメンバーとして、これまでにも議論を重ねてきたことが背景にある[48]。これまでの環境保全米運動は、基本的には有志の農業者を個人・団体単位で動員していくリクルート手法をとってきた。しかし、G氏の働きかけによって、市町村レベルで行政と農協との協働が達成できた。こうした動きが、環境保全米運動と農協との協働の初発段階であった。

⦿環境保全米運動が目指したもの

環境保全米実験ネットワークによる実証実験は二年間をもって終了し、一九九八年には発展的組織として、「環境保全米ネットワーク」が設立された。環境保全米ネットワークにおいては、生産者会員と消費者会員がそれぞれ募集されるようになり、初年度は生産者会員一八三名、消費者会員一二〇名が集まった。(49)

環境保全米ネットワークは、基本的には消費者会員が生産者会員のつくった環境保全米を購入するという、直接売買形式を前提としていた。こうした制度設計は、有機農業運動が目指した生産者と消費者との直接的で人間的なつながりである〈提携〉とよく似ている。一方、環境保全米ネットワークでは地元の小売店でも環境保全米を購入することができるようにしており、生産された環境保全米の一部はみやぎ生協の店頭などに置かれた。そのほかに、南方町農協は京都生協と、なかだ環境保全米協議会は近隣地域の酒蔵とそれぞれ契約栽培をおこなっており、個別の売り先を確保する生産者団体もあった。

初期の環境保全米運動では、「環境保全米運動はブランド米づくり運動ではない」という理念のもと、環境保全米が付加価値米のように利用されることを防ぐために生産工程はあえて統一されなかった。そのため、活動初期には無農薬・減農薬および無化学肥料・減化学肥料の2×2の組み合わせで計四パターンの環境保全米の生産手法が選択できるようになっており、のちに無農薬・無化学肥料栽培がAタイプ、減農薬・減化学肥料栽培がBタイプといった区分けがなされてからも、Bタイプについては、栽培技術が安定するまでは各農業者の取り組みに応じて、農薬の種類などはある程度は柔軟に選べていたという。時代背景としても、有機JAS制度が創設される以前であったこともあり、認証制度の厳格さに対する考え方は現在とは異なっていたと考えられる。なお、有機JAS制度が制定されてからは、会員からの要望に応えるかたちで二〇〇〇年に環境保全米ネットワークは県内初の有機JAS登録認証機関となった。また、認証機関となるための要件を満たすため、申請にあわせてNPO法人格を取得し、「NPO法人環境保全米ネットワーク」となった（表3−2）。

ここまでみてきた内容を一度まとめると、環境保全米運動には次の二つの特徴があったといえる。一つは、生産者と消費者を直接的に結びつけることを重視している点である。「くろすとーく」時代からの課題認識が引き継がれており、生産者と消費者が分断されている現状を改善するため、広域流通に頼らないオルタナティブな生産と消費のあり方として、〈提携〉に近い手法が採用されていた。広域流通に抗するオルタナティブをつくるという点では「朝市・夕市ネットワーク」と類似している一方、環境保全米運動では生産者と消費者がより直接的に、そして「会員」としてよりクローズドなかたちで集うしくみがとられていた。これは、消費者会員が市場に出回る「手抜き」の有機米を購入してしまうリスクを回避するためでもあるが、それ以上に、環境保全米を生産することで地域環境保全に寄与している農業者に対して、その公共的価値を含めた対価を支払うためであった。なぜなら、農産物の価格に対して公共的価値を含めるのであれば、そうした価値を含まない市場価格との乖離は避けられない。そのため、公共的価値を含めた「適正価格」で買い支えてくれる消費者との結びつきを強めることが販売戦略において必要となってくるからだ。

[表 3-2] 環境保全米運動の経緯

年月	出来事
1991年6月	仙台市内の浄水場および小学校のプールから農薬成分が検出，主婦グループ・弁護士会による抗議
1991年7～8月	河北新報が「検証 農薬空中散布」特集を連載（全5回）
1991年9月	仙台弁護士会が宮城県に農薬空中散布の全面中止を申し入れ
1991年10月～1992年3月	「くろすとーく」発足，座談会開催・連載（全10回＋「緊急くろすとーく」1回）
1992年4月	みやぎフォーラム「くらしと環境：減らそう農薬・見直そう食と農」を開催，「私たちの7つの提案」発表
1992年5月	国際シンポジウム「環境・人間・食糧」開催，「仙台宣言」および「農薬に関する仙台アピール」発表
1992年6月	国連地球サミットにて「仙台宣言」「農薬に関する仙台アピール」を発表，「クローストークフォーラム・イン・リオ」開催 「環境・人間・食糧（EPF）情報ネットワーク」発足
1995年10月	EPF情報ネットワークが「環境保全米」づくりに着手すると発表
1995年11月	食糧管理法廃止，食糧法施行
1996年	「環境保全米実験ネットワーク」設立，宮城県内11地区から実験参加者15名，環境保全米の面積合計6.1ha 「朝市・夕市ネットワーク」設立
1998年	「環境保全米ネットワーク」設立，岩手県を含む18地区で環境保全米の面積合計281ha
1999年	JAS法改正により，有機食品の検査認証制度が創設
2000年	「環境保全米ネットワーク」NPO法人化，有機JAS農産物登録認証機関として認可
2003年	JAみやぎ登米にて環境保全米Cタイプ創設，管内全面積転換を構想
2004年	県内10のJAに取り組みが拡大，機関誌「こめねっと」創刊 改正食糧法の施行
2007年	「県農協中央会環境保全米づくり推進本部」設立 「みやぎの環境保全米県民会議」設立
2011年	みやぎの環境保全米県民会議，JA宮城グループが「環境保全米宣言」を取り結び，宮城県産米のすべてを環境保全米にすることを目指す
2012年	宮城県内の環境保全米の面積が57％に到達

出所：河北新報記事，NPO環境保全米ネットワーク事務局提供資料をもとに作成.

もう一つの特徴は、環境保全米運動が無農薬・無化学肥料栽培と減農薬・減化学肥料栽培の両方を奨励していた点だ。無農薬・無化学肥料を前提とした栽培の方がどちらかといえば訴求力に長けており、運動として展開するなら無農薬・無化学肥料を選択する方策もありえた。

それにもかかわらず、なぜ環境保全米運動では減農薬・減化学肥料栽培が許容されたのか。その理由が直接的に述べられた記録などは残されていないが、これまでの経緯からは次の点が指摘できる。「くろすとーく」時代から、現代農業と農薬がもはや不可分の存在であることは何度も確認されてきた。また、農薬の安全性や健康への影響については、ともに議論を重ねたうえでも認識の不一致は解消されなかった。「くろすとーく」は、農業や農薬にかんするさまざまな情報を共有し、それらを話題としたコミュニケーションを積み重ねてきたその結果として、農薬は使うべきではないという合意には最後まで至らなかったのである。このような、特定の言説空間を共有し、議論を重ねた結果としての不合意が、環境保全米運動に減農薬・減化学肥料栽培を許容させた要因ではないかと考えられる。

4 地域ブランド米戦略をめぐる交渉

⦿環境保全米Cタイプの新設と地域ブランド米戦略

環境保全米運動の二年目であった一九九七年の時点において、農協はすでになかだ環境保全米協議会を立ち上げており、環境保全米ネットワークと農協は協働の初発段階までこぎ着けていた。しかし、一方で中田町農協と南方町農協以外の農協とはいまだ協働の機会が得られず、環境保全米の拡大は一定規模にとどまっていた。なかだ環境保全米協議会には最大二五名ほどの農業者が在籍していたが、彼らは中田町農協管内の有志であり、管内すべての農業者が協議会に在籍して環境保全米を生産しているわけではなかった。この点は南方町農協でも同様であり、「生産部会」に所属している一部の意欲的な農業者が環境保全米を生産しているといった限定的な取り組み状況だった。

現在のように宮城県全体に環境保全米の生産が拡大していったのは、二〇〇二年にG氏がJAみやぎ登米（一九九八年に中田町農協、南方町農協を含む八つのJAが広域合併、この点についても第4章に詳述）の組合長に就任し、翌年からJAみやぎ登米の管内全域で環境保全米づくりに取り組み始めたことがきっかけだった。G氏はJAみやぎ登米の初代組合長選挙では当選できなかったものの、理事として農協単位での環境保全米の取り組みを進言していたという[50]。そして、第二代組合長選挙に当選し、管内全域での環境保全米の取り組みを実現させた。

このとき、G氏はJAみやぎ登米管内の農業者全員が環境保全米づくりに取り組むという管内の全面積転換を志しており、この目標を達成するために、農薬・化学肥料をそれぞれ地域の慣行的な基準より五割ずつ節減した環境保全米「Cタイプ」の新設を打診した。このCタイプは、それまでのA・Bタイプにくらべれば、その基準を大幅に緩和したものであった。Aタイプはこのときには有機ＪＡＳ認証の基準に準じており、農薬・化学肥料は原則不使用であったし、Ｂタイプは育苗時のみ化学肥料を使用し、農薬は五成分以下という基準であったため、農薬・化学肥料をそれぞれ通常の半分程度までなら許容するというＣタイプは、前者二つにくらべ、かなり基準が緩い。

こうした基準の緩い新タイプの打診に加え、ＪＡみやぎ登米では、管内農業者の全員が円滑に環境保全米づくりに取り組むことができるよう、環境保全米で使用する農薬・肥料の種類やそれらの散布時期はすべてＪＡみやぎ登米が作成する「環境保全米栽培暦（以下、栽培暦）」によって統一されようとしていた。先述のように、環境保全米ネットワークでは環境保全米運動が単にブランド米として利用されてしまうことを防ぐために栽培基準の統一をあえてしてこなかったのだから、農協による栽培基準の統一は、環境保全米ネットワークの理念に反するものであった。この時点で、農協の思惑と環境保全米ネットワークの理念との間には少しずつズレが生じており、画一化された基準を用いた環境保全米の大規模な生産は、環境保全米ネットワークが避けようとしていた「ブランド米づくり運動」であるといっても過言ではない状況だった。

すなわち、Ｃタイプの新設やその運用方針は、環境保全米ネットワークにとっては運動理念の希薄化ともとらえられる行為であった。しかし、結果として環境保全米ネットワークはＣタイプをＪＡみやぎ登米独自の基準として認可し、栽培暦による栽培基準の統一化を承認したうえで、農業者個人を認証するのではなく、栽培暦を運用する農協を認証するというマネジメントシステム認証制度を採用した。

こうして、環境保全米はＪＡみやぎ登米の地域ブランド米戦略としての側面ももちつつ、大規模に展開されるようになるのだが、Ｇ氏は当時のインタビューで環境保全米について次のように答えている。

赤トンボが舞うような水田を取り戻せれば、消費者へのアピールと農地の保全の一挙両得だ。良質米の安定生産は、将来的に減反削減にもつながる。（「河北新報」二〇〇四年一月一日付）

〔改正食糧法施行にともない〕完全な産地間競争に突入する。安全なコメを提供する社会的使命を果たしながら、消費者に買ってもらえるコメ作りを目指すことが、これからは必要だ。

（「河北新報」二〇〇四年五月二〇日付）

補足括弧内にある改正食糧法（二〇〇四年に施行）では、減反に対する一律の補助金は廃止され、前年度の販売実績に応じた生産目標数量が市町村ごとに配分される方式となった。(51) つまり、生産目標数量を売り切れなかった産地は、その分、来年度の生産目標数量を減らされる可能性が出てくるため、減反を免れるためにも在庫の早期処分につながる施策が優先事項となる。

ＪＡみやぎ登米では、環境保全米は販売戦略上の要《かなめ》として、実質的には他産地との差別化をはかるための地域ブランド米としての機能を担っていた。とくに二〇〇四年以降、ＪＡみやぎ登米内の資料では、環境保全米運動は「売り切る米づくり運動」であるという明示的なフレーミング

（特定の認識枠組みを生み出し、その枠組みの中でものごとを認識・理解すること）が散見されるようになっていく。環境保全米をブランド米化しようとするフレーミングは、環境保全米運動を提唱した環境保全米ネットワークの志向性とは別に、農協独自の経済的論理によって形成されていった。

⦿論理の転換と戦略的譲歩

環境保全米ネットワークは当初、付加価値を求めた米づくりが加速して「手抜き」の有機米が増えていくことを懸念し、環境保全米を地域ブランド米として扱うことにも慎重な姿勢をみせていた。地域ブランド米という農協独自のフレーミングは環境保全米ネットワークの問題認識とは適合しないため、こうした認識のズレが齟齬や対立を引き起こす可能性があった。

しかし、環境保全米ネットワークは農協独自のフレーミングを許容した。この「譲歩」とも呼べる行為によって、県下ＪＡグループと環境保全米ネットワークとの協働が可能となり、環境保全米づくりは全県的な拡大をみせていった。「くろすとーく」時代から組織の中枢的な役割を果たしてきたＢ氏は、地域ブランド米戦略によって全県的な取り組みへと環境保全米の生産が拡大した後にも、「〔環境保全米運動が〕コメの付加価値として、高く売る方法のように多くの生産者に理解されてしまった側面もあった」、「環境保全米は単なる付加価値のブランドではなく、日本の環境を守り、安全・安心な食料を作る生産者と消費者の『合言葉』だ」（「河北新報」二〇〇七年一二月二二日付）と述べており、農協による地域ブランド米戦略を手放しで評価しているわけではない。

ではなぜ環境保全米ネットワークは、地域ブランド米化する環境保全米に反対しなかったのだろうか。資料や聞き取り調査で得た情報からは、次の三つの理由が推察できる。

まず、環境保全米ネットワークは運動開始当初から、「農協ぐるみ」「地域ぐるみ」「町ぐるみ」の展開を重視していたということがあげられる。「くろすとーく」の頃から、地域農業と地域環境の保全を両立するために地域の生産者と消費者をつなぐという一貫したテーマがあり、これを実現していくためにはある程度の面積的な規模拡大も目指されていたはずである。しかし、B氏にとっては、Cタイプ創設までの環境保全米のひろがりの程度は、「環境の保全や安全・安心を求める消費者に支えられ、環境保全米は生産者を増やしたが、広がりは十分ではなかった」(「河北新報」二〇〇七年一二月二二日付)という認識だった。そのため、「農協ぐるみ」の展開の糸口となるCタイプの新設は、環境保全米をより普及させたいと考える環境保全米ネットワークとしても魅力的であった。

次に、環境保全米運動は生産者会員のつくる環境保全米を「適正価格」にて消費者会員が買い支えるというしくみであったが、それゆえに高価格であることが消費者会員の増加を妨げる要因として働いた側面もあったということがあげられる。関係者への聞き取り調査や当時の資料からも、総会において消費者会員から「価格が高すぎる」といった指摘が出ていたことがわかっている。また、新聞での連載は一九九六年をもって終了していることから、ここからの会員数の爆発的な伸びは期待できないという予測もあったと考えられる(表3－3)。そのため、運動の理念を堅持して現状を維持することが環境保全米の普及という側面においては必ずしもメリットとなる

［表 3-3］ 環境保全米ネットワークの会員数

	法人会員	生産者 個人会員	生産者 団体会員	消費者 会員	賛助会員	合計
1996年		15		—	—	15
1997年		130		—	—	130
1998年		183		120	—	303
1999年		—		—	—	—
2000年		200		150	—	350
2001年		180		60	—	240
2002年	2	180		36	17	235
2003年	3	16	159	29	13	220
2004年	3	21	144	19	35	222
2005年	9	21	134	21	33	218
2006年	9	25	194	27	37	292
2007年	9	25	170	24	38	266
2008年	9	24	137	21	36	227
2009年	9	27	126	21	36	219
2010年	9	29	115	17	35	205
2011年	9	36	115	18	43	221
2012年	9	40	108	19	39	215
2013年	9	41	92	20	41	203
2014年	9	41	100	22	45	217
2015年	16	155			42	213
2016年	16	133			33	182

注1：法人会員は2002年に創設．
注2：生産者団体会員は2003年に創設．2002年までの生産者個人会員は団体会員を含む．
注3：生産者個人会員，生産者団体会員，消費者会員は2014年から個人会員として統合．
注4：ダッシュはデータなし．
注5：1998年と2000年の消費者会員数については，正式な会員数ではなく，
座談会などの参加者の可能性がある（NPO環境保全米ネットワーク事務局への聞き取り調査より）．
出所：河北新報記事，NPO環境保全米ネットワーク事務局提供資料をもとに作成．

状況ではなかった。

また、基準の緩いCタイプの新設が認められた背景として、一連の活動を牽引してきたB氏には、Cタイプが構想される以前から、「現実的に環境負荷を減らすには減農薬・減化学肥料の普及も重要だ」(「河北新報」二〇〇〇年五月二九日付)という考えがみられ、完全無農薬栽培のみを評価しているわけではなかったという思想的な背景も存在した。環境保全米実験ネットワークの頃から技術指導にあたっているF氏も、稲の生理を研究する作物学が専門分野であったため、農薬や化学肥料をまったく使用しない米づくりを目的としていたのではなく、疎植《そしょく》技術を中心に、過度に農薬や化学肥料に頼らない強い稲をつくるという方針をもっていた。このように、環境保全米運動を実質的に牽引していた二名は、どちらも無農薬・無化学肥料栽培の普及を目的としていたわけではなかった。以上の背景から、環境保全米のひろがりが十分でなかったことの打開策として、地域農業への直接的な影響力を有する農協にとっても利益となるような条件への戦略的な譲歩が選ばれたと考えられる。

⦿県下JAグループとの協働の達成

環境保全米ネットワークの「戦略的譲歩」によって、JAみやぎ登米では管内全域で環境保全米づくりの取り組みがおこなわれるようになった。くわしくは次章で説明するが、JAみやぎ登米は環境保全米の導入によって取引先の増加や在庫の早期処分を実現しており、販売戦略としての環境保全米の有効性を証明した。二〇〇七年には、こうしたJAみやぎ登米の商業的な成功を

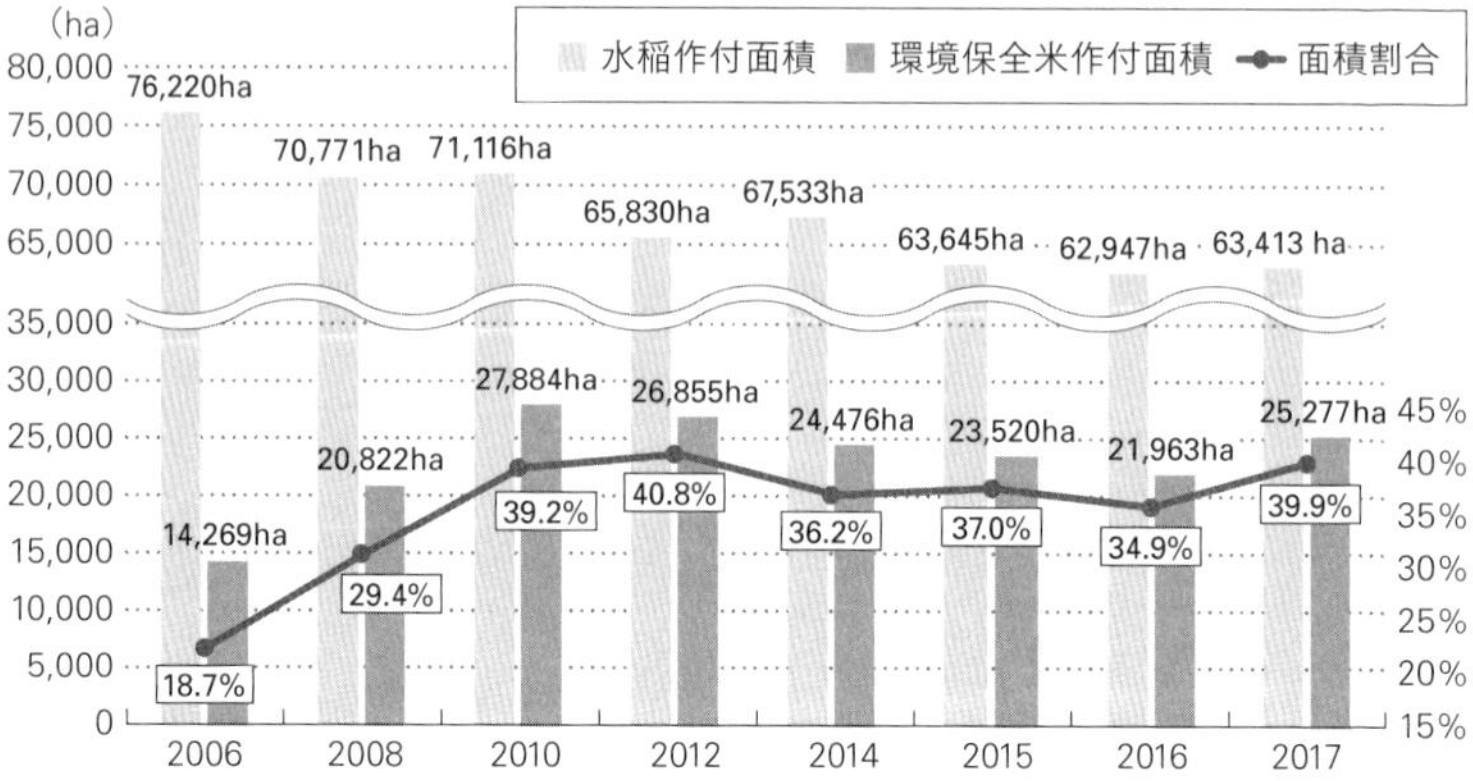

［図 3-1］ 宮城県内の環境保全米作付面積の推移
出所：JA全農みやぎ（2021）.

みた県下ＪＡグループが全県的に環境保全米づくりに取り組む姿勢をみせ、ＪＡみやぎ登米の戦略に追随するかたちで、「県農協中央会環境保全米づくり推進本部」を設立した。同推進本部は、二〇一〇年までに環境保全米の県内作付面積を七割に到達させるという目標を打ち出し、環境保全米づくりを宮城県内すべての地域農協で推進するようになった。二〇一〇年には目標の七割には至らなかったものの、環境保全米は県内作付面積の三九・二％まで拡大した（図３－１）。このとき拡大した作付面積のほとんどがＣタイプであった。

また、二〇〇七年一〇月には、環境保全米ネットワークは宮城県、みやぎ生協組合、東北放送（ＴＢＣ）、地元プロスポーツ団であるベガルタ仙台、宮城県農業協同組合中央会などと「みやぎの環境保全米県民会議」を設立し、「みやぎの環境保全米づくり全県運動」に取り組むこととなった。二〇二一年三月現在、みやぎ環境保全米県民会議には環境保全米ネットワークを含めて合計三五の組織や団体が加入している。主な活動内容は、機関誌『環境保全米通信』と『こめねっと』の発行、消費者との交流をはかる「赤とんぼ食堂」や新米試食会の開催、田んぼの生きもの調査、参加団体が開催する各種イベントでのＰＲブースの出展などで、多様な広報活動や学習活動、交流活動がおこなわれている。

⦿画一化と大規模化との矛盾

以上のように、農協との協働を達成したことによって普及した環境保全米だが、環境保全米ネットワーク事務局によると、近年では環境保全米の作付面積は減少傾向にあるという。そして、この減少傾向の原因は、農協による環境保全米の画一化と近年宮城県内でも進行しつつある生産の大規模化との間の矛盾にあるのではないかと事務局は考えている。

農協の環境保全米施策では、基本的には環境保全米に使える農業資材はある程度種類が指定されている。なるべく資材の種類を絞り、大口注文とした方が安く仕入れることができ、また栽培の年間スケジュールである栽培暦のマニュアル化がしやすく、品質も安定しやすい。そのため、農協としては農業資材の種類を絞った方が経済合理性は高くなる。また、以上の理由から、農業資材の統一を含めたマニュアル化は農協にとってのみならず、管内の農業者にとっても有益な側面がある。

しかし、近年増加している大規模農業者にとっては、画一化されたマニュアルが栽培の弊害となりうる。大規模農業者は一人あたりの作業面積が大きいため、一つの作業工程を完了させるために必要となる日数が平均規模の農業者よりも長くなる。そのため、たとえば除草剤一つをとってみても、耕作している水田すべてに同じタイミングで除草剤を撒くことが難しく、初期・中期・後期と水田ごとの雑草の生長段階にあわせて散布した方が適切となる場合もある。

だが、現在の農協によるCタイプの認証システムでは、農協が作成した栽培暦によって一律に指定されている農薬を使用した水田が環境保全米として認証される。すると、大規模農業者ほど農協が指定している農薬と水田の状態が合わないケースが出てきてしまい、非効率的な生産工程となってしまう。こうして、近年では大規模農業者ほど環境保全米から離脱してしまう傾向があるという。環境保全米ネットワークの認証基準としては、農薬・化学肥料を地域慣行レベルの五割以上に節減した栽培であれば、使用する農薬や化学肥料の種類が多様でもCタイプとして認証される。農協による画一化によって環境保全米は県内に普及したが、近年の大規模化との齟齬が今後の環境保全米の普及率に影響を及ぼす可能性もある。

5　折り合いのつかなさからの出発

環境保全米とは、一つの言説空間を共有する者たちのコミュニケーションと交渉の過程からつくられた、地域農業と地域環境保全をつなぐ一つの解であるといえる。農薬空中散布の問題に端を発した「くろすとーく」は、その初期において、農薬が環境に与える影響は、科学的な厳密さを求めるほど「わからない」と答えるのが正確であるという非知の問題に出合い、専門知を根拠とした討論や合意形成には立ち入らなかった。

むしろ、「くろすとーく」において重要視されたのは、現代の食と農をとりまく社会構造を形成しているステークホルダーが誰なのかという社会的な側面であった。このような観点からおこなわれた討論の過程では、農業者は農薬を使わざるをえない構造的な弱者であるというフレームの転換が起こった。このフレームの転換によって、「くろすとーく」ではナショナルな大規模流通こそが課題であるという集合的な認識が生まれ、こうした認識を継承したEPF情報ネットワークは、地産地消型ネットワークである「朝市・夕市ネットワーク」を設立した。

「くろすとーく」やEPF情報ネットワークの活動においても、旧食糧管理法廃止以降の環境保全米運動においても、そのコミュニケーションと交渉の過程には、折り合いのつかなさが基本的に存在していた。「くろすとーく」では、農薬をめぐる認識の齟齬は解消されないままであったし、環境保全米運動では、地域ブランド米戦略をめぐって意見の不一致があった。しかし、これらの活動・運動においては、そのつど合意ができないことが確認され、時には戦略的な譲歩が選択されたことで、環境保全米は地域に普及しうる存在となっていった。逆説的ではあるが、折り合いがつかないことが承認されることによって、「環境保全米」がつくられ、地域に普及していくという、農業と環境のローカルガバナンスが機能したといえる。

第4章

なぜ環境保全米をつくるのか

農協と農業者による文脈の共創

毎年6月下旬におこなわれている田んぼの生きもの調査の幟
写真提供：JAみやぎ登米

はじめに

旧登米《とめ》郡一帯を管域とするＪＡみやぎ登米では、二〇〇三年より管内全域での施策として環境保全米づくりの取り組みが始まった。筆者の調査時（二〇一五—一九年）においても、八割以上の水田で環境保全米が生産され続けており、地域農業者の意識としても、もはや環境保全米は「地域スタンダード」となりつつある。

農協職員や地域農業者の間では、環境保全米が地域に普及する直接的なきっかけとなったのは、導入初年度にあたる二〇〇三年夏に起こった冷害だったとされている。環境保全米が冷害に強かったため、翌年に一気に普及したとする見方である。しかし、環境保全米の強さが慣行栽培と比較されるためには、冷害以前から環境保全米づくりに取り組んでいた者が地域に存在しなければならない。そして、それは誰だったのか。本章では、冷害が環境保全米をひろめたとする「冷害神話」の背景に存在している、環境保全米を普及させた立役者が誰であったのかを解明する。

本章で解明されるもう一つの要点は、環境保全米の正当性の源泉だ。環境保全米はなぜ、つくり続けられているのだろうか。環境保全米は農業者を経済的に豊かにしてくれるのだろうか。それとも、地域の自然環境を保全する営為そのものに意義があるのだろうか。あるいは、両方の理由からか。はたまた、それ以外の理由があるのか。どんな理由から、環境保全米をつくり続けることは正当であるとみなされ、地域農業者はそこに合理性をみいだすのか。本章では、聞き取り調査をもとに、以上の二つの点を明らかにしていく。

1　なぜ登米なのか

⦿米がのぼるまち登米

ここでは事例の検討に入る前に、本章で取り上げるＪＡみやぎ登米の管轄地域である登米市の概要と歴史的背景と、ＪＡみやぎ登米の概要をあわせて確認していこう。

登米の地勢・人口動態

本章の舞台である登米《とめ》市は宮城県の北部に位置しており、岩手県と隣接している。内陸にあり、北東から南東にかけて気仙沼市や南三陸町、石巻市と、北西から南西にかけては栗原市や大崎市、涌谷町と隣接している。栗原市や大崎市と同じく、古くからの米どころである。中央部には東北地方最大の河川である北上川が、西部には迫川《はさまがわ》がそれぞれ南北に流れている（どちらも一級河川）。市の多くの部分は仙台平野に位置しているが、北上川以東には山間地域もみられる。西部に隣接する栗原市との境には伊豆沼と内沼、そのやや東側に長沼がある。このうち、伊豆沼と内沼は一九八五年に国内二番目のラムサール条約登録湿地となった。この地域は比較的雪が少なく、冬でも凍結しないため、マガンなどの水鳥の越冬場所となっている。

現在の登米市は、二〇〇五年に旧登米郡八町（迫町《はさまちょう》、登米町《とよままち》、東和町《とうわちょう》、中田町《なかだちょう》、豊里町《とよさとちょう》、米山町《よねやまちょう》、石越町《いしこしまち》、南方町《みなみかたまち》）と、登米町の南東に位置する津山町《つやまちょう》が合併してできた。面積は五三六・一二平方キロメートルで、県内で五番目に大きい。二〇一九年三月末現在、登米市の世帯数は二万七二九九世帯、人口七万九四一七人である。このうち、六五歳以上が三三・九％を占めており、日本全体の高齢化率（二八・四％）や宮城県の高齢化率（二七・五％）とくらべてやや高齢化に傾いている。

登米の産業構造

二〇一五年農林業センサスによると、登米市の農業経営体数は六三〇六経営体で県内一位である。宮城県全体の農業経営体数が三万八八七二経営体なので、約六分の一を占めている。また林業経営体数も一五一経営体と多く、県内第三位である。登米市の大部分は平野部であるため、これらの林業経営体は中山間地域が多い東に位置する登米町《とよままち》と東和町、津山町に集中している。

経営耕地面積は一万五六八六ヘクタールで、宮城県全体（一〇万八〇二五ヘクタール）の一四・五％を占めている。また、農林水産省の二〇一七年の「市町村別農業産出額（推計）」によると、農業産出額は三二六・四億円で県内一位である。宮城県全体の農業産出額が一九〇〇億円であるから、全体の一七％を占めているということになる。東北地方の市町村の中では青森県弘前市に続く第二位の農業産出額で、全国でも二四位である。産出額の内訳は、米が一二七・九億円、肉用牛が八六・八億円、豚が四八・八億円、その他が六二・九億円である。とくに米の産出額は東北地方では秋田県大仙《だいせん》市、山形県鶴岡市に続く第三位で、全国でも第六位に入る。また、肉用牛の産出額は東北地方で第一位、全国でも八位である。米以外の農産物は、大豆、キャベツ、きゅうりなどがある。

登米市の専業・兼業別の農家数では、世帯員の中に兼業従事者が一人もいない専業農家が一五％（一一九六戸）、兼業だが農業所得を主とする第一種兼業農家が一一％（九〇六戸）、同じく兼業だが農業所得を従とする第二種兼業農家が五〇％（三九七四戸）、自給的農家が二四％（一八八九戸）を占める。全国平均とくらべると、第一種兼業農家（全国平均七・七％）と第二種兼業農家（全国平均三三・五％）が多く、専業農家（全国平均二〇・四％）と自給的農家（全国平均三八・四％）が少ない。こうした特徴から、兼業農家によって地域農業が支えられている地域だといえる。畜産農家が多い地域でもあり、乳用牛の飼育経営体数が七五件、肉用牛の飼育経営体数が八〇〇件である。とくに仔牛の繁殖をしている農家が多く（五〇九件）、登米市によると、地域ブランド牛である仙台牛の約四割が登米産である。

登米市の総農家数は七九六五戸であったが（二〇一五年農林業センサス）、全国的な傾向と同じく戸数は一貫して減少している。現在の登米市の主な産業は製造業であり、二〇一七年の市町村内総生産二五六二億七三〇〇万円のうち、六一六億六六〇〇万円を占めている（宮城県「市町村民経済計算」）。総務省「経済センサス」によると、二〇一二年から製造業の従業者数が増加に転じており、従業者四人以上の事業所における製造品出荷額等の推移も同年から年々増加している。卸売、小売業は商店数・従業者数ともに一九九九年から減少し続けており、商品販売額等の推移も同様である（経済産業省「商業統計調査」）。宮城県「市町村民経済計算」によると、二〇一七年の登米市の産業別の総生産は第一次産業が一七〇億四一〇〇万円、第二次産業が八九三億四〇〇万円、第三次産業が一五〇〇億二二〇〇万円となっているが、年次推移でみてみると第一次産業と第三次産業はそれぞれ横ばいで、第二次産業が微増傾向にある。

現在の登米市の中心部は迫町《はさまちょう》佐沼《さぬま》地区である。登米市役所や登米市民病院があり、ＪＡみやぎ登米の本店も佐沼に位置する。居酒屋などの飲食店やホテルなどの宿泊施設もこのエリアに集中している。江戸時代から明治時代にかけては、旧登米郡地域の中心地は陸運と水運の要衝地として発展した登米町だった。しかし、一八九一（明治二四）年に東北本線が全線開通し、その後も自動車の普及や幹線道路が開通したことによって中心地は迫町へと移っていった。

登米の歴史と郷土料理

登米《とよま》という地名は古くからあるが、奈良時代以前からこの地には「遠山《とおやま》村」が存在したという記録が残っており、これが登米《とよま》に転じたのではないかといわれている（宮城県登米郡役所 1986）。現在の市名である登米《とめ》の由来は定かではないが、一説には明治維新以降に中央から来た役人が登米《とよま》を読めずに「とめ」と読んでしまい、それが定着したといわれている。また登米市によると、江戸時代には北上川や迫川の水運を利用して石巻港から江戸に多くの米を輸送していたため、米が江戸にのぼる様子から登米という地名が定着したのではないかともいわれている。

この地域は古くは湿地帯だったが、藩政時代に藩主伊達政宗の命により転封となった白石相模宗直（伊達相模宗直）が大規模な河川工事と新田開発をおこなった。現在の北上川は中田地区と東和地区の間で南北に大きく蛇行しているが、これは当時の大改修（一六〇五―一〇年）によって河道が付け替えられた「相模土手」である。また、一六二三―二六年には川村孫兵衛によって石巻湾に流れ込む河口部（登米市外）も改修された。これによって水運が発達し、江戸への輸送が盛んとなった。

こうした江戸への「登り米」を奨励したのが、藩主伊達政宗によってつくられた買米制度である。買米制度とは、年貢を納め終えた農民から余った米を買い取り、それを江戸へ輸送し売るというシステムである。農民たちは春頃に渡される前金を元手に米をつくり、秋には収穫された米を藩に納めていた。江戸で米を売るときの相場は前金の二倍ほどだったといい、この差額を利用して仙台藩は財政を豊かにしていった。仙台藩から運ばれる米は年間約二〇万石で、これは江戸で消費される米の量の約三分の一から半分を占める量だったといわれており、伊達藩の米は江戸の米価の基準を定める「本穀（本石）米」となっていた。

こうした買米制度の名残は、郷土料理の物語の中にもみることができる。登米に伝わる郷土料理の一つに「はっと」がある。小麦粉を練ってつくった「はっと」を醤油仕立ての汁に入れて茹で上げて食べる（「はっと汁」）のが一般的な食べ方だ。この「はっと」の起源には、次のような言い伝えがある。仙台藩の財政を支える買米制度は徐々に強制的な施策へと変わっていき、「百姓食物常々雑穀ヲ可用食之事」（米を食わず雑穀を食うべし）という百姓法度が出されるようになった。農民は米どころにあっても麦飯（二番米、三番米に大麦を混ぜた飯）を食べており、「はっと」も当時は米の代用食として食べられていた。しかし、農民の長年の知恵から「はっと」はおいしく改良されていき、農民が好んで食べるようになった。この地方を治めていた領主は、このままでは農民が小麦ばかりつくるようになって米づくりがおろそかになるのではと心配し、この料理を禁止（法度）するようになった。これが、「はっと」の呼び方の起源であるといわれている（東部地方振興事務所登米地域事務所地方振興部 2008）。また、領主が食べてみたところ、あまりのおいしさにハッとしたことから「はっと」になった、という説もある。登米町史には、七月七日（旧暦）の七夕に「晴れのご馳走」として「はっと」を食したという記述もある（登米町史編纂委員会編 1965）。

ＪＡみやぎ登米の概要

調査対象であるＪＡみやぎ登米は、一九九八年に旧登米郡八町域の八つの地域農協が広域合併して誕生した（図４－１）。二〇二〇年三月末現在、本店（七部、一室、二二課）、基幹支店四つ、一般支店五つ、ＬＡ（ライフアドバイザー、ＪＡの共済事業の一種）センター三つ、営農経済センター八つからなっている。購買品取扱高は九一億円、販売品取扱高は一七三億円であり、職員数は五九四人である。組合員数は正組合員が一万二九二七人、準組合員が二六五七人の計一万五五八四人である。そのほかの施設として、カントリーエレベーター七カ所、ライスセンター一カ所、

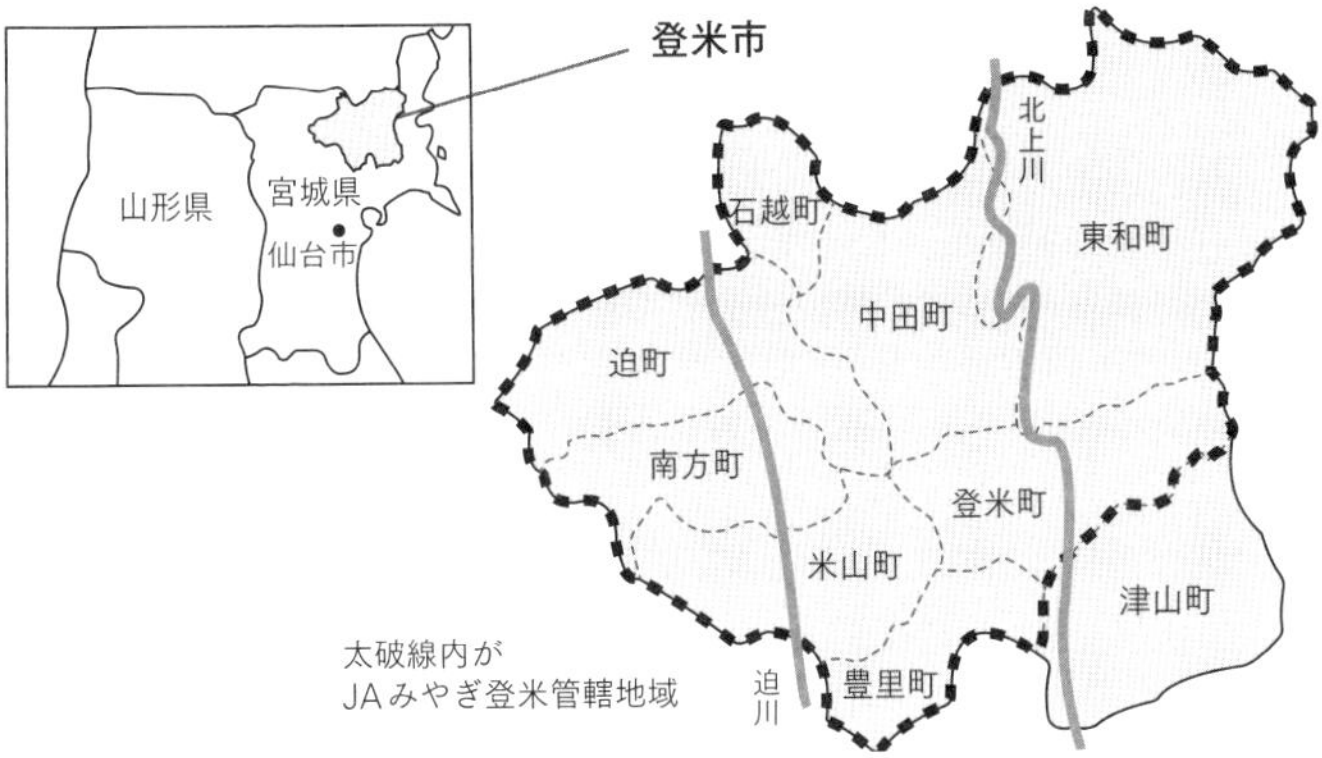

［図 4-1］登米市全域図とJAみやぎ登米の管轄地域
出所：JAみやぎ登米提供資料をもとに作成.

水稲種子センター一カ所、水稲種子温湯消毒施設一カ所、有機センター七カ所、きゅうり選果場一カ所、配送センター一カ所、JAグリーン一カ所、あぐり店舗八カ所がある（みやぎ登米農業協同組合経営企画課2020）。

⊙環境保全米はどのようにひろがったのか

次に、JAみやぎ登米管内で環境保全米が普及した経緯を概観していこう。概観していくなかで、環境保全米の普及に影響を与えたと考えられる要因がいくつか出てくるが、それらについては次節以降で詳細に説明する。

EPF情報ネットワークのメンバーだったG氏がJAみやぎ登米の第二代組合長に就任したこと、就任後に農協の施策として環境保全米Cタイプを導入したことは、すでに第3章でみたとおりである。そして、この環境保全米Cタイプが地域ブランド米戦略として商業的な成功を生み、JAみやぎ登米という単一の地域農協での施策だったものが県下ＪＡグループ全体での施策として宮城県内の農協にひろがっていったのであった。

筆者の聞き取り調査において、Ｇ氏は環境保全米を導入した経緯について、「ＪＡみやぎ登米として統一した何かが欲しかった」と語っていた。[1] 当時、ＪＡみやぎ登米としての統一性が求められたことの背景には、次の二つの懸念があった。

一つは、文字どおり「ＪＡみやぎ登米としての統一性」にかかわる問題である。先述したように、この頃のＪＡみやぎ登米は、旧登米郡一帯での広域合併によって設立されてからまだ数年しか経っていなかった。米どころである旧登米郡では、旧町域単位のいくつかの農協はその農協独自の販売網を有していた。たとえば、旧石越町《いしこしまち》農協は静岡にある卸業者と二〇年以上のつきあいがあった。また、旧南方町《みなみかたまち》農協と旧中田町《なかだちょう》農協は、すでに先進的に環境保全米（Ａ・Ｂタイプ）づくりに着手していたこともあり、南方は京都生協や大手外食チェーンと、中田はみやぎ生協や近隣の酒蔵とそれぞれ独自のつきあいがあった。そのため、広域合併の内実は、独自の販売網と販売戦略をもった八つの地域農協が地理的な条件のもとで一つに束ねられて、「ＪＡみやぎ登米」という名前を冠された、という形骸的な様相を呈していた。こうした、「ＪＡみやぎ登米」というハコの中に個性あふれる八つの地域農協が入っているという状態から、一体感のあるＪＡみやぎ登米になっていくためにはどうすればいいのだろうかというのが、この時期のＪＡみやぎ登米が抱える課題だった。

こうした事態に対応しようと、ＪＡみやぎ登米では、旧町域ごとに個別に存在する稲作部門の

「生産部会」を系統立った意思決定組織として組み立てるために、合併から二年後の二〇〇〇年に、旧町域の各「生産部会」の上位に、新しく「稲作連絡協議会」というＪＡみやぎ登米としての意思決定の場を設けた。このような経緯で設立された稲作連絡協議会と、地域の中でも精力的な生産をおこなう農業者が所属する「生産部会」とが、環境保全米を導入することになったタイミングで、とくに初期の導入の局面で重要な役割を果たしたのである。

ＪＡみやぎ登米としての統一性が求められたもう一つの懸念事項は、合併による組合員の「農協離れ」だ。これは、旧八町域の地域農協が合併したことで、農協職員の配置転換が起こり、農業者からするとこれまで慣れ親しんできた農協に行っても知っている職員がおらず、農協との間に微妙な心理的距離感を感じてしまうという状況のことだ。農協に出向いた農業者からすれば、たとえ職員に説明する内容が以前と同じであっても、その説明をする職員が異なれば、心理的にはこれまでと同じようなつきあいというわけにはいかない。こうして、合併直後から環境保全米施策が始まるまでの数年間には合併後の農協とのつきあい方に違和感をもつ農業者が徐々に増えており、このまま事態が進行してしまうと、これまで農協と地域農業者が培ってきた人と人との結びつきが失われてしまうのではないかという危機意識を農協は抱いていた。

こうした心理的な「農協離れ」は、地域農業者が農協への出荷を取りやめたり、農協からの農業資材の購入を縮小したりするような事態に発展する可能性もある。こうなると、地域農協が存在する意義がなくなっていってしまう。実際にこの頃、全国的な傾向と同様に、ＪＡみやぎ登米管内においても農協への出荷率や資材購入率が徐々に下がっていた。こうした経済的な「農協離れ」は、米販売の自由化とともに合併以前から始まっていたのだが、合併によって組合員と農協との精神的な距離がよりいっそうひろがってしまい、この傾向はより加速して進行するのではないかと心配されていた。

しかし、結果的には、環境保全米の導入はこの「農協離れ」をも改善させたのであった。こうして環境保全米は、当初のG氏の目論見どおり、JAみやぎ登米としての統一性を象徴する有力な地域アイデンティティとなっていった。

二〇〇三年からは、本格的に環境保全米（Cタイプ）への全面積転換構想が始まったが、その準備段階であった二〇〇二年の時点で、管内全域で計五〇ヘクタールほどの水田で先行した取り組みが始まっていた。「経過措置米」と位置づけられたこの取り組みは、ほとんどが「生産部会」の役員たちによるものだった。このときには、一九九七年からすでに環境保全米（A・Bタイプ）づくりに取り組んでいた、旧中田町農協や旧南方町農協の「生産部会」に在籍していた農業者が農協と共同で技術支援にあたった。

当時、中田地区で地域農業者との座談会を担当していた農協職員H氏によると、農業者からの質問は、その農法に取り組むことでどの程度の金額が米価に上乗せされるのかという加算金にかんするものがほとんどだったという。一方、なかだ環境保全米協議会の事務局として以前から環境保全米に携わっていたH氏は、環境保全米は金儲けのための施策ではないとする姿勢から、農協側から付加価値について言及することは避けるようにしていた。加算金について質問してくる農業者に対しては、「付加価値はあとからついてくる」をキャッチフレーズとして、まずは取り

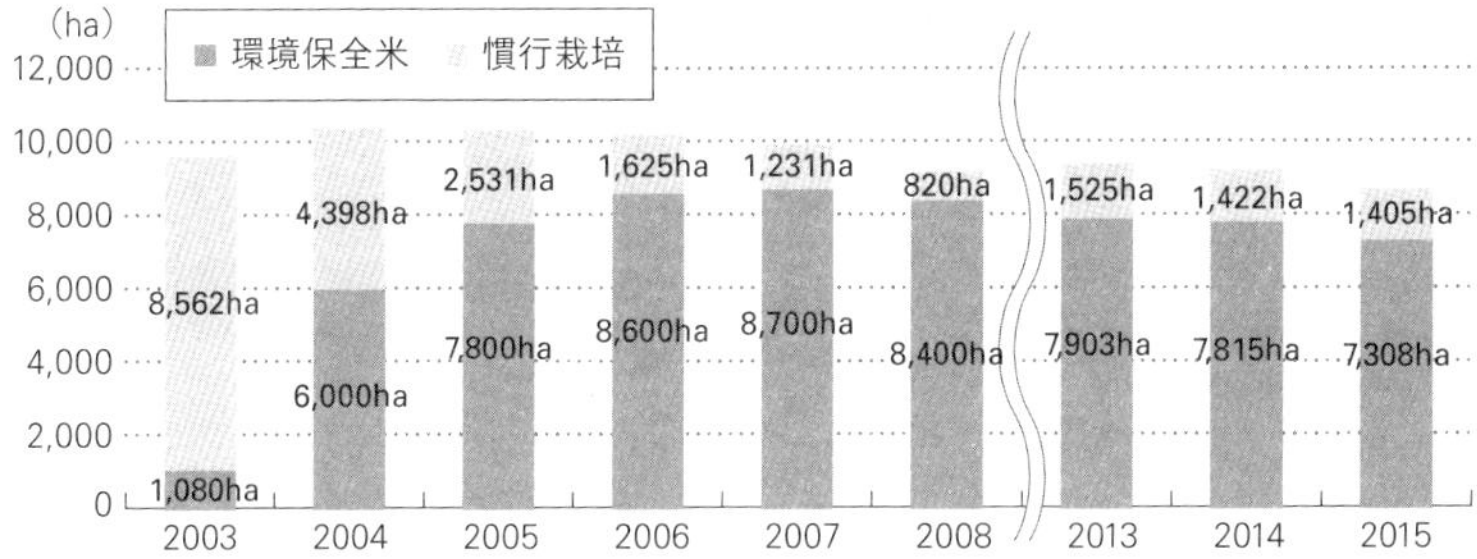

［図 4-2］ JAみやぎ登米管内における環境保全米作付面積の推移
出所：JAみやぎ登米提供資料をもとに作成.

組んでみることを勧め、加算額が実際にいくらであるのかという具体的な金額は提示しないようにしていた。また、中田地区の場合、納得しない農業者に対しては、先進的に取り組んでいた農業者たちが農協との間に入り、仲裁や説得をしてくれた。

農協施策としては初年度である二〇〇三年には、JAみやぎ登米管内全体の一〇分の一ほどの水田面積で環境保全米の作付が取り組まれた（図4―2）。グラフからもわかるように、この後、翌年には一気に慣行栽培との取り組み比率が逆転したのだが、こうした逆転劇の直接的なきっかけは冷害だった。二〇〇三年夏に起こった冷害は、JAみやぎ登米管内の農業者にも多大な被害をもたらした。しかし、以前から環境保全米づくりに取り組んでいた南方地区や中田地区では、明らかに被害が少なかったという。先述のH氏によると、「川を挟んだこちら側は黄金色に稲が実っているが、向こう側は茶色く枯れかけた稲ばかり」というはっきりとした色合いのコントラストがみられたという。

このように、環境保全米が冷害に強かったという事実は地域でおおむね共有されているのだが、一方でなぜ環境保全米が冷害に強かったのかはあまり定かではない。これについて、環境保全米実験ネットワークの頃より技術指導を担当してきた作物学者のF氏によると、環境保全米は有機質肥料を用いるため、稲の出穂時期が通常の慣行栽培にくらべて数日遅れる傾向にあり、二〇〇三年はその遅れによって穂が冷害のダメージを最も受けやすいタイミングを免れたのではないかということだった。こうした見解に加え、農協職員からは環境保全米では冷害に強い品種であるひとめぼれがいち早く採用されていたため、結果だけみると環境保全米が冷害に強いように映ったのではないかという声もあった。また、環境保全米の方が慣行栽培よりも疎植《そしょく》にすることが多いため風通しがよく、冷害の原因であるいもち菌が蔓延しにくかったのではないかという声も聞かれた。ともあれ、冷害が環境保全米への転換を後押しする要因となったことは間違いなく、冷害の翌年の二〇〇四年には約六割の水田が環境保全米へと転換している。その後、水田面積に占める環境保全米の割合はどんどん上がっていき、二〇〇八年には九割を超えた。その後も、調査当時の最新データであった二〇一五年分まで、水稲作付面積の八割以上を維持し続けていた。

このような経緯で環境保全米はJAみやぎ登米管内へと普及し、その後長らく地域のスタンダードとして生産が継続されてきた。第3章でみたように、環境保全米運動は、当初は食糧管理法の廃止によって引き起こされるさまざまな問題から地域農業者と消費者を守るという目的から始まっていた。環境保全米はこうした所期の目的に加え、地域農業と地域環境の双方を守るための方策としても、農協との戦略的な協働体制のもとで普及していった。二〇〇二年にJAみやぎ登米の組合長に就任したG氏が、環境保全米への理念的な共鳴と地域ブランド米としての有用性から、管内における全面積転換を構想したことはすでに第3章で確認したとおりである。加えて、ここまでみてきたように、この頃のＪＡみやぎ登米は広域合併による地域農協としてのまとまりの欠如と「農協離れ」の加速という二つの課題を抱えていた。結果として商業的にも成功した環境保全米は、ＪＡみやぎ登米としてのアイデンティティを形成する要因にもなった。

管内の多くの農業者へと環境保全米の生産が拡大していった経緯では、取り組み初年度である二〇〇三年に冷害が発生したことが環境保全米の爆発的な普及を決定的なものとしたことがわかる。農協職員への聞き取り調査でも、環境保全米を普及させた要因は冷害だという意見がたびたび聞かれた。施策の初年度に冷害が当たって不幸中の幸いだった、もし冷害がなかったらこんなにも多くの農業者が環境保全米づくりに取り組むことはなかったかもしれないと、冷害こそが環境保全米を普及させたのだという言説がある程度の正当性をもつものとして語られている。

しかし、環境保全米づくりがここまで普及し、地域のスタンダードとして取り組み続けられていることの要因は冷害だけなのだろうか。それとも、冷害は普及の起爆剤としての役割を果たしただけであり、本質的には異なる要因が普及の根本を支えているのだろうか。

ここでは、あえてこうした「冷害神話」と距離を置き、異なる側面から環境保全米づくりが普及し継続してきた要因を探っていきたい。注目するポイントは次の三点である。まず、制度設計の側面から、環境保全米づくりがどのように運用され、どんな利益を誰にもたらしているのかを検証する。次に、冷害以前の初期導入について、誰がどのような経緯からリスクのある初期導入に踏み切ったのかを確認する。最後に、長期的な継続性について、地域農業者はどんな動機から環境保全米の生産を続けてきたのかを明らかにする。

⦿他の地域とくらべた有利な条件

ＪＡみやぎ登米は、宮城県内の他の地域農協とくらべて環境保全米の取り組み比率が圧倒的に高い（表4―1）。管轄地域にあたる旧登米郡は広大な穀倉地帯を形成しているため、面積換算でもＪＡみやぎ登米が県内トップである。第3章でみたように、環境保全米づくりは二〇〇七年以降、県下ＪＡグループ全体での施策として位置づけられているが、ＪＡみやぎ登米の取り組み比率に迫る地域農協は出てきていない。

沿岸部の農協では、二〇一一年三月の東日本大震災で津波による被害を受けたところも多い。ＪＡみやぎ登米と隣接していたＪＡ南三陸（現在はＪＡ新みやぎ南三陸地区本部）では、震災前の二〇一〇年には環境保全米の作付面積は三五ヘクタールだった。しかし被災後、環境保全米の作付面積は低迷し続けている。ＪＡみやぎ登米管内においても震災による家屋の倒壊や地割れが起こったが、内陸に位置するため、津波による被害を受けることはなかった。しかしながら、震災以降、とくに有機栽培に力を入れてきた南方地区では風評被害による売り上げの低迷が続いている。

ＪＡみやぎ登米の取り組み比率の高さは、さまざまな条件が重なったがゆえの産物でもある。Ｇ氏のリーダーシップや先述した冷害のタイミング、南方地区と中田地区における先進的な取り組みの経験などもそうだが、それ以外にもＪＡみやぎ登米はさまざまな条件において恵まれている。

［表 4-1］宮城県内JA別の環境保全米作付面積の推移および構成比と被災面積（2010年，2011年，2015年）

	2010年		2011年			2015年	
JA名	作付面積（ha）	構成比	作付面積（ha）	構成比	被災面積（ha）	作付面積（ha）	構成比
仙台	1,014	21.7%	600	24.3%	2,000	822	21.6%
岩沼市	3	2.3%	0	0.0%	29	0	0.0%
名取岩沼	333	13.2%	90	13.3%	1,800	506	24.1%
みやぎ亘理	577	21.4%	60	7.5%	3,300	545	27.7%
あさひな	1,000	27.0%	1,027	31.3%	2,160	1,045	30.5%
みやぎ仙南	3,173	42.9%	2,950	40.1%	-	2,652	38.4%
古川	986	21.7%	845	17.3%	-	777	17.0%
加美よつば	566	11.1%	683	13.5%	-	298	6.7%
いわでやま	337	18.3%	304	16.6%	-	141	8.9%
みどりの	2,798	33.3%	3,064	36.0%	-	2,467	33.1%
栗っこ	5,555	55.4%	4,655	46.7%	-	3,895	41.6%
みやぎ登米	8,800	82.7%	8,825	77.1%	-	7,561	76.5%
南三陸	35	3.0%	1	0.1%	526	10	1.2%
いしのまき	3,996	49.6%	3,660	50.9%	-	2,880	40.0%
合計	29,172	28.8%	26,854	26.8%	9,815	23,599	37.1%

注1：2020年に，JAあさひな，JAいわでやま，JAみどりの，JA栗っこ，JA南三陸の県北部地域5JAは合併し，JA新みやぎとなった．
注2：JAみやぎ登米の環境保全米作付面積および構成比の数値は，JAみやぎ登米提供資料とNPO環境保全米ネットワーク事務局提供資料とで若干異なっている．
出所：NPO環境保全米ネットワーク事務局提供資料より作成．

まず、管内のほとんどの地域で水田の基盤整備事業が進んでいる。そのため、多くの水田が機械作業のしやすい大きくて四角い水田であり、かつ水管理も容易だ。とくに水管理のしやすさは除草剤の効き目を大きく左右するため、圃場整備の進んだ田んぼほど除草剤を減らしやすいともいえる。

地理的な自然条件としては、平野部がひろがっているため、山林からの雑草や害虫の流入が少ない。管轄地域である旧八町域の中で最も環境保全米の割合が少ない東和地区は、管内で唯一、中山間地域に指定されている。渓流沿いでキャンプができる河川公園（三滝堂ふれあい公園）があり、林業も盛んな地域だ。東和地区の農協職員によると、東和地区では山あいに位置する小さな水田も少なくなく、平野部にある水田にくらべて環境保全米の栽培基準を守りながら生産を続けることは難しいという。

また、ＪＡみやぎ登米の近隣にあるその他の地域農協では、一時期は環境保全米施策にかなり注力していたが、高原地帯であることから、東和地区の例と同じく環境保全米の生産を続けることが難しかったという。この農協は、調査当時には「できる範囲でやっていこう」と方針を変更し、環境保全米Cタイプより基準を緩和した減農薬栽培を中心的な施策と位置づけて推進している。農業は、その土地の自然条件と折り合いをつけながら営まれる生業である。したがって、実際問題として、除草剤や殺虫剤、殺菌剤を減らしやすい立地というのは存在する。

こうした地理的な条件の有利さに加え、畜産が盛んな地域であるということが堆肥の自給による化学肥料の削減を可能としている。この地域では、先述したように、牛や豚の繁殖・肥育が盛んであり、とくに肉用牛の仔牛は県のブランド牛である仙台牛として肥育されるため、数多く出荷されている。そのため、この地域では牛農家と米農家が糞と稲わらを物々交換する（牛糞は堆肥となり、稲わらは牛の寝床となる）習慣が残っており、環境保全米運動が始まる前から堆肥の利用が日常的におこなわれていた。また、家畜の糞尿を処理する有機センターが七カ所あり、知り合いに牛農家がいない者や、知り合いから譲り受ける分だけでは足りない者は有機センターや道の駅などの市内各施設にて堆肥を購入することができる（写真４－１）。

［写真 4-1］道の駅で販売されている有機センターの堆肥（登米市米山町）
撮影：筆者

加えて、カントリーエレベーターの数の多さも有利な条件として働いている。ＪＡみやぎ登米には、収穫した米を貯蔵するカントリーエレベーターが合計で七カ所あり、施設ごとの貯蔵庫の数も多い（写真４－２・写真４－３）。塔のようにそびえるカントリーエレベーターは、内部が筒状になっており、出荷に備えて品種や生産タイプごとに米を分けて貯蔵しなければならないのだが、環境保全米施策を始めると、同じ品種の米であっても慣行栽培用の貯蔵庫と環境保全米用の貯蔵庫がそれぞれ必要となってくる。つまり、たとえ生産量が変わっていないとしても、これまでの二倍の数

［写真 4-2］ JAみやぎ登米のカントリーエレベーター
写真提供：JAみやぎ登米

［写真 4-3］ カントリーエレベーターの内部
（登米市南方町）
撮影：筆者

の貯蔵庫が必要となる。そのため、ＪＡみやぎ登米のようにもともと多くの貯蔵庫をもっていた地域であれば問題ないが、カントリーエレベーターの数が足りなければ、環境保全米を慣行栽培の米と分けて貯蔵することができない。現実的には、ある施策のためだけにわざわざカントリーエレベーターを新設できるほど経営に余裕のある地域農協はほとんど存在しないため、カントリーエレベーターの貯蔵庫の本数によって生産施策に制限がかかってくることも考えられる[2]。

以上のように、ＪＡみやぎ登米には環境保全米の生産がしやすくなるような既存の条件が揃っている。こうした条件的な有利さを捨象してしまうと、どこまでが登米だからできたことで、どこからが他の地域にも当てはめることができるのかといった、固有性と普遍的な妥当性との境界線が見えづらくなってしまう。こうした線引きを意識しつつ、次節以降では、ＪＡみやぎ登米においてどのように環境保全米が導入され、そして継続されてきたかをみていこう。

2　なぜ取り組みやすいのか

ＪＡみやぎ登米では、調査当時まで一五年にわたって約八割の水田で環境保全米づくりの取り組みがおこなわれていた。環境保全米には大きくＡ・Ｂ・Ｃの三つのタイプがあるが、環境保全米を生産している水田のほとんどがＣタイプでの取り組みである（表４－２）。そのため、以下で紹介する事情はすべておおむね環境保全米Ｃタイプに当てはまることであり、有機栽培であるＡタイプやそれに近いＢタイプはまた事情が異なる。

ここでは、環境保全米Ｃタイプについて、制度設計の側面からその取り組みやすさについてみていこう。なお、以下では単に「環境保全米」と表記されている場合、それはＣタイプを指している。ただし、たとえば栽培基準にかんする話題など、とくに「環境保全米Ｃタイプ」と表記した方がわかりやすいと判断した部分については、そのように表記してある。

［表 4-2］JAみやぎ登米における環境保全米のタイプ別作付面積および慣行栽培の作付面積（2015年度）

	作付面積（ha）	構成比
Aタイプ	66.00	0.8%
Bタイプ	22.90	0.3%
Cタイプ	7,218.90	82.9%
慣行栽培	1,405.40	16.1%
合計	8,713.20	

出所：JAみやぎ登米提供資料をもとに作成.

⦿どんな経済的利益が生まれたか

まず、環境保全米がどのような経済的利益を生んでいるのかについて、農協が得た経済的利益と農業者が得た経済的利益とに分けてみていこう。

第3章でも指摘したように、ＪＡみやぎ登米では環境保全米施策を「売り切る米づくり運動」と位置づけ、食糧管理法廃止以降の産地間競争の熾烈化およびそれにともなう米価の下落への対応策としてきた。そして実際に、環境保全米施策が商業的な成功を収めたことはすでに確認したとおりである。

具体的には次のようなことが起こった。まず、ＪＡみやぎ登米では、全農（都道府県ごとに存在する地域農協の上位組織。宮城県の場合はＪＡ全農みやぎ）を通じた委託販売における契約栽培の数が、環境保全米施策が始まる前年の二〇〇二年には二社だったのに対し、施策九年目の二〇一一年には二一社まで大きく伸びた。契約栽培の件数が増えたということは、「ＪＡみやぎ登米管内でつくられた米が欲しい」という卸業者からの指名が増えたということであるが、これには全農が卸業者との間に入って情報交換や交渉をおこなってくれたことによるところが大きい。ＪＡみやぎ登米としては足を運べないタイミングでも、全農が代わりに東京まで出向き、卸業者との交渉を進めてくれたこともあったという。こうした全農との関係性は、環境保全米の生産をきっかけとして構築されたという。

加えて、集荷量に占める直接販売米の割合も、二〇〇二年の五％から二〇一一年には三〇％まで成長した。地域農協が集荷した農産物の流通経路は、集荷した農協が卸業者と直接的に取引する直接販売と、全農への出荷という二種類に大きく分かれる。卸業者への直接販売が増えると、全農を通じた委託販売分のかかり増し経費が削減できるだけでなく、全農への出荷の場合には地域ごとに一律化された価格での買い取りとなるものが、卸業者との間で価格交渉の余地が生まれるため、こうしたコストの削減分や利益の加算分を農協の利益としたり、農業者へ還元したりすることができる。

このように考えると、経済合理的には直接販売の割合を増やしていった方が地域農協や管内の農業者にとっては利得が増えるように感じられる。しかし、農協職員によると、全農との良好な関係性を維持するためといった社会関係的な理由や、より安定した販売網というリスク管理的な理由から、全農への出荷を減らすことが合理的とは一概にはいえないのだという。一方で、地域ブランド米としての付加価値を認めてくれるのはより市場原理に即した卸業者であるため、農業者への利益還元を重視するならば、必然的に直接販売の割合は高くなっていく。JA全農みやぎは環境保全米に対する加算金を設けていないため、慣行栽培にくらべて環境保全米をより高値で売るためには、卸業者との契約を増やしていくしかない。

全農としては環境保全米に加算額を設けていないものの、JAみやぎ登米では独自の施策として、環境保全米Cタイプに対し、慣行栽培にくらべて一俵（六〇キログラム）あたり一〇〇〜三〇〇円程度の加算金を設けている。米価の低迷に歯止めがかからない現状において、こうした加算金は農業者のモチベーション維持につながる。

しかし、他の先進地域とくらべてＪＡみやぎ登米の加算額が特別に高いというわけではない。自治体独自の助成金制度がないため、その捻出方法は基本的には市場競争に委ねられている。これは単に環境保全米が高く売れた差分を還元しているというわけではなく、たとえばあえて付加価値をつけずに慣行栽培米と同程度の価格で卸し、慣行栽培市場内での優位性を高めることで早めに売り切って在庫管理コストを浮かせたり、卸業者に対して倉庫まで受け取りに来ることを販売条件として追加することで輸送トラックの費用を浮かせたりするといった営業努力の賜物でもある。もちろん、環境保全米の価値を理解してくれる一部の卸業者は慣行栽培よりはいくぶん高値で取引してくれるのだが、そのような業者は決して多くはない。過去には一度、予想外に環境保全米が売れ残り、農業者にすでに支払っていた加算金を口座から回収したこともある。この「口座から差し引かれた」という予想外の出来事は、今では農業者の間で笑い話として語られている。

以上のような環境保全米施策を軸とした販売戦略と営業努力の結果、農協職員の話では、ＪＡみやぎ登米は一俵あたりの農業者の手取り額が県内で最も高いという。

また、環境保全米施策を始めたことで、それまで以上に生産工程や使用可能な農薬・肥料が農協単位で統一されたため、卸業者からは味や品質が一定であるという評価を受けるようになった。卸業者としては、品質にばらつきがある産地からの買い入れはリスクをともなうので、より品質が安定した米を出荷できる産地の方が好まれる傾向にある。

さらに、ＪＡみやぎ登米の場合はほとんどすべての水田が環境保全米に転換したので、卸業者にとっては一定のロット数が確保できることも魅力的だ。加えて、生産工程で使用できる農薬がある程度統一されたことによって組合員の農業資材購入率と集荷率が回復し、先述の「農協離れ」の経済的な側面を食い止めることにもつながった。

しかし、長らく続く国内での米消費の減少は、米どころの登米にとっては差し迫った課題であり続け、いかにして産地として生き残りをかけるか、これまで数々の対策に取り組み続けてきた。環境保全米施策はまさにそうした「生き残り戦略」の一つであるが、このほかにも、畜産が盛んな地域であることから飼料米生産の取り組みがおこなわれていたり、二〇一八年からは環境保全米の輸出事業にも力を入れ始めている。飼料米・輸出米の生産はどちらも農政の助成金プログラムと連動しており、少しでも管内農業者の所得を向上させるため、積極的に制度を利活用しようとする姿勢がとられている。

輸出米は二〇二〇年には管内四三五ヘクタールで生産されており、主な輸出先は香港、アメリカ、タイなどである。とくに、香港での評判は高く、二〇一八年から二〇一九年にかけて輸出量が二倍以上に増加している。また、低価格で安定した品質の米を求める輸出事業者への対応として、二〇一九年より多収性品種の「つきあかり」の生産が始まっている。つきあかりは、これまで環境保全米の主な品種であったひとめぼれよりも一〇％ほど収穫量の増加が見込める品種であり、輸出米用の品種として生産が拡大している。

◉リスクへのレジリエンス

次に、環境保全米の生産工程についていてみていこう。まず、継続性に寄与しているしくみとして、リスクを軽減するための柔軟な制度設計がある。環境保全米の登録方法は、①春先にどの水田を環境保全米とするのかを農協に申告する、②その後二回の途中経過報告を提出し、③収穫後に最終報告を提出するというものである。以上のプロセスを通過することで、登録した水田で収穫された米を環境保全米として農協に出荷できる。こうした手続きは、基本的には環境保全米独自の施策というよりは、Cタイプが準じている農林水産省の定めた特別栽培米の基準に従っておこなわれている。

環境保全米（特別栽培米）の利点として、毎年、環境保全米としてどの水田を登録し、どの水田は外すのかということを農業者が選択でき、また栽培途中であっても、農業者の判断で慣行栽培とすることができるという点があげられる。たとえば、これが有機ＪＡＳ認証の場合だと、最後に農薬・化学肥料を使用した年から一定期間（水稲の場合は三年）は「有機栽培」と名乗ることが法律上禁止されている。こうした例にくらべれば、毎年、環境保全米と慣行栽培の水田を行ったり来たりできるという柔軟性は、農業者にとっては利点となる。なお、環境保全米Ａ・Ｂタイプは認証団体である環境保全米ネットワークが直接農地や農業者を認証・監査する体制がとられているが、Ｃタイプでは大規模生産にかなうマネジメントシステム認証（ＭＳ認証）という手法が採用されている。これは、農協と農業者の間で策定した生産工程を認証団体がチェックするという認証方法であり、農業者個人での監査対応やその他事務的な手続きの負担が軽減されるしくみとなっている。

のちほど農業者へのインタビューでも出てくるが、農業者の中には、「とりあえず最初は環境保全米」というように、まずはすべての水田を環境保全米の基準で栽培し始め、雑草や病害虫などで追加の農薬が必要になった水田だけを慣行栽培とするパターンが多い。また、雑草が一度出てしまった水田は翌年以降も状況が悪化し続けることが多いので、そういった場合は、慣行栽培として除草剤を二回（環境保全米Cタイプの場合は一回）使用して、雑草を根絶やしにすることが理想的だという。そして、翌年からふたたび環境保全米の水田として復帰させる。

また、大規模農業者ほど慣行栽培用の品種[3]もいくつか生産しており、彼らは雑草が増えてきた水田には慣行栽培用の品種を植えるという効率的な栽培をおこなっている。また、転作用の作物として生産されている大豆は堆肥にもなるため、化学肥料の使用量が制限されている都合上、土の養分が少なくなってきた頃合いで大豆の生産を挟む者もいる。

大規模農業者たちは、環境保全米をより効率的に生産し続けるためにこうしたローテーション技術を編み出しており、それを「おやすみ」といった言葉で表現している。このローテーション技術は、農業者の間で集合知として認識されているわけではなく、各農業者が自発的に編み出した知恵であると考えられる。しかし、各地区の大規模農業者は揃ってこれを「おやすみ」と呼ぶ。環境保全米（特別栽培米）としての制度設計だけでなく、こうした農業者が編み出した知恵なども組み合わさって、環境保全米の取り組みやすさはつくられている。

農業生産において、農薬を減らすことは栽培リスクや経営リスクの高まりに直結する。環境保全米の栽培過程におけるゆるやかな制度設計や農業者による知恵は、こうした諸々のリスクへの柔軟な対応力や回復力（レジリエンス）を発揮しているといえる。

⦿どこまで取り組みやすくすべきか

とくに水田において、栽培方法としての取り組みやすさとは、いかに除草作業を少なく済ませられるかに尽きるといってもよい。この点について、JAみやぎ登米で最も頻繁に、そして細やかに検討されているのが、来年度の使用農薬を決定する策定委員会である。使用農薬の種類や数は、農林水産省の定める特別栽培米としての栽培基準や、環境保全米の栽培基準ともかかわってくるため、策定委員会には県の行政職員や環境保全米ネットワークのスタッフも参加する。策定委員会では、県の農業改良普及センターによる実験データが提示されるほか、農業者からの提案もある。農業者からの提案は、基本的には生産部会員が農薬メーカーなどと協力しておこなう実証実験にもとづいている。こうしたさまざまなデータや見解が策定委員会に持ち寄られる。

JAみやぎ登米では、近年の雑草の傾向にあわせて二年に一度ほどの頻度で環境保全米の除草剤を変更している。雑草の種類には変遷があり、また同じ農薬を使用し続けるとその農薬に対して抵抗性をもった雑草が生えてくるので、使用する農薬を変更し続けていくことが環境保全米栽培の継続しやすさにつながっていく。害虫であるカメムシの動向も一五年のうちに刻々と変化している(4)ため、毎年の実証実験による農薬の再審査は重要となってくる。

こうした農薬選定のプロセスのほかに、近年では農協や農業者の側からも環境保全米づくりを継続しやすいかたちへ組み替えようとする動きが出てきている。それが畦への除草剤の散布の要望である。

近年、環境保全米づくりに取り組む農業者の間で課題となっているのが、畦の除草作業である。登米においても農業者の高齢化は進行しており、まだ余力が残っている農業者に対する農地の委託が増えてきている。このとき、委託された農地があちこちに散らばっているため、委託農地が増えれば増えるほど管理しなければならない畦の総距離も伸びていくという問題が発生する。今後の整備事業によって農地集積ができれば効率的なのだが、登米では基盤整備事業の実施が早かったこともあり、新たに農地集積を進めている地域にくらべると一つひとつの田んぼの区画は小さく、その分、畦も多い。

現在の環境保全米の栽培基準では、畦への除草剤の散布は禁止されている。これが、JAみやぎ登米管内において大規模農業者ほど環境保全米栽培の継続が厳しくなりつつあると考えられている理由である。畦への除草剤の散布を認可してほしいと考えている農協や農業者は、認証団体である環境保全米ネットワークに対して、稲刈り後の生きものが見られなくなった一〇月末に、通常よりも二倍から三倍に薄めた除草剤を一度だけ散布するという方策を提案している。こうした配慮を講じたうえでの散布であれば、環境保全米がこれまで大切にしてきた地域環境を保全するという理念に反していないというのが、農協・農業者としての言い分である。これは、農協・農業者がこれからも環境保全米づくりを続けていきたいと考えているからこそ発せられている主張だ。

環境保全米ネットワークの総会では、毎年のように畦への除草剤散布の要望が農協や農業者から出されている。しかし、環境保全米ネットワーク事務局のX氏は、「今のところ折れるつもりはない。そこを折れたら環境保全米ではなくなってしまう気がする。他県が畦畔《けいはん》に撒いているからといって、うちも撒いていいというわけではないと思う」[5]という見解を示しており（他県の特別栽培米では畦に除草剤を散布しているという例がある）、現状では議論は平行線をたどっている。

3　誰が最初に転換したのか

次に、冷害をきっかけとした登米全域での転換が起こる前の二〇〇二年から二〇〇三年にかけて、誰がリスクの高い先行的な初期導入に臨んだのかを、とくに「生産部会」による情報伝達の面から検証していく。先述したように、JAみやぎ登米管内では、環境保全米の地域的な普及は冷害によって後押しされたとする見方が有力である。しかし、冷害が起こる前の時点で、冷害が起こった際に通常の水田と比較対象となる環境保全米の水田が存在していなければ、冷害をきっかけとした転換は起こりえない。また、広域合併で生まれたJAみやぎ登米の管内で、どこか一つの町域だけが環境保全米づくりの取り組みを先行して始めていても、その結果が登米市全域ですぐに共有されたとは考えにくい。したがって、冷害時には、すでに各町域でそれぞれ先行して環境保全米づくりを始めていた農業者がいたと考えるのが妥当である。

それでは、登米において、一般的にリスクの高い環境配慮型農法の先行導入者となったのはどんな農業者たちだったのだろうか。ここでは、「生産部会」の役割に注目して、先行導入の経緯をみていこう。

⦿生産部会とはどんな組織か

生産部会とは、目的を同じくする農業者が農産物のつくり方や販売手法について互いに研鑽を重ねながら生産所得の向上を目指すための組織である。こうした目的のため、生産意欲の高い農業者ほど生産部会に加入する傾向がある。生産部会は作物ごとに組織されており、農協職員と協力してさまざまな活動をおこなう。なお、本書には稲作部門以外の生産部会は登場しないため、ここでいう生産部会とはすべて稲作部門の生産部会を指す。生産部会の活動内容は、先進地域や卸業者・卸市場の視察から、スーパーでの店頭販売、イベントへの参加といった販売促進活動まで多岐にわたる。また、農協職員や農薬・肥料メーカーと共同で新しい薬剤や肥料の試験的な導入をおこなったり、害虫の生育調査などの農業技術や生産効率の向上にかかわる研究活動もしている。さらに、これはすべての生産部会でおこなわれているわけではないが、地域の小学校へ環境保全米関連の出張授業に出向く部会もある。また、これもすべての生産部会というわけではないのだが、一部の品種や栽培手法については、生産部会員限定の取り組みとしているところもある。

生産部会がどんな目的を掲げており、どこに所属する組織であるかをより明確にするため、ここでは一度、生産部会としての活動が最も盛んな南方町水稲部会の規約を例として、生産部会の組織概要を確認しておこう。南方町水稲部会の目的は、「部会員のコミュニケーションと農業経営向上を図るとともに、環境創造型の農業・農村社会づくりを積極的に推進する」ことであり、生産部会員になるための資格として、「みやぎ登米農業協同組合員かその家族」という規定が設けられている。事業内容は、「1.稲作経営、稲作技術に関する事項、2.環境創造型農業に関する事項、3.生産者と消費者の交流に関する事項、4.食農教育に関する事項、5.その他目的達成に必要な事項」となっている。事務局はJAみやぎ登米の南方支店営農経済センター内に置かれており、生産部会を担当する職員が配置されている。以上から、生産部会とは営農のための組織であり、農協に所属する組合員農業者のみに入会の権利があり、農協からの支援を受けながら営農にかかわる多様な活動をおこなう組織であるということがわかる。

JAみやぎ登米管内の生産部会は、合併前の地域農協単位での結びつきが強固であるため、現在も旧町域単位で活動している。それぞれの生産部会が掲げる目的は町域によって異なり、それが旧町域ごとの生産部会の名称にも反映されている。たとえば、農業技術の研究を中心的におこなうという設立目的をもつ石越地区の生産部会は「石越水稲研究会」であるが、迫地区では生産についてはそれぞれの農業者がすでにノウハウを蓄積しているため、むしろ経営部門に重点を置くべきだという考えから「迫水稲経営部会」という名称になっている。

JAによる環境保全米施策が始まった二〇〇三年当時にはJAみやぎ登米管内全域で約五〇〇

名の生産部会員が在籍していたようだが、調査時では生産部会員は三一二名に減少していた（表4-3）。なお、二〇一五年のＪＡみやぎ登米の正組合員数は一万六二一〇名である。以前にはもっと多くの農業者が生産部会に参加しており、栽培技術の研究や経営のあり方について日夜白熱した議論が交わされていたというが、近年では新規の入会者はほとんどいない。

先ほども紹介したように、ＪＡみやぎ登米では旧八町域の生産部会の上位組織として稲作連絡協議会が存在する。広域合併の直後の二年間（一九九八—九九年）は、各町域の地域農協単位（ＪＡみやぎ登米の組織構造でいえば支店にあたる）でそれぞれの施策が進められていた。しかし、それではＪＡみやぎ登米単位での取り決めが困難であるとして、各町域単位でのまとまりを保持しながらも統一した意思決定がおこなえるようにと、最上位の意思決定機関として稲作連絡協議会が二〇〇〇年に組織された。稲作連絡協議会には、各町域の生産部会から部会長、副部会長、書記の合計三名の役員が出席し、全八町域で二四名の協議会員が集まる。環境保全米のように、ＪＡみやぎ登米単位での施策を考える際には、稲作連絡協議会での審議を経たのちに、役員たちがそれぞれの生産部会員へ伝達するという連絡系統になっている。

［表4-3］旧町域別の生産部会員数（2015年）

旧町域名	部会員数（人）
迫町	28
登米町	16
東和町	22
中田町	42
豊里町	22
米山町	43
石越町	28
南方町	111
合計	312

出所：JAみやぎ登米提供資料をもとに作成．

⦿どのように転換の経験は語られるか

さて、生産部会の概要がおおむねわかっ

たところで、ここからは生産部会員への聞き取り調査の結果をもとに、どのようにして生産部会員の間で環境保全米への転換がひろまっていったのかを追っていこう。まず、農協合併前の一九九七年の段階から、なかだ環境保全米協議会に在籍しながら環境保全米（Bタイプ）を生産していたI氏のケースをみてみよう。I氏はなぜ環境保全米に転換したのだろうか。

たとえば今回のあなたの紹介のように、彼〔農協職員H氏〕が事務局やってたもんですから。やっぱり自分〔が頼む側だった〕としても頼みやすいところに頼むよね。そういう取り組みなの。ある意味では。(6)

このようにI氏は、以前から親交が深かった農協職員からの依頼であったことを、環境保全米の取り組み理由の一つとして話している。

次に、米山地区のJ氏のケースをみてみよう。J氏の場合、環境保全米の意味するところはよくわからないが、農協の施策であるなら「とりあえず」取り組んでみようと考えたという。

んー、農協の方でそういう方針を出したんで、まあとりあえず、うん、まあ農協、環境保全米っていうかたちで、そういった指針どおりにつくって出荷すれば、まあ悪いようにはしないだろう、と（笑）。だから、最初のうちはね、「環境保全米ってなんや？」っていう話だったね。完全有機でもないし。(7)

続いて、環境保全米施策の導入が議論されていた時期に、稲作連絡協議会の会長を務めていた東和地区のK氏のケースである。彼はなぜ、環境保全米に転換したのだろうか。

で、〔当時の組合長だったG氏が〕来たんだべや。協議会の会議に。「環境保全米やっべ」っていう話でさ。で、「職員は俺が説得すっから、農家はあんたたち頼む」。俺たち簡単さ、部会五〇〇人にまず協力してもらう。まず各町域で、部会の幹部たちで、役員たちで取り組もう。(8)

彼の場合は、当時の農協組合長G氏に直談判されたことをきっかけに、二〇〇二年から「経過措置米」として、つまり農協単位での環境保全米施策が始まる前年度から環境保全米づくりに取り組んでいたという。

同じく、石越地区のL氏の場合も、環境保全米が「本格的になる前」から先行して取り組んでいたという。

いざその全体で取り組む前からなんか試験的にやってあったから。別に何も変わらないし、かえって農薬も半分になるし、農薬代かからないからいいのかなって、最初は単純なアレだけど。本格的になる前から俺たち二年ぐらいやってたね。そのときはまだ少人数でやってたから面積も大したことなかった。結局、最初〔に環境保全米の〕話は部会の中に来たね。最初、部会の中で、当時の部会長さん、名前ちょっと忘れましたけど、「〔他の町域で〕やってるから石越でもどうですか」っていう話で。それから各町域にひろがっていって。どうせならば農協全体でってなったのが、その二年後だったか三年後だったか。その頃からずっと環境保全米は取り組んでいる。反対はなかったね。(9)

L氏の場合、当時の石越地区の生産部会長の声がけに賛同し、農協全体での取り組みとなる以前から環境保全米づくりにチャレンジしていた。また、生産部会の中ではとくに反対はなかったと記憶している。

次に、東和地区のM氏は、先述した東和地区の当時の生産部会長だったK氏から勧誘されたというが、M氏の場合は農協単位で環境保全米施策に取り組むことが決定した後で協力を依頼されていた。

その当時、部会長だった人〔K氏〕の勧めで。……今回、この減農薬、環境保全米をこういうかたちでやるんだと。まずは全部の面積のちょっとでもいいから協力してほしいと。そういうふうにして始まったんです。俺の場合は五反の田んぼそれ一枚協力するからってことで、五反でスタート。(10)

M氏のように、いくつか持っている水田のうち、最初は一部だけ試験的に導入したという例はほかにもある。豊里地区のN氏も、当初は生産部会内のすべての者が導入したわけではなかったことを覚えている。

やっぱり不安はあったんじゃないですか、一年目はとくに。ほんとの最初の一年目は部会だけしか。ほかの人、誰も来ないから。一五名〔当時の豊里地区の生産部会員の数〕っていっても、〔一年目から始めたのは〕全員じゃないからね。やっぱり「ダメだ自信ない」って。(11)

一方、迫地区で当時、生産部会長をしていたO氏は、「いやいやながら」も初年度から全面積を環境保全米に転換したという。

O氏：あ、やるときは全部。だって種もみが一気にそうなっちゃったから、やるときは全部〔環境保全米施策では、農薬を減らすために種もみの消毒剤の使用を止め、代わりにお湯で種もみを消毒する温湯消毒という手法をとっている〕。結構守ってましたね、私は。部会の方で肥料・農薬の試験やってくれっていうの以外は全部ですね。

筆者：全部でどれくらいですか？

O氏：私はほんとに少ないので、五、六町歩くらいですね。

筆者：それは結構、チャレンジというか……

Ｏ氏：〔筆者が言い終わらないうちに〕うん、冒険だよ冒険。ほんとに冒険ですよ。でも米穫れるもんだね。手かけないってことなんだろうけどさ、ほんとに穫れるもんだね。土と水なんだべなあ。そんな強くない除草剤でも草出ないしさ……。穫れるもんなんだなあって（笑）。だって〔使う農薬が〕半分だよ？[12]

Ｏ氏のケースでは、農薬の使用量を従来より半減させるという、農業者にとっては「冒険」といえるほどリスクのある選択を「やるときは全部」と言って、初年度からすべての水田を環境保全米に転換していた。

また、次の豊里地区Ｐ氏のケースでは、むしろ農協とともに地域農業者を説得する方に回っていたという思い出が語られている。

その頃ね、私その前に農協青年部の役員してたんで、むしろ当時Ｇさんと一緒に「こいつはやんなくてはなんねえんだよ」って言ってる方だったんで（笑）。あー、そしたら俺も〔平成〕一四年〔二〇〇二年〕からつくってんのかなあ。その頃、部落で説明会やったときにノートかなんか車にいっつも積んでて、この日こんな作業したよって書かなくてはなんねえよって指導してたんだよ（笑）。指導っつうか提言っつうの？　んだね。ただ単に農薬減らすってんじゃなくて、環境に対応する稲、作んなくてはなんねえんだよって。[13]

P氏はこのほかにも、環境保全米の導入にあたって、生産部会員でない農業者からの質問に答えていたという。たとえば、除草剤は本当に一回で効くのかという質問に対しては、「水持ちのいい田んぼならCタイプにしてかまわねえよ」と説明していたのだという。

⦿なぜ転換できたのか

ここまで紹介してきた七人以外のケースも含めて、今回インタビューに応じてくれた生産部会員は、その多くが二〇〇三年の施策初年度かそれ以前の経過措置米の時期から環境保全米づくりに取り組んでいた。なかにはP氏のように、農協と一緒に管内農業者に普及する役目を担っていた者もいた。このことから、環境保全米の初期導入においては、生産部会が大きな役割を果たしたのではないかと考えられる。ではなぜ、生産部会員たちの多くはリスクの高い先行的な初期導入に賛同したのだろうか。

まず、生産部会員の語りからみえてきたのは、環境保全米が農協の施策として実施されたことが生産部会員にとっては大きな安心材料であり、よりどころであったということだ。J氏が当初、「まあ悪いようにはしないだろう」と考えたように、生産部会員にはこれまでの経験上、農協の提案に乗ることで自身になんらかの不利益が起こることはないだろうという判断があった。長らく生産部会に在籍している生産部会員たちは、農協とともに地域農業の振興に取り組んできた者たちであり、利益を共有する「安心」の関係をこれまで築いてきた。(14) そのため、多くの生産部会員たちは農協や生産部会長から環境保全米の導入を提案された際に、そこまでの心理的な障壁を感じなかったのではないかと考えられる。

もう一つ考えられるのが、農協の方針や施策には従うべきであるという権力的な作用が働いた可能性だ。とはいえ、インタビューにもあったように、生産部会員たちはそれぞれのもつリスク感覚から、「ダメだ自信ない」と初年度は見送ったり、持っている水田の一部だけを転換したりしているので、もし権力的な作用が働いていたのだとしても、それは強権的な作用というよりは潜在的な規範意識に近いだろう。たとえば、P氏のケースにおいて、P氏は明らかに農協の新しい施策を普及する側に回っている。これは、農協の施策には従うべきであるという規範を内面化しているからこそとられた行動だと考えられる。

以上のように、JAみやぎ登米においては、生産部会員の多くが環境保全米の初期導入に挑んでいた。生産部会員らは農協との「安心」の関係や、農協の施策には従うべきであるという潜在的な規範意識から、リスクの高い初期の導入に対しても比較的抵抗なく受け入れることができたのではないかということが考えられる。つまり、「冷害神話」の背景には、リスクのある先行導入を受け入れた各町域の生産部会員の姿があり、彼らは環境保全米が農協の施策であることや、生産部会内での依頼であるということにいくぶん安心感を感じて、先行導入に踏み切っていた。

4　なぜ取り組み続けているのか

次に、地域農業者がどのような理由から環境保全米づくりに取り組み続けているのかを検証していこう。ここでは、生産部会員七名の聞き取り調査から、それぞれがどんな動機や価値づけにもとづいて環境保全米づくりを継続しているのかを確認する。

⦿「安全・安心」を求めて――Q氏のケース

迫地区のQ氏[15]（男性、六〇代）は、妻、息子夫婦、孫三人の七人暮らしである。畜産はおこなわず、これまで稲作一本でやってきた。調査当時は自作地が六町、請負耕作で五町、作業委託で二町の計一三町を耕作していた。毎年、すべての水田でまずはCタイプの基準で栽培を始める。しかし、中には「手が回らない」ところも出てくるため、そういうときには「一般米に落とす」。手が回らなくなるというのは、主に除草作業のことで、除草剤の散布時期を逃すと「一目瞭然」となるくらいに雑草が繁茂する。後継者はいるにはいるが、作業を担っているのは自分と妻の二人だけで、とくに機械作業はほとんど自分が担当であるため、代《しろ》かきをしてから田植えという工程を一人でやっていると、もう一五日が過ぎてしまう。本当は代かきから一週間以内に田植えができれば一番除草剤が効くのだが、なかなかそうもいかない。とはいえ、前年度はすべてCタイプで通った。

Q氏が思うに、「たぶんね、みんなスタート時はCタイプで始めると思うんですよ。で、作業が負けて除草剤降らなくてはなんなくなると切り替える」そうだ。化学肥料についても、Cタイプより多く入れているような人は「今少ない」という。追加で除草剤などを撒いたときに残念だなどという気持ちもあるかと尋ねたところ、「うーん、農協さんここにいるからアレだけど、そういう気持ちにはなんないな〔Q氏のインタビューでは職員の同席があった〕。草に負けてしまうと、それは自分の……、手がかかんなかったっつうことだから、〔手の〕かけ方が足りなかったってこと、管理不足だから。仕方ないってあきらめる」ということだった。

Q氏は施策が始まった当初から環境保全米づくりに取り組んでいるが、その前から、「ほとんど環境保全米づくり」のようなものだったため、何の苦労もなかったという。ただし、以前は初期・中期・後期と計三回の農薬散布があったのだが、環境保全米となってからは一回となってしまったため、そのときは「効くのかな」と不安に思った。環境保全米に切り替えてからは、「うーん大変だな」と思う部分もあったが、全体的なつくりからすれば、「つっかえることなく」環境保全米づくりに入ることができたという。

以下は、筆者が、「追加払い（加算金）が出るのも環境保全米を続けている理由の一つか」と尋ねた際の返答である。

いや……、今年は出たよね。保全米で〔一俵あたり〕一〇〇円かな？　出たんだけど。そうは思ってないね。米の単価っていうのは別に……、あの……、こういうつくりしたからメリットくださいって語るよりは、もう高齢化時代だから。自分の体にいいものつくろうっていう、つくった方がいいんでは。環境保全米づくりして薬剤を少なくするのは、後々の人のためにいいんでないのかって。歳とってきたから丸くなってきたね俺は（笑）。あたりを見るようになってきたんだね。子どもたち、孫たちが害のないやつ食べていった方がいいんでないのかなっていうのは思うね。

農薬についての考え方は、環境保全米づくりを始めてから変わってきたと言い、かつて生協加入者を対象とした講演会にパネラーとして参加したときも、「そういう人たちの前でしゃべるには、今のつくり方っていうのは保証できるな、安心して出せるな」と思ったと言う。

◉農薬との「ちょうどいい」バランス――P氏のケース

前節でも登場した豊里地区のP氏[16]（男性、六〇代）は、三町ほどひとめぼれを生産している。畜産（肥育業）もおこなっており、牛を一五頭ほど飼っている。そのため、堆肥や有機質肥料にかんしてはあまり気にしたことはなかったといい、Cタイプで利用できる化学肥料の量はP氏にとっては多すぎるくらいだという。また、大豆が個人で三町、生産組合（三名）で作業している分が約三〇町ある。

調査当時は三品種の米を生産していたP氏だが、そのうち最も生産量の多いひとめぼれはすべて環境保全米ではなく慣行米として出荷している。しかし、慣行栽培としている三町のうち二町は、環境保全米と変わりない栽培基準で生産している（残りの一町は除草剤が一回分多い）。なぜ、環境保全米と変わらない基準でつくっているのに環境保全米として出荷しないのかというと、まず、収穫作業をおこなう際には、環境保全米は慣行栽培の米と混ざらないように、完全に分けて作業をしなければならない。しかし、P氏の場合、「作業場が狭い」ので、雑草が増えてきたから慣行栽培に戻したいと考えた田んぼの、「その一反とか二反とかの小さい面積」の分だけわざわざ分けて作業をすることの大変さの方が煩わしいという。こういった「兼ね合い」で、ひとめぼれは栽培工程はほとんどCタイプであるにもかかわらず、一律に慣行米という扱いで出荷しているという。

このことについて、P氏は、「この除草剤一回使った一町歩を、今から収穫作業するときに乾燥機もコンバインで刈るときも、玄米にしていくときの作業も、最後にできた米を別積みにするっていうのが、掃除から何から全部かかわってくるんで〔慣行米と環境保全米が混ざらないように、片方の作業が終わった後には機械や作業場などをすべて一度掃除しているという〕。それで、Cタイプでもいいんですが、その労力を考えたら慣行に落としてしまった方が楽だっていう。ただ単に楽なことを考えてしまったらそうなってしまったんです（笑）」と説明する。P氏にとっては、環境保全米として出荷すれば上乗せされる加算金よりも、作業の効率性や省力化の方が重要なのである。

環境保全米の基準から外れて慣行栽培となる原因は、「除草がほとんど一番〔の理由〕なんです、うちでは。菌とか虫とかは関係ないですね」ということだ。また、「地形的にどうしても、Cタイプにもっていけない田んぼ」があり、そういう田んぼを主にひとめぼれの作付け用とし、「いつでもCタイプから落ちれるよっていう」ことにしているという。

P氏は、農協の施策として始まった当初から環境保全米づくりに取り組み続けている。とはいえ、環境保全米を全面的に肯定しているわけではなさそうだった。

あの……、このままの環境保全米でいいのかなっていう。何がその環境にやさしいんだかっていう視点？　ただ単に農薬をこのくらい減らしました、それで、どれくらいが環境に対してのやさしさになってんだかはね、ある程度はあるんですけど。でもこれ以上、自分で楽ができない農業もしたくないという。薬によってだいぶ助かってるところがありますんで。ましてや今、国では大規模化に向ける人を応援するっていうふうになってるんで、そうなれば、だんだん〔環境保全米が〕難しくなってくんだべねえ。

除草作業が最も大変だというP氏からすると、現在の大規模化路線はますます環境保全米を難しくする要因となりえる。また、P氏は三年に二回ほど生産部会の販売促進活動に参加し、店頭で消費者に環境保全米の良さを直接説明する機会があるのだが、そのたびに、どんな表現をすれば伝わるのか迷ってしまうという。そうした経験もあって、「環境保全米っていいんですよっていうのを、具体的に〔何と説明すればいいのか〕、カエルが三匹だったところが八匹になりましてってこともあまりないし、メダカが絶滅危惧種だったのが増えてるわけでもないし」というように、環境保全米の何が環境にやさしいのかを立ち止まって考えてしまうようだ。

一方、筆者からの「環境保全米を始めてよかったと思うところはありますか」という問いかけに対しては、やや考えながらもしっかりとした口調で、次のような答えが返ってきた。

米に対してこだわっている部分っつうの？　それが具体的に見えてきた。その前だと、草だらけになればじゃあ農薬使えばいいんだって簡単に思ってたんですけども、でも、そうではないんだなって。根底ではそういうことが変わってますね。そうしないための労力は使ってるんです。〔除草剤を効果的に使用できるよう〕冬場に水持ちが良くなるようにするとか。その、バランスなんだべっけども、こだわりすぎるとバランスも崩れてしまう。完全な無農薬つくれって言われても面積こなせないだの、一年はよくとも来年からは無理だなって継続ができなくなる。そのバランスがちょうどいい状態。

農薬に頼りつつも、頼りすぎないための労力を投入する。米に対してこだわりをもちつつも、こだわりすぎてバランスが崩れないようにする。P氏は、現在の環境保全米（出荷の多くは「慣行米」扱いであるが）とのつきあい方を、「ちょうどいい状態」だと感じている。

⊙より高く売るために——R氏のケース

豊米《とよま》地区のR氏(17)（男性、五〇代）には、農薬・肥料メーカーとの飲み会に同席させてもらったときに、少しだけ話をさせてもらった。次の会話は、筆者が環境保全米について調べていると自己紹介した後に続いたものだ。

R氏：環境保全米は好かん。
筆者：環境保全米にはあんまり興味ないのですか？
R氏：興味ない……、興味ないっつうか、だって最初から生きものいるとこで育ってきてんだもん、それが当たりめえだと思ってるから。ホタル飛んであるいとるとかさ。山と川があるところで育ってきたからさ。川があってその横に田んぼあるっつうさ。……前はもっとトンボいたのに今、全然いねえっちゃ。
筆者：不思議に思うのは、Rさん環境保全米に興味ない感じだけど、でも今やられてるんですよね？
R氏：だって環境保全米で売んねえと全然安いんだもん。〔小さい声で〕正直なとこ、農協さ米出荷してないのさ。農協安い。
筆者：農協に出してないけど環境保全米の基準でつくってるんですか？
R氏：基準は環境保全米でつくってるよ、半分は。でも〔農協には〕その半分も売んねえ。別の会社さ来る。

R氏の場合、環境保全米の理念については「好かん」ということだが、環境保全米Cタイプの基準で栽培することで、経済的な付加価値が生まれているようだ。さらに、それを農協ではない「別の会社」に販売することで、さらなる経済的利益を追求している。昔からの米どころである旧登米郡地域では、このように民間の米卸業者が農業者に直接営業をかけてくることも多い。こうした場合、米卸業者は全農が定めた買い取り価格にいくぶん上乗せした金額を提示してくるため、農業者個人としては業者と取引した方がより高値で米を買ってもらうことができる。R氏いわく、「豊米《とよま》はこのあたりでも頭一つ飛び抜けている」地域であるため、こうした業者からの依頼も絶えないらしい。農協には、お金を借りていることと、「つきあい」があるため、「少しだけ」は出荷しているという。

◉先進地区のリーダーとして――S氏のケース

南方地区の生産部会で長年、部会長を務めているS氏(18)(男性、五八歳)は、環境保全米Cタイプだけでなく、さまざまな種類の環境配慮型農法に取り組んでいる。たとえば、JAS認証を取得した有機栽培や、無農薬栽培の一種で雑草対策としてアイガモを水田に放つ「合鴨農法」、そして農薬は除草剤の一回のみ、化学肥料は地域慣行の五〇%以下に抑えた「省農薬栽培」などである。このうち、省農薬栽培でつくった米は大手外食チェーンとの契約栽培で、南方地区の生産部会員限定で独自に取り組んでいる。

S氏が有機栽培を始めたのは一九九七年だった。この年に、環境保全米実験ネットワークから先進地区の一つとして協力してほしいとの声がけがあり、それに応えるかたちで始めたという。最初は生産部会の中でも四、五人のメンバーから始まったものだった。

しかし、有機栽培を考え始めた直接的なきっかけは、環境保全米実験ネットワークからの声がけではなく、それ以前に、京都生協からぜひ有機栽培に取り組んでほしいと提案されていたからだったという。また、もともと南方地区の生産部会は、一九九〇年代の初頭から、農薬と化学肥料を減らした特別栽培米づくりに取り組んでいた先進地区でもあった。こうした経緯が重なって、本格的に有機栽培を始めることとなった。その後、南方町農協は合併して現在のＪＡみやぎ登米の支店となり、二〇〇三年から、特別栽培米と同じ基準である環境保全米ＣタイプがＪＡみやぎ登米全体の施策として始まった。

先進地区のリーダーとして環境保全米Ａタイプを含むさまざまな有機農業に取り組んできたＳ氏としては、あとから基準の緩いＣタイプが創設されたときに何かしらの衝撃を感じなかったのだろうか。Ｓ氏にそのように尋ねてみたが、Ｓ氏としてはむしろポジティブなとらえ方をしていたようだった。

〔Ｃタイプが創設された衝撃は〕とくになかったですね。農薬を減らすということにかんしてはありがたいというか、隣が慣行水田よりもなんぼでも減らした特栽米〔特別栽培米〕の水田であった方がいいですよね。ドリフト〔他の田畑から農薬が飛散してくること〕の問題もあるんですけど、逆に言えば、地域全体がそういうふうに環境に目覚めるきっかけになれば、われわれもありがたい。

そうでないと、「なんでお前らだけ農薬使わずに高く売ってるんだ」ということを言われるから。みんなと一緒のようにつくればいいんだろうと言う人もいるし、本当に生物とか環境のことを考えながら取り組んでいる人は全体から見れば全部ではない。それに目覚める人が何人かいれば、われわれがやっているつくり方も理解してもらえるということ。難しいんですよ、なかなかそのへんが。

S氏が部会長を務める南方地区の生産部会は、先ほど紹介した省農薬栽培の取り組みのように、JAみやぎ登米の他の地区よりもさらに環境に特化した取り組みを続けてきた。JAS認証を取得した有機栽培も、震災以降は風評被害による苦境を経験しているが、S氏と有志の生産部会員でこれまで積極的に取り組んできた。また、南方の生産部会では生物多様性を保全する取り組みである「ふゆみずたんぼ」(冬期にも田に水を張る手法で、水鳥などの寝床をつくる等の目的がある)や水田魚道(田に魚が遡上できるようにするための装置)、ビオトープも整備している。これらはすべて南方地区の独自の取り組みとして、生産部会員によって維持管理されており、生産部会員によってつくられた無農薬・無化学肥料栽培の米は、「めだかのおたより米」として独自に販売されている。これほどまで環境に特化した複数の取り組みを精力的におこなっている生産部会は、JAみやぎ登米の中ではほかに存在しない。環境保全米Cタイプの基準ができた当初は、基準の緩いCタイプの栽培を生産部会員に対して禁止していたくらいだ(数年後には解禁され、今はS氏を含め、生産部会員でもCタイプを栽培している)。

こうした取り組みの中心的人物として活躍し続けてきたS氏だが、何も環境を守るためだけに、これまでさまざまな農法に取り組んできたわけではない。農村地域である南方で暮らしていくには、農業で稼ぎを生み出す必要があった[19]。

まあ、うちの方は何もない、ただ農協の指導の中で生きてきた。農協中心にどういう農業を展開していくかという。何もないんですよ。われわれが生きるのには地域が豊かになることが大前提。それには個人個人が取り組むやり方もあるんだけど、地域ぐるみで取り組むことが、産地としても、将来的にずっと永続的に続けるためにも、徒党を組んだ方がいいのかなという部分ですね。

これが大前提で、自分だけ儲かりゃいいっていうのだったらみんな個人的な立ち上げでやってますけど、そうじゃなくて、ここは農村で、何にもないとこですよね、田んぼしか。そこで生きるための一つの方法論の中でみんなでやっていくということを選択しただけです。だからまあ、いろんな、JASもあればトクサイ〔特別栽培〕もあれば、いろんな、やれる範囲でやっていこうということだったんですね。

農村にある限られた資源をどのように活かしていくか。どのようにして、地域全体の活性化につなげていくか。「JASもあればトクサイもある」という言葉が示すように、S氏にとってはどの農法も、「地域ぐるみ」で地域の新たな資源を創出するための方法である。

◉確実に売るために――N氏のケース

前節でも登場した豊里地区のN氏[20]（男性、五〇代）は、加算金が上乗せされる付加価値米というよりも、確実に売れる米として環境保全米を評価している。

まあ、加算金うんぬんより、確実に売れる米。あと、そういう加算金ていうのは、卸さんの方で「いいですね」っていうときにつけられるもので。安心安全なもので資材とかなんかでやって、卸さんならびに最終的には消費者のみなさんに行くんだけど、「こうやってつくってるんだよ」っていうのがわかってもらえれば、おのずと加算金っていうのはついてくるもんだと思ってるので、あえて加算金くださいとは要求しないし、こういう米づくりやってるんだということで、あまりお金の話まではうちの部会ではしないことにしてます。お金の話をしてしまうと、「もっと高く売れ」って言ったって、みなさんがんばってるんだから、それ以上にうちらがいいものつくれば、おのずとお金はついてくるもんだとみなさん話してっから。だから、「売ってください」と。「確実に売ってください」というのだけ。だから加算金についてはあまり言わないようにしている。もらったらボーナスだと思ってる（笑）。それでいいのかなと思ってるからほんとに。ほかの部会ではどうか知んないけど。

N氏は、基本的にすべての米の販売先が決まっているため、環境保全米に対する不満はとくにないという。「だからみなさん安心してつくれるのかなというのが一番ありますね」というN氏の言葉から想像できるように、米の売り先が決まっている状態というのは農業者にとっては非常に心強い。こうした、売ってくれさえすればいいという考えは、「『こうやってつくってるんだよ』っていうのがわかってもらえれば、おのずと加算金っていうのはついてくる」という、自身や自身の所属する生産部会の米づくりへの確信があるからこそ生まれてくるものだろう。

◉贈り物としての価値の向上――T氏のケース

米山地区のT氏[21]（男性）は、これまで聞き取り調査に答えてくれた農業者の中で最も若く、二〇代半ばほどであった。T氏は、集落一帯の農地を引き受けている生産法人（もともとは集落営農組織だったが、のちに法人化）の社員であり、農協の青年部に所属している。

［写真 4-4］環境保全米の認証旗
写真提供：JAみやぎ登米

この生産法人の扱う農地には「田んぼが少なく」、これらの田は、「飯米《はんまい》っていって、この集落の人たちに頼まれて、農協とかに出荷するんじゃなくて、この地域で食べるための米がほとんど」だという。とはいえ、これらの米もほとんどは環境保全米と同じ栽培基準で生産し、認証基準を満たしていることを示す認証旗も立てているのだという（写真4―4）。

筆者：水稲は全部、環境保全米ですか？

T氏：萌えみのりは違いますね。ただ、ひとめぼれとササニシキは環境保全米と同じ仕様でやってるんですけど、まあどうせ農協さんに出荷しないので。まあ認証が取れるくらいに同じ管理はしてるんですけど、今のところ出荷予定はないので。

筆者：じゃあ認証旗は立ててないですか？

T氏：立ってます、いちおう。

また、農協への出荷予定がないにもかかわらず、環境保全米と同様の栽培基準で生産している理由としては、「もし余ったときには農協に出荷できるように」という在庫を抱えた場合の販売先の確保と、「環境保全米って書いてあった方が、こだわりのお米なんだなあって思ってもらえるのかな」という心遣いの二つがあげられた。

筆者：ひとめぼれとササニシキは環境保全米でやってる理由って何かあるんですか？　逆にとくに理由もないからそのままやってるって感じなんですか？

T氏：うーん、そうですね……、法人になってまだ二期目なので、飯米の注文も取りまとめてるんですけど、どれくらい注文がくるのかわからないところで、多めには作付けはしてるんですけど、ある程度余裕はもって栽培してるので、もし余ったときには農協に出荷できるようにってことで、いちおう環境保全米はやってるんですね。あとはまあ、親戚とかに送ってあげるにしても、やっぱりただの宮城米よりは、ＪＡみやぎ登米っていう袋に入って環境保全米って書いてあった方が、こだわりのお米なんだなあって思ってもらえるのかなっていうのもあって、環境保全米のとおりに栽培はやってますね。後はこのへん別に田んぼも荒れてないので、環境保全米の規格で全然できるし、荒れてれば除草剤とか使いたくなって戻すかもしれないですけど、そういうのもないので、環境保全米のまんまでやってますね。

筆者：Tさんの家も親戚に米を送っている？

T氏：そうですね、たぶん全部でトンクラスになる。二トン近くうちで使ってます。一番多く注文もらう人だと、だいたいそれくらいの注文が五軒くらい入ってるんですよね。だからこの集落内だけで三〇〇袋（一袋三〇キログラム）くらいは出してます。

T氏のように、市場への出荷を想定していない飯米を扱う場合、付加価値などの経済的な動機はほとんど捨象される。また、インタビューの中では、環境保全の理念に対する言及もほとんどみられず、経済的動機や環境配慮的な動機のどちらもT氏からは言及されなかった。T氏の場合には、親戚へ贈る米（自分の親戚だけでなく、集落の人びとがそれぞれの親戚へ贈る米でもある）として、「環境保全米」という表記があった方がよいだろうという、つまり贈与品としての価値の向上が、環境保全米づくりを継続している理由としてあげられている。

⊙継承された環境保全米――U氏のケース

登米《とよま》地区のU氏(22)（男性、四〇代）は、病気がちだった父から米づくりを引き継いで今年で五年目となる。「まだ失敗も多い」が、生産部会員の「先輩たち」に日々助けられているという。「先輩たち」は、父の後輩なので何かといろいろ聞きやすいし、サポートしてくれる。たとえば、「お前んとこの田んぼ、水なかったっちゃ」と教えてくれたりする。

後継者として日が浅く、まだ米づくりの経験に乏しいU氏にとって、環境保全米を生産し続けるのはたやすいことではない。しかし、だからといって環境保全米づくりをやめようと考えたことはないという。

筆者：なぜ、つくるのが難しい環境保全米をつくってるんですか？

U氏：ずっと〔父の代以前から〕牛をやってきて、それを俺の代でどうこうしようとは思わん。朝起きて、顔洗ってご飯食べて、牛にもご飯やる。そういうふうに小さい頃から育ってきたから。それと一緒。〔環境保全米は〕もう生活の一部なの。それをやめるとかやめないとかそういう選択肢はないの。そういうふうに父ちゃんがつくってたんだから。……みんなじいちゃん父ちゃんがやってたから、そのとおりじゃないと米づくりじゃないっていう。もう根づいてる。なのさ。もう稲作イコール環境保全米なの。

U氏にとって、農業を継承するということは、農地や家畜といった資産の相続だけではなく、「生活の一部」となっている慣習の継承を意味しており、これはイエとしての伝統の継承をも意味している。こうした伝統の継承にあたり、「やめるとかやめないとか」という選択肢はそもそも存在しえない。また、これまでの手法から逸脱してしまうことも、伝統の放棄や断絶を意味する。U氏にとっては、世代をまたいで受け継がれてきたものを受け継がれてきたとおりに実践し続けようとする意志が、環境保全米づくりの継続理由となっている。

⦿有機と慣行の狭間にある選択肢

ここまでの七人のケースからみてきたように、環境保全米栽培の継続理由は多様に存在しており、自然環境の保全だけが目的とされているわけではない。さらにいえば、R氏の語りにあったように、自然環境の保全を目的とするような環境保全米には賛同していない農業者もいる。

第3節で、農協職員からの誘いを受けて環境保全米づくりを始めたと述べていたI氏は、先進地区の旧中田町域で、合併によってJAみやぎ登米が誕生する以前から環境保全米づくりに取り組んでいた人物である。彼が聞き取り調査の場で最初に切り出したのが次の内容である。

たぶんまあ、Yさん〔同じく旧中田町域の農業者〕とこで有機の話をしてきたんだと思うけどさ、私たちは今までもう三〇年こういう仕事をしてんだけどさ、メダカとかがいなくなったのは農家の責任? 農家の責任みたいな言い方、表現の仕方されますよね? ホタルとかメダカがいなくなったのが農家の責任みたいな言い方、表現の仕方されますよね? それは逆に言うと農薬を使ったからだって、たしかに農薬を使ってることは間違いはないんですけど、本当にそれが原因なのかっつうことなのよ。私たちが知りたいのは。私たち小さい頃っつうのは、用水なり排水なりの小川があるわけでしょ。それっていうのが必ず冬場も水が流れててさ、魚が棲める状態をずっと保ってるわけだっちゃ。

逆に言うと、もう九月前に用水は停止してしまうわけですよね。そしたら魚のすみかってなくなっちゃ。それから昔は全部土の川であり、大きな川でもコンクリでつくった川なんてどこもなかったでしょ。だから魚とかいたけども、たとえば農業やってる用水なり排水なりが全部コンクリートでパイプになってしまって、魚の棲める状況をそっちでなくしてるってことなの。こうやって、たとえば水は用水あがってないんですけど、逆に言えば雨は降ると。で、雨は上からの水だから、きれいな水は流れるかもしれんけど、それがないときは家庭の雑排水だっつうの。そこで、メダカが育ちますかということよ。私はそれは絶対ないと思うのね。

……だから私はたとえば農協さんだかもなんだか言うんだけどさ、結局ドジョウがいなくなった、メダカがいなくなったっていうのは、たしかに農家で薬使う。で、薬っつうのは本当に魚さ効いてんのかっつうことなのね。私たちは今、環境保全米も当然やってるし、ＣもやってるしＢもやってるしさ、Ａこそやってないですけど、ひととおりはやってんだけども、逆に言えば農薬を使わないで今、農業っていうのはできないってことなのよ。みんな高齢化なってきて、田んぼさ草出たのをさ、草とる人誰もいねえから。[23]

この語りを解釈すると、次のようになるだろう。Ｉ氏は、農地周辺での自然環境の劣化を農家の責任であるとする世間一般の風潮に反感を抱いている。農地周辺で自然環境が劣化した理由は、水路のコンクリート化や家庭の雑排水の流入などを含めて複合的に考えられるのだが、それらを考慮せずに、農薬だけが自然環境破壊の主因であるかのようにとらえられていることに対して疑問を呈している。さらに、農薬が使われている背景には農業者の高齢化があり、高齢化が進行するなかで、完全無農薬で農業を続けていくことは現実的に不可能であるということも訴えられている。

また、この話の続きでは、農薬の毒性について、「それと同時に本当に農薬が悪いんであれば、私は国の方で許可するべきでないと思ってるのよ。環境に対して悪い農薬であれば許可出す方がおかしいでしょ」という指摘もつけ加えられていた。政府の許可によって公的に認められている農薬を使うことで、なぜ農業者が批判を浴びなければならないのかという苛立ちに近い気持ちが感じ取れる。

農薬の毒性やそれをめぐる許認可の問題と、高齢化による労働力不足の問題という論点を直視せずに、自然環境の保全といった目的のもとで完全無農薬栽培が称揚されてしまうことはあってはならない。おそらく、I氏はこのような考えから、別の農業者のもとで「有機の話」をすでにしてきたであろう筆者に対して、いくぶん警戒する気持ちを込めて聞き取り調査の冒頭でこの話を持ち出したのではないかと思われる。

先に紹介した語りだけをみると、I氏が現在の農業環境における農薬の重要性をことさらに訴えているように思われるかもしれないが、ここで留意しておきたいのは、I氏は農薬を積極的に使いたがっているわけではまったくないということである。たとえば、聞き取り調査が中盤にさしかかった頃、次のようなやりとりがあった。

筆者：Gさんが組合長になって、中田町は環境保全米でいきますってなったじゃないですか？　そのときは正直なところどういう感想でしたか？

I氏：方向転換とかっていう苦労は感じなかったですね。ただ、できるんであれば、自分たちも農薬を使わないで米づくりできるんであれば、それにこしたことはないですよね。

この、「農薬を使わないで米づくりできるんであれば、それにこしたことはない」という言葉に、現在の農業者が置かれている状況が端的に語られているといえる。これは、第3章で「くろすとーく」が到達した、「農業者は構造的な弱者である」という言説にもつながる語りである。「くろすとーく」では、農薬使用の現況についてさまざまなゲストスピーカーとともにメンバーが討論を重ねた末に、農業者は現在の食と農をとりまく構造のなかで、農薬を使わざるをえない立場に置かれているとの認識が形成されていた。そして、「くろすとーく」の後継組織では、農業者に農薬の使用を迫るような現在の食と農のあり方からの脱却を目指して、地産地消型ネットワークである「朝市・夕市ネットワーク」や環境保全米運動が立ち上げられていた。

I氏の語りは、「くろすとーく」やその後継組織が取り組んできた問題を地域農業者の視点から訴えている。現在の食と農のあり方は、農業者が農薬を使わざるをえないような構造となっており、実際に農薬を使わない農業をやろうとすれば、そこにはさまざまな現実的な障壁が立ちはだかる。I氏がCタイプよりさらに基準の厳しいBタイプに長年取り組んでいながら、完全無農薬栽培であるAタイプには取り組んでいないのは、「農薬を使わないで米づくりできるんであれば、それにこしたことはない」という心情と、食と農をめぐる現状の構造下における現実的な障壁とのジレンマに挟まれたうえでの実際的な判断によるものだと考えられる。

ＪＡみやぎ登米管内で普及している環境保全米Cタイプは、さまざまな現実的な制約条件のもとで、完全無農薬栽培であるAタイプ（国が定める有機農業の基準であるＪＡＳ有機認証に準拠）こそできないものの、それでもできる範囲で農薬を減らしたいと考えている農業者たちから主体的に選択されている側面がある。たとえば、先述の豊里地区のN氏は、「無理しない」範囲での減農薬栽培として、環境保全米Cタイプを好意的にとらえている。

豊里地区に限ってはCタイプですね。どうしてもＪＡＳ有機とかになってくると、認証取ったり、いろいろありますよね。それで……、無理しない（笑）。

……うちらが少しずつやることによって、一般の生産者のみなさんも「いいな」ということで今のような状況になったのかなということで。稲作部会が設立した頃はほんとに右も左もわかんなくてね……〔豊里地区の稲作部会は一度「発展的解散」を経験しており、ＪＡみやぎ登米合併後に再度結成された〕。Sさんのところの南方、あそこはもう先進地なので、いろいろと情報を得たり、まあＪＡＳ有機とかはできないんですけど、なるべくなら……、減農薬っていうことでそういう取り組みをおこなっています。(24)

また、石越地区のL氏は、過去に有機農業に取り組んだ経験もあったが、環境保全米が登場してからはそちらに注力しているという。

有機農業もやったことあるんです。堆肥だけでやったことはあるんです。一年目はよかった。二年目からは草だらけになってダメで。三〇代半ば頃に。三〇代はいろんなことやった。不耕起栽培やってみたり、いろいろ。その頃はまだ基盤整備してなくて田んぼが小さかったから実験ができた。結局、最後に環境保全米が出てきたから、これに取り組んだ方がいいのかなって。三〇代後半だね。(25)

現在の食と農をとりまく環境のなかで、完全無農薬の有機農業に取り組むことは、現実的に数多くの障壁に直面する。それでも、長年にわたって有機農業に取り組み続けているS氏のようなケースも存在するが、多様に存在する地域農業者の全員が有機農業に取り組めるような状況には、現在のところ至っていない。(26) このような現状において、環境保全米Cタイプは、地理的な条件や個々の水田の状況にいくぶん左右されるものの、それらの条件が満たされれば、この地域の誰もが取り組めるような減農薬栽培のあり方を提示している。

こうした環境保全米のあり方は、農薬との「ちょうどいい」バランスを求めるP氏や、「農薬を使わないで米づくりできるんであれば、それにこしたことはない」と考えるI氏、「無理しない」範囲でなるべく農薬を減らしたいと考えるN氏、一度は有機農業に取り組んでみたものの

「ダメ」だったとするL氏のような農業者たちによって、完全無農薬栽培に代わる主体的な選択肢として取り組みが続けられている。彼らにとって、環境保全米Cタイプとは、完全無農薬栽培である有機農業と、P氏が「草だらけになればじゃあ農薬使えばいいんだ」と表現していた慣行農業との狭間にある第三の選択肢として機能している。環境保全米Cタイプは、なるべくなら農薬を減らしたいと考える農業者たちにとっては、一つの自己実現の手段である。つまり、環境保全米Cタイプは、農業者たちが自身の米づくりに対してより誇りを感じることができるようになる一つの装置として働いている。

5 物語を紡ぐカブトエビ

◉ヨーロッパカブトエビとは

農業者たちが環境保全米づくりに誇りを感じるもう一つの契機が、カブトエビだ。JAみやぎ登米管内では、環境保全米づくりを始めてから各地でカブトエビが見られるようになりつつあり、こうした現象は環境改善の証であるとして、農業関係者のみならずこの地域一帯でおおむね好意的に受けとめられている。

たとえば、登米市は二〇一五年に「とめ生きもの多様性プラン」を策定しているが、その中の

「農薬の使用による生きものへの影響」の項では、赤とんぼとして知られるアキアカネとともにカブトエビが写真付きで紹介されている（登米市市民生活部環境課 2015: 41）。また、登米市全域で一三〇二名を対象として実施された「登米市生物多様性の保全　市民アンケート調査」では、「環境保全米の取組を行っている田んぼで、カブトエビなどの生きものが確認された」や、「農地・水・環境保全向上対策事業によりフナやドジョウ、カブトエビ等が戻ってきた」というように、カブトエビと環境保全を結びつけた回答が寄せられている（登米市市民生活部環境課 2015: 92–93）。

登米地域で見られるカブトエビは、ヨーロッパカブトエビ（学名：*Triops cancriformis*）という種類で、その名のとおり、昔から日本に生息していた固有種ではない。国立環境研究所が発表している「侵入生物データベース」によると、ヨーロッパカブトエビの国内での発見は、一九四八年が初めてである。その侵入経路は不明だが、卵の状態で農産物などに付着し、非意図的に持ち込まれたのではないかと考えられている。

国内での発見例は、一九八〇年頃までは山形県に限定されており、そのため、この頃まではヨーロッパカブトエビは山形県（とくに酒田市と南陽市）にのみ生息する（片山・高橋 1980）と考えられてきた。しかし、二〇〇〇年に長野県北佐久間郡でも発見（篠川 2000）されており、その生息域が拡大しているのではないかと考えられるようになってきた。

ＪＡみやぎ登米管内においても、ヨーロッパカブトエビがなんらかの用途を目的として導入されたという記録は存在しない。しかし、二〇〇一年には南方地区と米山地区で、酒田市のヨーロッパカブトエビと同じＤＮＡ型の個体の生息が確認（岩渕 2001）されており、その後、徐々に他の地区でも発見されるようになってきている。
「侵入生物データベース」に記載されていることからもわかるように、ヨーロッパカブトエビは侵入生物であり、外来種である。その他のカブトエビ類であるアメリカカブトエビ（学名：*Triops longicaudatus*）とアジアカブトエビ（学名：*Triops granarius*）も同様に侵入生物であり、アメリカカブトエビは一九一六年、アジアカブトエビは一九六六年にそれぞれ初めて国内で確認されている。

一般的に、外来種は環境保全の現場においては忌避される傾向にある。たとえば、在来種にダメージを与えかねない侵略的外来種は、全国各地で精力的に駆除活動がおこなわれている。

しかし、カブトエビ類にかんしてはこうした侵略性があまりみられないためか、現在のところあまりネガティブなイメージはもたれていない。それどころか、その珍しさから保護すべき対象とされていることもある。たとえば、山形県では、国内のカブトエビ分布の北限地であるとして、酒田市内の水田を一九五六年に県の天然記念物に指定している。[27] また、カブトエビ類は、雑草を食べたり、泥を掻き回して雑草の生長を阻害したりすることから、「田の草取り虫」とも呼ばれており、有機農業における除草法の一種として重宝されてきた経緯もある。

さらに、登米ではカブトエビが発見され始めてまもない頃に、地域の小学校に当時勤めていた生きものにくわしい教諭が、カブトエビが非常に珍しい生きものであると熱心に説いてくれたことがあったという（このエピソードは後述のＪ氏の語りにも登場する）。登米でのカブトエビに対する好意的な反応は、こうしたカブトエビ類へのポジティブなイメージから形成されたものだと考えられる。

管内の農業者の間では、カブトエビが有機栽培の先進地区である南方で大量発生していることから、水田環境が改善されるとカブトエビがやってくるのだという物語が共有されている（写真4－5）。生物学的にも、カブトエビ類は農薬への耐性が非常に低いとされている。たとえば、水田の生物多様性の評価手法を考案している池田浩明は、慣行栽培の水田と有機・特別栽培の水田でカブトエビ類の発生に有意な差異がみられたことを報告している（池田 2020）。ただし、過去に実施されたアメリカカブトエビの研究の中には、有機栽培の水田の方が慣行栽培の水田よりも発生率が低かったという報告（浜崎 1999）もみられ、どのような水田環境においてカブトエビが最も繁殖するのかについては未解明な部分がある。

［写真 4-5］登米でみられるカブトエビ
（体長2～4cm程度）
写真提供：JAみやぎ登米

現在の登米では、カブトエビが環境アイコンの役割を果たしている。序章でも述べたように、環境アイコンとは特定の自然環境を象徴する野生生物や生態系のことであり、その保全や再生に多様なステークホルダー（利害関係者）が関心を示す。行政資料において、環境保全米の公式シンボルである赤とんぼと同列の扱いで紹介されているということからも、この地域でいかにカブトエビが環境アイコンとして浸透しているかがうかがえる（後述するように、農業者にとっては赤とんぼよりむしろカブトエビの方が思い入れは深い）。

カブトエビがこの地域で環境アイコンとなっていることには、二つの興味深い点がある。まず、保全生態学の見地からは駆除対象にもなりえる外来種が環境アイコンになりえているという点だ。一般的な環境保全の現場では、保全生態学の論理が強く働く場合が多いが、登米ではこうした「生態学的ポリティクス」（第1章第2節参照）は作用しておらず、地域の独自の文脈においてカブトエビが環境アイコンとなっている。

次に、特定の歴史的な背景をもたない自然物が環境アイコンとなっているという点である。序章で確認したように、これまで環境配慮型農法の先進地とされてきた地域では、トキやコウノトリ、琵琶湖といった環境アイコンが存在していた。これらの環境アイコンは、その地域で野生下における最後の一羽が確認されていたり、その地域のランドマーク的な存在であったりと、何かしらその地域における歴史的な背景をもっている。しかし、登米におけるカブトエビの場合、学術的な記録として残っているのは二〇〇一年以降であり、この地域にとっては比較的新しい存在であるといえる。にもかかわらず、カブトエビは環境アイコンとしての地位を確立しつつあり、これは歴史的な背景をもたずして環境アイコンに「なっていった」例であるといえる。こうした環境アイコンとしての成立過程は、他の地域とくらべても珍しい。

⊙カブトエビとはどんな存在なのか

では、地域農業者たちはカブトエビをどのような存在とみなしているのだろうか。ここでは、J氏、M氏、L氏の三人のケースからみていこう。

Ｊ氏のケース

米山地区のＪ氏は、生産部会の役員となってからはほぼ毎年、生きもの調査に参加している。生きもの調査に参加する前は、網を持ったってしょうがないと考えるほど、水田に生きものがいるのかどうか疑ってかかっていたが、実際にやってみると、思っていた以上の成果だった。

環境保全米が環境にいいとか悪いとかそういう部分は、自分は水稲部会の中で、ちょっと役員とかをやり始めた頃に生きもの調査とか、参加、ええ、強制的にね（笑）、参加させられて。……まあ、初めて参加したときは「どうすんの、こんな網っこ持って？」ってもんで。ザリガニとカエルとオタマジャクシしか捕れねえんじゃねえの？　ほーしたらもうほんとに結構、ヤゴとかさ、カブトエビ。カブトエビってね、一〇年、もっとだな、一五年前くらい、カブトエビって珍しい昆虫。カブトエビ見たっていう話を真剣にやってくれる先生がいて、小学校の教頭先生で、そんな珍しいのかほんとに？　そしたらいざ生きもの調査したらね、カブトエビ結構いるんだ。ああ、これが環境保全米の取り組みの成果なのかなって。今はもう生きもの調査すると必ずいる。毎年いないっていう年はない。「えー、こんないんの⁉」ってこっちがびっくりして。「えー、うちの田んぼにいるのかなあ」なんて話でね。(28)

ここでは生きもの調査において、カブトエビという「珍しい」生きものが数多く発見されたという事実が、環境保全米の取り組みの成果と結びつけられて考えられている。とくにIさんの場合、「小学校の教頭先生」という、一般的に教養が高いとみなされるような社会的地位にある第三者が、「カブトエビ見たっていう話を真剣にやってくれ」たという経験が、カブトエビの正当性をより確固たるものとしている。

M氏のケース

東和地区のM氏によると、以前は先進地区である南方でしか見ることができなかったカブトエビが、ここ三、四年ほど前からいろいろな地区で見られるようになってきたという。そして、M氏の水田でも、前年やっとカブトエビを見つけることができた。

筆者：生きものの数や種類は変わっていますか？
M氏：毎年の生きもの調査、協議会の役員もやってますんでもう一〇年以上行ってます。南方の方はもう先駆者なんで環境保全米の。あの古代生物……、なんだっけな……、カブト、カブトエビ？　カブトエビだな、いっぱいいるんですよね。それが、三、四年前くらいからかな、そっちこっちで出てきたんですよ。
農協職員V氏：結構出てきたね。
M氏：それでね、去年、一昨年あたりからうちの田んぼも怪しいなと思ってたんですよ。「この抜け殻、なんかそれっぽいなぁ」と思って。それで去年やっと見つけて。田んぼにいたんですよ、ウヨウヨと。いよいよ来たかと。そこまでなるのに〔時間が〕かかるよね、やっぱり。

農協職員V氏：え、出たの？　来たの？

M氏：あれ、言わんかったっけ？　この五月だか六月に出たよ。言ったと思うけど。

農協職員V氏：東和ってね、山、川、沢まであるんでね、みやぎ登米でここまで揃ってるの、うちのところだけなんですよ。

M氏：あ、これそっか、写真は期限付いてるから見られないんだ……。いや写真だから……。ちょっと待って、見せる、見せるから。[29]

最後にM氏が見せようとしているのは、自分の水田で見つかったカブトエビの写真である。M氏は初めて自分の水田でカブトエビを発見した際に、その写真を撮り、知り合いの農業者にSNS（ソーシャル・ネットワーキング・サービス）で共有したという。M氏はSNS上でのやりとりをさかのぼって、その写真を見せてくれようとしたのだが、あいにく閲覧可能な期限が切れており、見ることはできなかった（その後、自身のスマートフォンのアルバムの中も探してくれたのだが、田んぼの写真があまりにも多すぎて結局、見つけることができなかった）。SNS上でカブトエビの写真を共有したM氏の行動は、まさに「いよいよ来たか」という、カブトエビの来訪を心待ちにしていた気持ちをよく表している。さらに、農協職員V氏の合いの手からは、日頃からカブトエビの出現情報が農業者と職員の間で共有されていること、そして、カブトエビは「山、川、沢」のような自然の豊かさと関係があると考えられていることが伝わってくる。

L氏のケース

石越地区のL氏が言うには、生きもの調査でカブトエビを初めて見る人も多いなか、石越には多くのカブトエビが生息しているらしい。さらに、L氏の水田には必ずいるらしく、一時期あまりにも数が増えてきたので側溝から流してやったところ、その下流で「カブトエビが流れてきた」と騒ぎになっていたのを目撃したという。

筆者：環境保全米を始めてから、田んぼにいる生きものとか……

L氏：〔筆者が言い終える前に〕あっ、増えましたよ。変わるねぇ。この協議会の方でも年に一回は〔生きもの調査を〕やってて、この研究会の人たちにも何人か参加してもらって。石越でも前にやってたんですけど、俺たちが見たら大したことないんだけど、いつもいるヤツがいるだけで。別にそっち〔生きもの調査をおこなっている水田〕さ生きもの調査行ってもなんの不思議さもなくて、石越だって結構いるんだけど。カブトエビだっけ？　石越にも結構いるんだけど、あっちで初めて見たって人も多くて。うちの圃場なんてすごいよ。ウヨウヨといるもん。みんなが見てないだけでよく見ると結構いますよ。水が濁っているところには必ずいるから。なんか震災以降に増えたような気が……。なんかあれ三〇年も四〇年も土の中で生きてるらしいね。(30) 震災で土の中にいたのが上がってきたのかもしれんし。多いことは多いね。

筆者：田んぼの生きものを見つけたときはどんな気持ちになりますか？

L氏：それこそ俺なんか小さい頃から田んぼ行ってたから、「昔に戻ったのかな」と思う。昔は親について田んぼに行くと虫採りとかしてたから。でもやっぱり全然見なくなった時期もあったからね。でもよく見ればいるんだなと思った。うん。ただそれはみんなが見てないだけであって。カブトエビなんか初めて見た。俺は田んぼにいたの側溝に流したんだけど、そしたらほかの人たちがみんな寄ってるから何してんのかなって見たら、カブトエビ流れてきたって騒いでた。あいつはうちの圃場から流してやったやつなんだけど（笑）。あまりにも増えすぎたから、水入れて流しちゃったんだよ。水が一カ月間ずっと濁ったままだったから、入れ替えしたったら。昔はなんでこんなに濁ったままなんだろうってわかんなかった。きれいな水入れてみて、「なんだ〔カブトエビだったのか〕」と。農協にも二、三回持って行ったことあるけど。やっぱり初めて見たっつう人が多かった。きれいな水で育てると一週間くらいしか生きられねえのさ。泥水じゃねえと。きれいな水に替えたら一週間も生きなかった。

農協職員W氏：何回脱皮するんだっけ？

L氏：何回だっけ？　結構するだろ。皮も浮いてるし。上から見る分にはいいけど、下から見ると気持ち悪くて（笑）。いや、うちのところには必ずいるんだよ。(31)

L氏は、カブトエビにかんしてさまざまなことを知っている。しかもこの知は、本や雑誌から得た知識というよりも、「震災以降に増えた気がする」、「きれいな水で育てると一週間くらいしか生きられない」というように、実際に自分で経験して得てきた経験知である。こうした多くの経験知は、カブトエビを農協へ二、三回持って行ったというエピソードとともに、L氏がこれまでいかにカブトエビに対して意識を向け続けてきたかということを示している。

⊙環境改善を知らせる〈験《しるし》〉

以上の三人のケースのように、地域農業者の中には、水田環境が改善されるとカブトエビがやってくるとして、自身の水田にカブトエビが来るのを心待ちにしたり、自身の水田に大量発生するカブトエビに誇らしさを感じたりする者が存在する。しかし、水田環境の改善とカブトエビの生息数との間の科学的な因果関係はあまりはっきりとしておらず、「水田環境が改善されるとカブトエビがやってくる」という話は、あくまで「物語」の一つにすぎない。ここではこうした、科学的な正当性や因果関係はあいまいであるにもかかわらず、ある「物語」に沿って機能し、ある働きかけの成果を当事者に感じさせるなんらかの徴候のことを〈験《しるし》〉と呼ぶことにする。カブトエビの到来は、環境改善の〈験〉として機能しており、環境保全米づくりを継続する農業者に自身のおこないの成果を感じさせたり、自身のおこないがほかの農業者のそれよりもすぐれているという誇らしさを感じさせたりしている。こうした〈験〉としてのカブトエビの到来が、これまで環境保全米づくりを継続してきたという自身の行為に誇りを感じられる契機となっており、こうした契機が環境保全米の正当性をより強化している。

6　環境保全米が普及すると何が起こるか

　ここまで生産部会員への聞き取り調査から、さまざまな動機や付加価値、そして物語が環境保全米の正当性の源泉となっていることがわかってきた。先述した制度としての取り組みやすさ（と地域的な有利条件）ともあいまって、多くの地域農業者の間で環境保全米づくりの取り組みが続けられてきたと考えられる。では、多くの地域農業者によって取り組みが続けられ、もはや「地域スタンダード」の地位を確立しつつある環境保全米をめぐって、近年ではどんな動きがみられるのだろうか。以下で確認していこう。

⊙環境保全米の標準化

　米山地区のＪ氏によると、近年では雑草が出ているにもかかわらず、無理にでも環境保全米づくりを継続しようとする農業者が現れてきているという。

　環境保全米に取り組むっていうふうにしたときに、だんだんね、環境保全米にしなきゃダメなんだっていう、なんかすごい真面目な農家さんがいて。田んぼの中の雑草、ヒエとかホタルイとか多く出てる農家の人、いるんですよ。そういう人には、このままにしたらば来年もっと草出っから、環境保全米は今年はあきらめて除草剤振りましょっていう話をね、する

んですよ。そういう〔雑草が〕増えてきてる農家の人には。(32)

こうした説得を試みたと話すJ氏だが、一方で、環境保全米づくりを途中でやめることに対して農業者が感じるある種の抵抗感についても代弁している。

J氏：環境保全米から一般米にするっていうのはね、農家にとっては抵抗がある。俺ってもしかしたら……

農協職員H氏：〔J氏が言い終える前に〕悪いことしてんのかなって。

J氏：そうそうそう、そんな感じになってきてる。「米づくり下手なのかなあ」なんてさあ。「米づくり農家として失格なの？」みたいな話になる。別にそんなこと言ってないし、米は買うし、環境保全米の加算金がないだけだからねって。一俵二〇〇円で。

つまり、J氏によれば、農業者は環境保全米づくりをやめることに対して、自身の力量不足を感じてしまうという。そして、こうした一種の挫折に近い気持ちは、H氏が補足したように、「悪いことしてんのかな」という後ろめたい心情をともなう。J氏はそれに対して、「別にそんなこと言ってないし」と、罪悪感を感じてしまう農業者に対するフォローを述べているが、こうした気持ちを代弁できるJ氏もまた、こうした気持ちを抱いてしまうことに一部共感していると考えられる。

このエピソードから垣間見えるのは、環境保全米における標準化の作用である。まず、環境保全米づくりを途中でやめることが、「米づくり農家として失格なの？」という落胆の気持ちに結びつくというのは、逆説的にいえばそれだけ地域の農業者の多くが環境保全米づくりを続けられていることの証左である。環境保全米は、この地域では標準的な、誰もが取り組んでいる農法であるという認識が定着しており、その「標準」に自分が当てはまらないことが「失格」という言葉で言い表されている。これは、地域農業者集団からの自らの逸脱を示しており、その意味ではアイデンティティを揺るがす事態である。

なお、H氏が補足している「悪いことしてんのかな」という罪悪感や後ろめたさのような心情は、環境保全米づくりを続けるべきであるという規範意識の表れであると考えられる。しかし、なぜ続けるべきであると考えられているのか、この規範意識は何に起因するのかといったことはここでは語られていない。こうした、明示的には言語化されずに、潜在的に人びとの行為や思考を一定の方向へと促すのが、まさに規範の作用であるといえる。ここで言語化されなかった規範意識が何にもとづく規範であるかについては、第5章でさらにくわしく扱う。

⦿「慣行栽培」の融解

環境保全米の標準化によって、環境保全米づくりをやめることへの葛藤が生まれている一方で、環境保全米の栽培基準が慣行栽培にも適用されるという現象が起き始めており、地域では環境保全米がますます浸透してきている。ＪＡみやぎ登米管内では、「環境保全米か慣行栽培か」という区分は融解し始めており、結果として慣行栽培部門の一部においても農薬が削減されるようになりつつある。

こうした現象は、O氏が語っていたような、「そんな強くない除草剤でも草出ないしさ……。穫れるもんなんだなあって」というような実践を通じた農業者の気づきから引き起こされている。最初は半信半疑で始めた環境保全米であったが、取り組んでいるうちに、県の慣行基準の半分以下の農薬・化学肥料でも米づくりが可能であるということが学習されていったのである。[33] たとえば、畜産農業者の多いJAみやぎ登米管内では、転作作物として飼料米の栽培が増加しているが、南方地区のS氏はこの飼料米をCタイプと同基準で栽培している。S氏によると、飼料米の方が食味やカメムシの食害などを気にしなくてよいため、むしろコスト削減手法と考えて環境保全米の基準でやってしまった方が効率的だという。また、豊里地区のP氏や米山地区のT氏のケースのように、環境保全米としての登録や出荷をしていない「隠れ環境保全米」も存在している。

つまり、JAみやぎ登米管内においては、地域慣行はすでに実質的には環境保全米へと移行している。この地域において「慣行栽培」という扱いになるのは、「基本的に最初から一六成分（調査当時の宮城県の地域慣行基準である農薬の成分数のこと）使おうとしてるんじゃなくて、Cタイプのやつちょっとダメだったから一剤とか二剤余計に使ってるだけ[34]」の、いわば「準環境保全米」なのである。

ここで重要な点は、このような学習効果は、環境保全米Cタイプが有機栽培ではなく減農薬栽培だったからこそ得られたということである。有機栽培の場合、主に除草の面で相当な労働負荷をともなってくるため、その基準を慣行栽培に適用しようとは考えないだろう。しかし、環境保全米Cタイプの場合はそれが可能だった。結果的に、環境保全米はこの地域における農薬の「適量」について、農業者に問い直しを迫る存在となったのである。

7 ひろがり、根づく環境保全米

本章では、JAみやぎ登米管内における環境保全米の普及と継続を支える論理を明らかにしてきた。環境保全米の爆発的な普及を後押ししたのは初年度の冷害だったが、この背景には生産部会員による「経過措置米」としての環境保全米の先行導入があった。自然を制御する度合いを抑える環境配慮型農法の先行導入にはリスクがともなうが、こうしたリスクに対する精神的な負担は、農協職員や生産部会員同士の社会的ネットワークを介した情報伝達によっていくぶん緩和されていた。また、生産部会員にとっては、環境保全米づくりが農協の施策として取り組まれているという事実が、安心感を抱かせる要因となっていた。そして、農協は、管内の農業者にとって環境保全米づくりが取り組みやすいものとなるように、少しでも経済的利益が生まれるような販売努力をしたり、登米の現状に合った技術へと環境保全米を組みかえようとしてきた。こうした組みかえの動きは、大規模農業者の現状をふまえたうえで提案されているが、第3章でみたように、認証団体である環境保全米ネットワークは大規模農業者の撤退を別の観点からとらえており、こうした認識の不一致を含め、同団体からの承認は得られていない。

こうした農協の技術的・経済的な支援（もちろん農協は組織を維持するために地域農業者の農業振興をはかっている側面がある）によって取り組みやすさはつくられてきたが、地域農業者が環境保全米づくりに取り組む動機として語られる理由は、多種多様に存在した。こうした取り組み動機の多様さは、環境保全米が多様な文脈に位置づけられうる存在であることを示している。こうした環境保全米の特徴は続く第5章と第6章においても議論されるが、とりわけ、地域農協による施策であったことと、地域内の多くの農業者が取り組むことができる栽培基準となっていたことは、文脈の多様化に寄与しているだけでなく、環境保全米の標準化をも促す要因となっていた。この標準化を促した規範がどんなものであったかについては第5章で明らかになるが、環境保全米の栽培基準が地域スタンダードとなったことは、翻って慣行栽培の減農薬化を促していた。

ここまで、フィールドワークで得られた情報やインタビューデータにもとづいて、ＪＡみやぎ登米管内における環境保全米の普及と継続の理由を明らかにしてきた。とくに、生産部会の部会員一二名への聞き取り調査から、生産部会員がどのように環境保全米への転換を経験し、そしてどんな理由をもって継続してきたかをくわしくみてきた。

しかし、本章で取り上げた一二名が語った転換の経験や継続理由が、ただちにＪＡみやぎ登米管内のすべての農業者に当てはまるというわけではない。この一二名は生産部会員三一二名中の一二名であり、彼らだけが特異的な存在なのか、あるいはある程度は集団内での普遍性をもっているのか、このインタビューデータだけで測ることはできない。フィールドワークや聞き取り調査という手法は、これまで発見されていなかった新事実を探求することに長けている一方で、得られたデータが全体の中でどんな位置づけを占めるのかといった代表性や、全体の中でどんな人にはどのような傾向があるのかといった点までは把握することができない。

この代表性や傾向性についてよりくわしく分析するために、次章ではアンケート調査を用いた分析を進めていく。聞き取り調査とアンケート調査という二つの手法を組み合わせることで、環境保全米づくりがなぜ取り組まれ、なぜこれまで継続されてきたのかという理由がさらに明瞭に浮き彫りとなるはずだ。

第5章

環境保全米をどうみているか

アンケート調査が示す三つの類型と規範の存在

出荷作業中の農業者たち
写真提供：JAみやぎ登米

はじめに

本章では、どんなタイプの農業者がどんな理由から環境保全米をつくり続けているのかということを、アンケート調査をもとにさらにくわしく分析していく。第1章で説明したように、このアンケート調査は、前章でみてきた聞き取り調査と相補的に関連し合っており、聞き取り調査の結果をアンケート調査に反映することで、アンケート調査における「見当はずれの質問」をできるだけ未然に防ぎつつ、聞き取り調査で解明しきれなかった点については、アンケート調査でより詳細に分析ができるように工夫した。

このアンケート調査の目的は次の三つであった。まず、聞き取り調査で得た情報が全体の中でどれほどの位置を占めているかを確認すること、つまりデータの代表性や信憑性の確認である。次に、環境保全米栽培の多様な継続理由について、全体としての傾向を見つけ出すことである。聞き取り調査では、継続理由が多様に存在し、こうした動機の多様性が環境保全米栽培の継続を支える根拠となりうることがわかった。そのため、次の段階であるアンケート調査では、こうした継続理由にどんな傾向があるのかを確かめることとした。

最後に、農協や生産部会としての結束意識や規範意識がどの程度存在するのかを確認することである。聞き取り調査では、環境保全米づくりをやめてはいけない気がするという規範意識をもつ農業者が存在することが判明したが、規範意識は無意識的に人びとの行為や思考を方向づける作用があるため、意識的な発話に依存する聞き取り調査だけでは、十分に解明することができなかった。そのため、本章の後半では、とくに環境保全米をとりまく規範意識に着目し、どんな規範意識によって環境保全米づくりが支えられているのかを考察する。

1 生産部会員にはどんな特徴があるか

本章のアンケート調査は、JAみやぎ登米管内の生産部会員に対しておこなわれたものである。第4章でも説明したように、生産部会員は、地域農業者の中でもとくに農協とのつきあいが深い農業者たちである。各町域の稲作部門の生産部会には、二〇一七年二月当時、全部で三一二名の在籍があった。この三一二名に対して、各町域支店の生産部会の担当職員を通じてアンケートを配布・回収してもらった（二〇一七年二月実施）。このうち、回収できたのは八二枚（有効回答数は八二）、有効回収率は二五・九％だった。[1]

ではまず、どのような農業者がこのアンケート調査に回答してくれたのだろうか。回答結果の中でも基本的な属性の項目から、生産部会員の特徴をみていこう。

回答者の性別は男性に大きく偏っており、女性は有効回答七七名中四名のみであった。[2] これを、JAみやぎ登米管内の組合員全体に対しておこなわれた「JAみやぎ登米組合員アンケート調査」（二〇一七年九月に全国農業協同組合中央会と宮城県農業協同組合中央会が共同で実施）とくらべてみると、ＪＡみやぎ登米全体では正組合員の男女比率は男性八〇％、女性二〇％であるため、回答者の方がより男性比率が高いことがわかる。[3]次に、年齢をくらべてみると、ＪＡみやぎ登米組合員全体へのアンケート調査と本章の調査では、年齢層の区切り方が異なっていたため、すべての年代ごとの正確な比較はできなかったが、ＪＡみやぎ登米の正組合員の中では四九歳以下が七％であるのに対し、回答者では二〇％を占めていた。また、ＪＡみやぎ登米の正組合員では七五歳以上という区分で一五％を占めているのに対し、回答者ではそれよりも年齢層をひろくとった七〇歳以上という区切り方でも一一％にとどまっている。以上の結果から、生産部会員（の中でも今回のアンケート調査に協力した層）は、ＪＡみやぎ登米全体の比率とくらべて若年層の男性が多いといえる。

次に、家計に占める農業収入の割合について比較してみよう。農業収入については、全体へのアンケート調査の質問項目にはなかったため、代替できるデータとして、二〇一五年農林業センサスにおける登米市全体の傾向と比較をおこなった。[4]登米市では、農業収入が家計の半分以上を占める農業従事者の割合は三五％である一方、今回の調査では、生産部会員の六七％が家計の半分以上を農業収入が占めると回答している。以上の結果から、生産部会員の方が農業収入が多く、専業の農業従事者が多いことがわかる。

また、水稲の耕作面積では、法人もしくは生産組合として回答した二一名が三〇〇反（約三〇ヘクタール）以上と極端に耕作面積が大きかったが、その二団体を除いたとしても、最小面積が三反（約三〇アール）、最大面積が一八〇反（約一八ヘクタール）で、平均五二・三反（約五・二三ヘクタール）であった。ここでもセンサスのデータと比較すると、登米市における販売目的で水稲を栽培している経営体（個人農業者だけでなく、法人化した組織を含む）の平均栽培面積は一・七五ヘクタールであるため、回答者は登米市全体の中でも比較的大規模な経営体に位置づけられる。

以上の結果をすべてまとめると、今回の回答者は、全体の傾向とくらべると、比較的若年層の男性が多く、家計に占める農業収入の割合が多い専業の農業従事者であり、比較的大規模な生産をおこなっているという傾向があるといえる（表5－1）。

[表 5-1] アンケート調査（2017年2月実施）回答者の基本的な属性

全体		回答数（人）	構成比
性別	男性	73	94.8%
	女性	4	5.2%
年齢	～ 29歳	0	0.0%
	30 ～ 39歳	3	3.8%
	40 ～ 49歳	13	16.5%
	50 ～ 59歳	19	24.1%
	60 ～ 69歳	35	44.3%
	70 ～ 79歳	9	11.4%
	80歳以上	0	0.0%
世帯収入における農業収入の割合	4分の3以上	41	51.9%
	2分の1以上 4分の3未満	12	15.2%
	4分の1以上 2分の1未満	17	21.5%
	4分の1以下	9	11.4%

次に、環境保全米の生産タイプの中で、どのタイプの耕作面積が多いのかをみてみよう（表5－2）。生産タイプは、環境保全米のA・B・Cタイプと慣行栽培の計四タイプがある。このうち、環境保全米の中では最も栽培基準が緩いCタイプの耕作面積が最も大きかった。なお、慣行栽培の

［表 5-2］耕作総面積ならびに生産タイプ別耕作面積（74件の回答者の内訳）

		0ha（件）	0.01〜0.5ha（件）	0.51〜1ha（件）	1.1ha〜（件）	合計（件）	平均面積（ha）
耕作総面積		0	47	14	13	74	0.60
生産タイプ別耕作面積	慣行栽培	57	14	1	2	74	0.07
	Cタイプ	15	41	10	8	74	0.40
	Bタイプ	61	10	3	0	74	0.05
	Aタイプ	64	8	0	2	74	0.05
	少農薬栽培	67	6	1	0	74	0.35

注：うち2件は生産組合として回答.

耕作面積は回答者七四名中五七名がゼロと回答しており、八割弱の回答者が慣行栽培をおこなっていないことがわかった。

　また、Cタイプに取り組んでいない者も七四名のうち一五名（二〇・二％）存在していた。Cタイプに取り組んでいない者の中には、技術的により難しいBタイプ（七四名中一三名）やAタイプ（七四名中一〇名）に取り組んでいる者が多かった。また、回答項目としては用意していなかったのだが、「少農薬栽培」に取り組んでいると回答する者もいた（有効回答七四名中七名）。この少農薬栽培とは、第4章でも述べたように、JAみやぎ登米単位での取り組みではなく、南方地区が独自に取り組んでいる生産タイプである。JAみやぎ登米単位での取り組みではないため、今回の調査では個別の回答欄は設けていなかったが、複数名が加筆していたため、個別に集計した。

　これを二〇一五年度のJAみやぎ登米管内の栽培面積割合[5]とくらべてみると、今回の回答者の方がA・B

タイプの面積割合が多く（全体ではAタイプ〇・九％、Bタイプ〇・三％のところが、回答者ではAタイプ九・四％、Bタイプ八・六％である）、Cタイプと慣行栽培の面積割合が少ない（全体ではCタイプ八二・九％、慣行栽培一六・一％のところが、回答者ではCタイプ六二・六％、慣行栽培一二・六％である）。つまり、今回の調査の回答者の方が、技術的に難しい栽培方法に取り組んでいる傾向にあるということがわかった。

ここまでの分析をまとめると、今回の調査に回答した生産部会員には、大きく分けて二つの層が存在すると考えられる。一つは、比較的年齢が若く、専業の農業従事者として経営しているような層である。世代としては、環境保全米への転換に積極的に関与した層ではなく、ある程度地域内に普及した後の時期に農業を継いだ層であるといえる。もう一つは、年齢が比較的高く、精力的に環境保全米の普及に取り組んできた層である。とくにA・Bタイプというのは、Cタイプが創設される以前から環境保全米づくりに取り組んできた南方地区と中田地区の生産部会員によってそのほとんどが栽培されている。そのため、環境保全米のパイオニアといえる人びとがここに当てはまる。

2 どういった考えをもつ人びとか

では、こうした特徴をもつ回答者は、どんなきっかけで環境保全米づくりを始めたのだろうか。

［表 5-3］環境保全米生産を始めたきっかけ（複数回答）

	人数	構成比
農協からの声がけがあったから	30	37.0%
部会内での話し合いの結果に従ったから	27	33.3%
加算金が魅力的だと思ったから	15	18.5%
環境保全米が冷害に強いことを知ったから	8	9.9%
周りの農家が始めていたから	11	13.6%
コスト削減として農薬を減らしたかったから	27	33.3%
登米のブランド米として位置づけたかったから	32	39.5%
田んぼの生きものが減っている気がしたから	19	23.5%
親から継いだから	13	16.0%
その他	5	6.2%

アンケート調査では、「その他」を含めた一〇項目のきっかけから選んでもらった（複数回答可）。これらの項目は、聞き取り調査で得られた内容を反映して作成した（表5－3）。

　このうち、環境保全米づくりに取り組み始めた時期にかかわる設問が、「農協からの声がけがあったから」（三七・〇％）、「部会内での話し合いの結果に従ったから」（三三・三％）、「環境保全米が冷害に強いことを知ったから」（九・九％）、「周りの農家が始めていたから」（一三・六％）、「親から継いだから」（一六・〇％）の五項目である。「農協からの声がけがあったから」と「部会内での話し合いの結果に従ったから」の二項目が多いことから、聞き取り調査に協力してくれた生産部会員と同様に、多くの生産部会員が、環境保全米が農協施策として導入された初期の説得や声がけ、部会内での意思決定を通して環境保全米づくりを始めていたことがあらためてわかった。そして、「環境保全米が冷害に強いことを知ったから」と「周りの農家が始めていたから」

が少ないことから、導入初年度の夏に起こった冷害への耐性をみて環境保全米に移行したというよりも、それ以前から環境保全米づくりに取り組んでいたパターンが多いと想定される。こうしたアンケート結果からも、第4章でみた「導入初年度の一〇%」の中には、生産部会員による取り組み面積が相当数含まれていたと考えるのが妥当だろう。また、調査時点で環境保全米施策が始まってからすでに一五年が経過しており、「親から継いだから」という層も一定数存在している。

次に、環境保全米に対する意欲や不満についてみてみよう。まず、農協の環境保全米施策への満足度（表5－4）と今後の継続意欲（表5－5）をみてみると、満足度は「普通」から「おおむね満足」に集中している。一方で今後の継続意欲は高い。これについては、農協施策としてはそこそこの満足度であるが、栽培方法としては「縮小したい」あるいは「やめたい」と思うほどの負担感がないと考えられる。生産タイプ別の意向としても、「現状維持」が八〇%を占めており、

［表 5-4］ 農協の環境保全米施策への満足度

	人数	構成比
大変満足	7	8.8%
おおむね満足	38	47.5%
普通	28	35.0%
あまり満足していない	5	6.3%
まったく満足していない	2	2.5%
わからない	0	0.0%
合計	80	100.0%

［表 5-5］ 今後の継続意欲

	人数	構成比
継続したい	67	87.0%
縮小もしくは撤退したい	6	7.8%
わからない	4	5.2%
合計	77	100.0%

今の生産状況を継続していきたいという意向が強い（表5－6）。

また、環境保全米に対して不満に思っていること（表5－7）としては、「病虫害のリスクが高い」（三二・一％）と「加算金が少ない」（二九・六％）が多いものの（複数回答可）、「とくにない」（二五・九％）という声も一定数存在し、現状維持傾向と対応している。また、加算金が少ないという不満がある一方で、「売れ行きがよくない」（一一・一％）という不満は他の回答とくらべて少ない。こうした生産部会員の実感は、ＪＡみやぎ登米がいわゆる高付加価値米ではなく、「売り切る戦略」として環境保全米施策を位置づけ、環境に配慮した農産物に理解がある売り先を探し

［表 5-6］生産タイプ別の意向

	人数	構成比
現状維持	61	80.3%
Aタイプを増やしたい	3	3.9%
Bタイプを増やしたい	5	6.6%
Cタイプを増やしたい	5	6.6%
未定	2	2.6%
合計	76	100.0%

［表 5-7］環境保全米への不満（複数回答）

	人数	構成比
圃場内の除草作業が多い	20	24.7%
畦畔の除草作業が多い	16	19.8%
窒素不足になりやすい	5	6.2%
病虫害が多い	14	10.3%
病虫害のリスクが高い	26	32.1%
加算金が少ない	24	29.6%
売れ行きがよくない	9	11.1%
とくにない	21	25.9%

つつも、早期の在庫処分に力を入れていることと一致する。

次に、有機農業と農薬についての考え方をみてみよう。まず、有機農業（環境保全米でいうとAタイプ）への取り組みの意向を尋ねてみると、現在取り組んでいる者が一二・三％存在する一方で、「取り組んでみたいが自分には難しいと思う」（一七・三％）、「採算が合えば取り組みたい」（一六・〇％）、「取り組みたいとは思わない」（三二・一％）という消極的な意見が目立つ（表5－8）。

［表5-8］有機農業への取り組みの意向

	人数	構成比
現在取り組んでいる	10	12.3%
今後積極的に取り組みたい	4	4.9%
誰かに誘われたら取り組んでみたい	1	1.2%
取り組んでみたいが自分には難しいと思う	14	17.3%
採算が合えば取り組みたい	13	16.0%
取り組みたいとは思わない	26	32.1%
合計	68	100.0%

「取り組んでみたいが自分には難しいと思う」や「採算が合えば取り組みたい」は、一見ポジティブな回答にみえるかもしれないが、一般の農業者よりも経営に対する理解が深いと考えられる生産部会員がこうした回答をするということは、意欲があるかないかは別として、現実的な経営を考えると現状では取り組むことは難しいという結論が出ているのだと考えられる。

また、農薬については、「使用すべきではない」（二・五％）という強固な意見は少なく、「本来使用すべきではないが多少はやむをえない」（三九・五％）や、「使用に問題はないが過剰投入は避けるべきである」（四五・七％）といった穏健な態度が多い（表5－9）。

とくに、「本来使用すべきではないが多少はやむをえ

［表 5-9］農薬についての考え方

	人数	構成比
使用すべきではない	2	2.5%
本来使用すべきではないが多少はやむをえない	32	39.5%
使用に問題はないが過剰投入は避けるべきである	37	45.7%
とくに使用に問題はない	6	7.4%
積極的に使用すべきである	4	4.9%
合計	81	100.0%

ない」と、「使用に問題はないが過剰投入は避けるべきである」との間の差は大きい。「本来使用すべきではない」と考えているが、経営上あるいは技術上の実際的な問題から使わなければならない、というのであれば、そうした課題を解決しようとする方向に意識が向く可能性がある。外部からの技術的・経済的な援助を受けられるなら、これまで以上に農薬・化学肥料を減らした有機農業路線を目指そうと考えるかもしれない。しかし、「使用に問題はないが過剰投入は避けるべきである」と考えているのであれば、まさに環境保全米Cタイプのような減農薬・減化学肥料栽培がこうした意向に合致しているので、現状維持志向となる。一般的に、また第2章でも指摘したように、減農薬・減化学肥料栽培は、有機農業に至るまでの段階的なステップとみなされることがある。しかし、今回の調査の結果が示しているのは、こうした「ステップ志向」を、減農薬・減化学肥料栽培に取り組んでいる農業者が必ずしももっているとは限らないということである。

一方、この調査では、少ない農薬や化学肥料でもできるだけ満足のいく生産がおこなえるように工夫をこらしている姿もみえてきた。たとえば、「雑草を抑制するため、深水管理に気を配る」

（六一・六％）や、「化学肥料への依存度を下げるため、入念な土づくりをする」（四三・八％）、「除草剤の効きを良くするため、水持ちしやすい圃場をつくる」（七八・八％）など、農業者はそれぞれに、農薬・化学肥料の使用を限定された条件下でもよりよい農業生産をおこなえるよう注力し

［表 5-10］環境保全米生産を始めてから工夫している点（複数回答）

	人数	構成比
雑草を抑制するため，深水管理に気を配る	49	61.6%
化学肥料への依存度を下げるため，入念な土づくりをする	35	43.8%
除草剤の効きを良くするため，水持ちしやすい圃場をつくる	63	78.8%
雑草が増えてきた水田は慣行栽培に戻し，次年度以降に環境保全米を再開する	20	25.0%
環境保全米と慣行栽培や転作作物をローテーションさせ，雑草を抑制する	7	8.8%
とくになし	8	10.0%
その他	0	0.0%

［表 5-11］環境保全米生産を始めてから自身が変わったと思う点（複数回答）

	人数	構成比
以前より田んぼの状態を気にかけるようになった	59	73.8%
以前より自分や家族の健康を気にかけるようになった	25	31.3%
以前より消費者の健康を気にかけるようになった	27	33.8%
以前より米の売れ行きを気にかけるようになった	28	35.0%
以前より田んぼの生きものを気にかけるようになった	48	60.0%
以前より身近な地域の環境問題を気にかけるようになった	34	42.5%
以前より地球環境問題を気にかけるようになった	18	22.5%
環境保全米しか生産したことがないためわからない	6	7.5%
とくに変わった点はない	9	11.3%

ている（表5―10）。

また、先ほど「ステップ志向」をもっている農業者ばかりではないと述べたが、一方で、「環境保全米づくりを始めてから自身が変わったなと思う点」では、「以前より田んぼの状態を気にかけるようになった」（七三・八％）、「以前より田んぼの生きものを気にかけるようになった」（六〇・〇％）、「以前より身近な地域の環境問題を気にかけるようになった」（四二・五％）、「以前より地球環境問題を気にかけるようになった」（二二・五％）という回答もみられている（表5―11）。以前より田んぼの状態を気にかけるようになったのは、農薬や化学肥料の使用を限定された条件のもとで効率的に生産をおこなうための手段かもしれないが、田んぼの生きものや地域の環境問題、そして地球環境問題に対してもいくらか意識をするようになったというのは、逆説的ではあるが、環境保全米の生産が生産者の環境配慮意識を高めている可能性を示唆している。

3　継続動機と農業者の三類型

⦿コストは削減されたのか

ここからは、第4章の聞き取り調査に引き続き、なぜ環境保全米づくりを継続しているのかという継続理由をよりくわしく分析していこう。

本項目では継続理由を、「そう思う」「少し思う」「あまり思わない」「思わない」の四段階で尋ね、「そう思う」を四点として、「思わない」の一点まで各項目を一点刻みで点数化し、その平均値と標準偏差を算出した（表5－12）。現在進行形で環境保全米づくりに継続して取り組んでいる者に尋ねたため、基本的に全項目においてポジティブな回答がほとんどだったが、いくつかの項目では、「そう思う」と答える者と「思わない」と答える者で意見が真っ二つに分かれた。こうした意見のばらつきについては、標準偏差という指標で可視化することができる。標準偏差とは、平均値からのばらつきを表す数値であり、大きければ大きいほど回答者の中での意見のばらつきが大きい。とくに意見のばらつきが大きかったのは、「コスト削減につながるから」「地域の多数の農家がやって

［表 5-12］環境保全米生産を継続している理由
（有効回答67名の平均値と標準偏差）

	平均値	標準偏差
消費者へのアピールとなるから	3.70	0.551
田んぼの生きものに配慮できるから	3.54	0.636
地域の多数の農家がやっているから	2.97	1.000
比較的簡単に取り組むことができるから	3.16	0.898
加算金がもらえるから	3.24	0.761
農薬の使いすぎには抵抗感があるから	3.51	0.704
農協の施策だから	2.78	0.982
コスト削減につながるから	2.90	1.017
自分や家族の健康を守ることができるから	3.40	0.760
消費者に安全な米を提供したいから	3.76	0.430
他産地より難しい米づくりをおこなっているという自負があるから	2.84	0.828
とくにやめる理由がないから	3.18	0.903

注：「そう思う」4点，「少し思う」3点，「あまり思わない」2点，「思わない」1点で点数化した．

［表 5-13］環境保全米転換後の費用の推移（回答人数）

	増えた	変わらない	減った	合計
農薬費用	7	23	24	54
肥料費用	19	21	9	49
総額	11	13	0	24

注：無回答がみられたため，各項目の合計が同数ではない．

いるから」「とくにやめる理由がないから」の項目であった。

このうち、ばらつきが最も大きかった「コスト削減につながるから」という意見は、農薬や化学肥料を減らすことがコストの削減につながっているのかどうかという認識の違いであると考えられる。この点について、環境保全米に転換した後の費用の推移についての回答（表5－13）をみてみると、農薬の費用については減ったもしくは変わらないと認識している者が多いが、肥料の費用は変わらないもしくは増えたと認識している者の方が多い。そして総額としては変わらないもしくは増えたと認識している者が多く、減ったと認識している者は一人もいなかった。化学肥料を削減した分として補われる有機質をベースとした肥料は、一般的に化学肥料にくらべると高額となる傾向がある。環境保全米においても、農薬の削減で浮いた分の費用を超えてしまうくらい、肥料の費用負担が大きいことがうかがえる。

◉どんな動機の組み合わせか

次に、「因子分析」という手法を用いて環境保全米栽培を継続している理由についてもう少しくわしく分析していこう。因子分析とは、複数の質問項目の背後に隠れている特性を探すための分析方法である。よくいわれる例として、国語・数学・理科・社会・英語の五教科のテストの点数を因子分析にかける、というものがある。このとき、因子分析の結果は国語・社会・英語の「文系」の要素をもった科目と、数学・理科といった「理系」の要素をもった科目の二つに分かれるのだが、こうした各要素の背後に潜み、各要素に影響を与えている潜在因子をあぶり出すのが因子分析である。

先述の四段階評価で尋ねた環境保全米づくりの継続理由を因子分析にかけた結果が、表5－14である。これは、継続理由が三つの潜在因子から影響を受けていることを表している。まず、一つ目の潜在因子は、「安全」や「生きもの」「農薬の使いすぎ」といったキーワードとの関連性が高いといえる。したがって、ここではこの潜在因子を「自然環境」因子と名づける。このように、因子分析においては、析出された潜在因子に対してその潜在因子の特性を反映した名前をつけることが一般的である。なお、この「自然環境」因子に影響を受けている項目には、「消費者へのアピール」や「他産地より難しい米づくりをおこなっている」といった差別化にかかわるものも含まれている。これは、自然環境を保全していることが消費者へのアピール要素となっているという認識や、自然環境を保全するために他産地より難しい米づくりに励んでいるという認識が反映されたものだといえる。次に、二つ目の潜在因子は、「簡単」「コスト削減」「加算金」「自分や家族の健康」といったキーワードをもつ質問への回答に影響を与えているため、これを「生活環境」因子とする。最後に、三つ目の潜在因子は、「農協の施策」「地域の多数の農家」といったキーワードを含む質問と関連しているため、「地域環境」因子とする。

つまり、環境保全米づくりの継続理由を大きく分けると、自然環境に配慮したいからという理

［表 5-14］環境保全米生産の継続理由の分析結果

因子	I	II	III	共通性
特徴	「自然環境」因子	「生活環境」因子	「地域環境」因子	
消費者に安全な米を提供したいから	.747	-.112	.041	0.408
田んぼの生きものに配慮できるから	.683	.133	-.010	0.451
消費者へのアピールとなるから	.561	.050	.001	0.513
他産地より難しい米づくりをおこなっているという自負があるから	.518	-.224	.340	0.440
農薬の使いすぎには抵抗感があるから	.414	.272	-.120	0.478
比較的簡単に取り組むことができるから	-.041	.707	.019	0.284
コスト削減につながるから	-.052	.692	.119	0.339
加算金がもらえるから	.060	.632	.119	0.515
自分や家族の健康を守ることができるから	.385	.464	-.194	0.456
農協の施策だから	-.018	-.032	.610	0.411
地域の多数の農家がやっているから	-.123	.311	.570	0.270
とくにやめる理由がないから	.154	.058	.522	0.354
固有値	3.643	1.654	1.384	
寄与率（%）	30.355	13.784	11.531	

因子抽出法: 主因子法
回転法：Kaiserの正規化をともなうプロマックス法

由、自分や家族の生活をよりよいものにしたいという理由、そして地域の農協や農業者たちとの関係性から継続しているという理由の三種類があるといえる。もちろん、このほかにも、第4章の聞き取り調査で判明したような多様な継続理由が存在しているのだが、アンケート調査はその性質上、大量の情報をある程度まで削ぎ落として分類することでそこになんらかの傾向を導き出すことを得意としているため、今回の調査では大きくこの三種類が析出されたといえる。

しかしここで、聞き取り調査で得た知見についてふりかえってみると、インタビューに応じてくれた生産部会員らは、環境保全米づくりを継続している理由について、個々別々の側面から、「自分にとっての環境保全米」を語っていた。ということは、因子分析で出てきた三つの継続理由についても、たとえば「自然環境」には重きを置いているが、「生活環境」の改善はそこまで求めていないという農業者がいたり、「生活環境」の改善についてはほとんど考えておらず、「地域環境」をつくっている周囲との関係性からはみ出ないことが大事と考える農業者がいるのではないだろうか。つまり、三つの継続理由を「農業者（今回の調査では生産部会員）」全員が一様に感じていると考えるよりは、個々の農業者によって、理由Aは強いが理由Bは弱い、理由Bは弱いが理由Cは強い、といった継続理由の強弱があるのではないだろうか。

⦿三つのタイプの農業者

では、個々の生産部会員は、三つの継続理由をどの程度の配分で重視しているのだろう。こうした疑問を解明するために、ここではクラスタ分析をおこなった。クラスタ（Cluster）とは、「群れ」や「房」という意味である。クラスタ分析は、それぞれの個の傾向から、個を特定の「クラスタ」へと束ねてくれる。個の傾向を、一つひとつに焦点を当てて分析していくと、結局は「みんなそれぞれに違う」という粗い結果しか得られない。そのため、傾向が似たもの同士でクラスタをつくっていき、そのクラスタがどんな特徴をもっているのかを分析する、というのがクラスタ分析の考え方だ。分析では、回答者の因子得点（潜在因子ごとに算出される点数）を用い、結果として三つのクラスタが析出された。ここでは、数値そのものというよりは、数値の大小関係に着目していく。

一つ目のクラスタは、自然環境因子と生活環境因子が地域環境因子よりも高い者の集まりである。つまり、環境保全米づくりに取り組むことに対して自発的に積極的な意義をみいだしており、一方で、地域内での関係性に配慮するために取り組んでいるのだという考え方はあまりしていないといえる。こうした考えから環境保全米づくりを続けている者たちを、ここでは、A型と呼ぶこととする。有効回答六九名中の一四名が、このA型に当てはまった。先ほど筆者が述べた、「自然環境」には重きを置いているが、「生活環境」の改善はそこまで求めていないという傾向は、少なくとも今回アンケート調査に回答した生産部会員にはみられなかった。

二つ目のクラスタは、その反対で、自然環境因子と生活環境因子よりも地域環境因子が高い者の集まりである。この者たちは、環境保全米に積極的な意義をみいだしているわけではないが、地域内での関係性を重視した結果として、環境保全米づくりを継続することが妥当であると考えているといえる。ここでは、こうした者たちをB型とする。B型は、有効回答六九名中の二二名を占めていた。

三つ目のクラスタは、先の二つの考え方をあわせもっている者の集まりである。つまり、自然環境因子、生活環境因子、地域環境因子のすべてが高い。ここでは、こうした者たちを、C型とする。じつはこのクラスタに当てはまる者が最も多く、有効回答六九名中の三三名がC型に分類された。

以上のようなクラスタ分析の結果について、こうした内面的な動機がその人のもつ属性とどんなふうに関連しているのかを確認していこう。[6]

ここでいう属性とは、性別や年齢、収入状況のような、その人を社会的に特徴づけ、区分する際に使用できる指標のことである。社会学においては、こうした外的な属性がその人のもつ内面的な価値観や考え方に影響を与えると考える傾向があり、今回は、耕作面積、農業従事年数、家計に占める農業収入の割合という三つの属性を用い、A型、B型、C型といった類型が、どのように属性と関連し合っているのか（もしくは関連し合っていないのか）を確認する。

[表 5-15] 3つのタイプの特徴

	A型	B型	C型
人数	14	22	33
耕作面積（ha）	0.65	0.59*1	0.39
農業収入が世帯収入の半分以上を占める者の割合	92.9%	72.7%	54.5%
平均農業従事年数（年）	28.8	23.8	33.9

＊1　生産組合としての回答2件を含むならば0.92.

結果をみていこう（表5－15）。まず、A型は、耕作面積が大きく、家計に占める農業収入の割合も大きい。そして、農業従事年数も長い傾向にある。以上から、A型にあたる農業者は、農業キャリアが長い比較的大規模な専業従事者であるという像が浮かんでくる。次に、B型の農業者は、耕作面積と家計に占める農業収入の割合がともに中程度だが、農業従事年数が他の二つの類型とくらべて短い。そのため、B型は、農業キャリアがまだ短い後継者層であると考えられる。最後のC型は、他の二つの類型とくらべて耕作面積と家計に占める農業収入の割合が低いが、農業従事年数はA型よりも長い。こうした理由から、C型は、農業以外の収入をもちつつ、小規模な生産を続けてきた高齢者層ではないかと推察できる。

4 個人の選択か、集団意識か

◉規範は存在するのか

第4章でみたように、環境保全米づくりを継続している農業者たちは個人的な経験や思いから、「自分にとっての環境保全米」を語っていた。また、農協は導入当初から現在まで一貫して環境保全米の生産を奨励してはいるものの、強制はしていない。こうした側面だけをみれば、環境保全米は農協の強力な支援のもとで生産されているものの、個人の水田において継続するか、それとも撤退するかといった意思決定は、その水田を耕作する個人によってなされているという見方ができる。

しかし一方で、地域農業者の間では、農協の施策であることや地域の多くの農業者が継続しているという事実そのものが実質的な規範として作用している可能性もある。つまり、環境保全米は農協の施策であり、地域の多くの農業者が取り組み続けているのだから、自分も協力すべきなのだというような、農協および地域農業者に協力・同調すべきだとする規範が、農業者の間に存在しているかもしれないということだ。

実際に、第4章でも記したように、聞き取り調査において環境保全米づくりは続けなければならないものだという規範を内面化している農業者の存在も語られた。しかし、筆者が聞き取り調査で「環境保全米づくりをやめることに対して悔しさやためらいを感じますか」と尋ねても、返答は決まって、「いや、そんなふうに思ったことはないね」というものだった。「やめるからって何かをどうこうしなければならないわけではないから」と、やめるかどうかという選択に対する負担がいかに少ないかを教えてくれた者もいた。

また、今回の調査では、筆者はほとんどの場合で農協からの紹介で聞き取りをさせてもらっており、聞き取り調査の場に農協職員が同席することもあった。そのため、農協施策である環境保全米づくりをやめたくなるときはあるかどうかという質問を筆者から面と向かって聞かれても、答えづらいだろうと予想していた。しかし、聞き取り調査に応じてくれた者の中には、「うーん、農協さんここにいるからアレだけど、そういう気持ちにはなんないな」（第4章、Q氏の発言）と、農協職員が同席している状況に一定の配慮をみせながらも、追加の除草剤を撒いて環境保全米づくりをやめてしまうことに対して、とくにネガティブな感情を抱いたことはないと答える人もいた。

しかし、そう答える者たちは、ほとんどの水田で環境保全米づくりを継続しており、さらにごくわずかに存在する慣行栽培の水田については、「ここは農協の実証実験で貸しているから」、「これは環境保全米の品種ではないから」という説明が入った。慣行栽培の水田はイレギュラーな存在であり、説明を要すると判断しているのだろうと思われた。こうしたフィールドワークの経験から、第4章でも述べたように、環境保全米づくりを続けるべきだという不文律の規範が作用しているのではないかと筆者は考えた。

だが一方で、聞き取り調査で実際に尋ねてみると、こうした考えはあっさり否定されるという経験も続いた。結局、聞き取り調査の場において、「環境保全米は続けるべきだと思う」と意見を表明した者は一人もいなかったのだ。こうした事情から、環境保全米栽培の継続に対して規範意識が作用しているかどうかを解明することが、アンケート調査における一つの目的となった。

⦿「どちらでもない」は何を意味するのか

アンケート調査では、環境保全米にかんする規範意識を測るため、「環境保全米の継続について、どのようにお考えですか」という質問をした。質問項目は全部で四つ設けたが、ここではまず、「自分だけやめると地域内で悪目立ちするような気がする」と、「自分だけやめるのはプライドにかかわる問題だ」という二つの項目からみていくこととする。

[表 5-16]「自分だけやめること」と環境保全米生産への取り組みの意向(有効回答数の内訳)

a	aに近い	ややa	どちらでもない	ややb	bに近い	b
自分だけやめると,地域内で悪目立ちするような気がする	9 (11.7%)	7 (9.1%)	45 (58.4%)	11 (14.3%)	5 (6.5%)	自分だけやめても,地域内で悪目立ちすることはないと思う
自分だけやめるのは,プライドにかかわる問題だ	13 (16.9%)	5 (6.5%)	42 (54.5%)	11 (14.3%)	6 (7.8%)	自分だけやめても,とくにプライドは傷つかない

結果として、どちらの質問においても、回答者の約半数が「どちらでもない」を選んだ(表5-16)。この「どちらでもない(どちらともいえない)」という項目への回答の集中について、どのように解釈すべきだろうか。一般に日本でおこなわれる調査では、「どちらともいえない」に回答が集まる傾向があることが指摘されている(田淵 2010: 82)。また、国際比較をおこなった別の研究でも、日本社会や中国系の社会では、極端な態度や意見の表明を避けるために、「どちらでもない」が選ばれやすいという説明がされている(Chen et al. 1995; Lee et al. 2002)。以上のような文化的傾向が指摘されているものの、今回の調査の場合、同様の形式(「どちらでもない」を含む五段階評価)で尋ねた質問すべてにおいて「どちらでもない」に回答が集中したわけではない。同様の形式の質問は全部で計九項目あり、それらはすべて連続して並べられていたが、この二つの項目のみ「どちらでもない」に回答が集中した。

「どちらともいえない」という回答行為には、中立的立場の表明、判断の不能、態度や意見の判断にともなう負担の回避といった三つの意味があるとされている(Baka et al. 2012)。このうち、今回の質問は賛成や反対といった立場を尋ねているわけではないので、中立的立場の表明として「どちらでもない」が選ばれたという可能性は低い。となるとありえるのは、判断の不能、態度や意見の判断にともなう負担の回避のどちらかだが、もし判断ができないために「どちらでもない」が選ばれたのだとしたら、次のような解釈ができる。すなわち、これまでの農業生産活動において、自分だけが地域の他の農業者と異なる行動をとったという経験がほとんどないため、実際にそうした行動をとってみたときに、事態がどう転がるのかまったく予想がつかない、というものだ。今回の調査の場合、「わからない」という回答を設定していなかったため、本来は「わからない」と回答したかった者が自分の心情にぴったり当てはまる項目がなかったため、代替的措置として「どちらでもない」を選んだという可能性は否定できない。

だが、もう一つの可能性である、態度や意見の判断にともなう負担を回避するための手段として、「どちらでもない」が選ばれていたのだとしたら、今度は次のような回答者の心情が予想できる。つまり、農協の施策として一五年以上にわたって継続されており、今なお高い普及率を誇る環境保全米生産を、もしなんらかの都合で自分だけがやめてしまうことになったら、地域内で悪目立ちするとまでは断言できないが、でも悪目立ちしないともいえないのではないか、という微妙な心情である。要するに、地域内で悪目立ちしてしまうのではないかという不安は抱えつつも、「悪目立ちすると思う」とまでは言い切れないため、折衷案として「どちらでもない」が選ばれたというパターンだ。また、環境保全米づくりを自分だけやめるのはプライドにかかわるか否かという質問に対しても、プライドにかかわるとまでの断言は避けたいが、とはいえプライド

［表 5-17］ 地域規範と環境保全米生産への取り組みの意向（有効回答数の内訳）

a	aに近い	ややa	どちらでもない	ややb	bに近い	b
地域一体となって取り組むべきだ	25（32.1%）	29（37.2%）	17（21.8%）	3（3.8%）	4（5.1%）	やりたい人だけが取り組むべきだ
農協の施策には従うべきだ	9（11.7%）	28（36.4%）	33（42.9%）	2（2.6%）	5（6.5%）	農協の施策だからといって取り組む必要はない

にかかわらないかと聞かれたらそうでもない、という心情が働き、結果として「どちらでもない」に回答が集中したのではないか。(7) ただし、ここで予想した心理的な傾向に対して、回答者がどれほど自覚的であるかは定かではない。

⊙見え隠れする規範意識

以上でみてきた二つの質問項目は、環境保全米にかんする規範意識について個人としてはどのようにとらえているのかを解き明かそうとするものであった。

次に、同じく規範意識についての質問ではあるが、「地域一体となって取り組むべきか」と「農協の施策には従うべきか」という、管内農業者が全体としてどのようなふるまいをすべきだと考えているのかを測った項目をみていこう。(8)

結果として、「地域一体となって取り組むべきか」という質問に対しては、「地域一体となって取り組むべきだ」と答える者が多かった一方、「農協の施策には従うべきか」という質問に対しては、「どちらでもない」から「やや従うべきだ」あたりの回答が多かった(9)（表5−17）。

ここから、農協の施策だから取り組むべきだという規範より、地域一体となって取り組むべきだという規範意識の方がやや強い傾向にあるということがいえる。とはいえ、「農協の施策だからといって取り組む必要はない」と考える人が少数であるところをみると、農協の施策だから取り組むべきだという規範意識も弱くはない。

ここまでの回答をまとめると、聞き取り調査ではうまく確認しきれなかったものの、全体的な傾向としては、やはり環境保全米にかんする規範は存在するといえるだろう。ただし、個人的に、自身がそうした規範に沿った考えやふるまいをしているかと聞いたときには、明確な立場の表明は得られない。アンケートの結果からみえるこうした傾向は、聞き取り調査で規範を聞いた際には、総じて「そんなふうに思ったことはないね」という回答が返ってきた傾向とも一致する。こうした、本人が自覚しているかどうかにかかわらず、個人の考えやふるまいを特定のあり方へと方向づける作用をもつものこそ規範だといえる。そういった意味では、環境保全米栽培の継続理由には、「自分にとっての環境保全米」という個人的な側面がある一方で、集団主義的な志向性も潜在的には影響しているとみるべきだろう。

5 ローカルな規範への埋め込み

環境保全米には、その取り組みの始まりからJAみやぎ登米管内における普及まで、一貫して農協が関与してきた。こうした農協の関与は、地域ブランド米として環境保全米を振興していきたい農協側からの要望だけでなく、地域農業の鍵を握るアクターとして農協を巻き込みたかった河北新報や環境保全米ネットワークの戦略的な意図にもとづいていた。実際に、農協との協働体制が拡大していく過程で、環境保全米の取り組みも県内に普及していった。結果的に、河北新報や環境保全米ネットワークの「読み」は当たっていたのである。

ここまで確認してきたように、環境保全米はその普及率や取り組み面積からいえば、いわゆる「成功例」である。しかし一方で、一般的に、行政などによるトップダウン的な普及の「成功例」においては、普及率への関心が先行し、普及された側がそれをどのようにとらえているのかという、ボトムアップ的な視点がおろそかにされがちである。環境保全米の場合も、強制ではないにしろ、農協からなかばトップダウン的なかたちで提案されており、こうした普及過程を経た環境保全米が、地域農業者にとっていったいどんな意味合いをもつものであると解釈されているのかが解明される必要があった。こうした問題関心を背景に、第4章では生産部会員への聞き取り調査の内容から環境保全米づくりの継続動機を解明してきたが、本章ではさらなる理解のために、アンケート調査にもとづいた分析をおこなってきた。

とくに、第3節から第4節にかけて分析してきたように、環境保全米栽培の継続には地域的な規範が関連していた。認証団体である環境保全米ネットワークは、地域環境を保全していくには面的な取り組みが不可欠であると判断し、農協との協働体制の拡大に踏み切ったのだったが（第3章に詳述）、農協との協働には地域的な規範の中に環境保全米を埋め込むことができるという副次的な効果もあったのだ。

環境保全米の場合には、こうしたローカルな文脈への埋め込みは「意図せざる結果」の産物であったのだが、一方、近年ではローカルな文脈に環境配慮型農法を埋め込んでいこうとする一定の潮流がみられる。たとえば、地域の有機農産物を学校給食に導入する市町村の事例など、地域農業と地域環境を結びつけ、双方を守っていこうとする機運がますます高まりつつある。こうした動きには、ローカルな食と農の結びつきによって、ローカルな環境をも守ろうとしているという点において、本書のテーマとの親和性がみられるが、一方でローカルな食と農が結びつけばローカルな環境は必然的に守られていくのだという考えはやや早計である。この点については、続く第6章で検討していこう。

第6章

ローカルな農業と環境の調和は可能か

〈ゆるさ〉・経済合理性・ローカルフード運動

店頭に並ぶ環境保全米（2021年7月，愛知県名古屋市）
撮影：筆者

はじめに

本章では、これまでの事例分析を考察し、本書の結論を示したうえで、本書での議論がこれまでの学術研究とどのように関連づけられるかを検討する。まず、第1章で提示され、第2章で理論的に検討された本書の三つの課題に対して応答する。この三つの課題を考察することを通して、本書は結論である〈ゆるさ〉の議論にたどり着く。本章では、文脈という概念を鍵として、本書の提唱する〈ゆるさ〉の議論を深めていく。

環境保全米運動へと続いた一連の活動は、ナショナルな大規模流通へのオルタナティブとして地産地消型ネットワークを形成した。初期の環境保全米運動にみられた消費者会員による買い支えもまた、大規模流通に代わるものとして構想されていた。一方、農協施策による大規模な環境保全米の生産はナショナルな流通構造なしには成立しえず、近年では国内市場のさらなる縮小を契機として、グローバルなフードシステムへと参入し始めている。こうしたナショナル／グローバルに展開する経済合理的なエコロジーのあり方を、われわれはどのように理解すべきだろうか。

こうした食のグローバリゼーションへの市民的な抵抗として、一九九〇年代初頭以降、ローカルフード運動が立ち上がってきた。ローカルフード運動は、「グローバルに根ざしたフードシステムはエコロジー的にも社会的にも破壊性をもつ」（Kloppenburg et al. 1996: 34）と訴え、地域の消費者と生産者をつなぐローカルフードシステムに希望をみいだしてきた。しかし、初期の環境保全米運動がそのひろがりにおいて行きづまりをみせたように、ローカルフードシステムもまた万能薬ではないのである。

1　本書の課題への応答

本章では、地域農業者を主体とした営みによるローカルな環境保全に着目し、どのような地域農業のあり方が正負の農業環境公共財を供給／削減し、地域農業と地域環境保全を両立させていけるのかということを、次の三つの課題を通して考察する。三つの課題とは、一つは、地域農業者による地域環境保全を妨げる完全主義を相対化し、それとは異なる新たな地域農業と地域環境保全のあり方を提示すること、次に、環境を守るべきだというグローバルに浮遊する規範の共有以外を根拠とした協働の可能性と自然とのかかわり方を見つけること、最後に、環境配慮型農法への転換におけるコストとリスクが集中する構造的弱者である農業者が、いかにしてコストやリスクを軽減させながら利益を増やすことができるのかを明らかにすることであった。これらの課題の解明を通して、「持続可能な地域社会」の基礎的な要件である環境配慮型農法が地域社会に普及し、継続していくための社会的な条件を明らかにすることが本書の目的であった。以下では、三つの課題への応答と、それらの知見から導き出された環境配慮型農法が普及可能となる社会的な条件とを示したい。

⊙パースペクティブの転換による地域農業と地域環境保全の調和

まず、一つ目の課題について、第1章と第2章で論じた内容から整理しよう。

日本の有機農業は、生産者と消費者の人間的な関係にもとづいた〈提携〉を特徴とする有機農業運動として、一九七〇年代から一九八〇年代にかけて始まった。当時はまだ有機農産物を扱う市場は形成されておらず、消費者は生産者と直接的に結びつかなければ有機農産物を手に入れることができなかった。しかし、こうして活発となった有機農業運動はその後、低迷期に突入していった。低迷の原因は、主に有機農産物市場の形成や運送業の発展のように、有機農業運動がもっていた機能が外部に代替されていったとする外的要因説と、有機農業運動の特徴である強い「自省性」が自己破壊的に作用したとする内的要因説によって語られた。なかでも、強い「自省性」に加え、公的な認証制度の確立によっても強化された、完全無農薬・無化学肥料栽培を目指す完全主義は有機農業の地域的な展開を困難にしていったと考えられる。

本書では、こうした完全主義を相対化する試みとして、農業環境公共財の視座を導入した。農業環境公共財の視座では、個別の農地での取り組みのレベルは重要ではなく、地域全体としてどのように環境負荷を削減し、農業環境公共財を持続的に管理していこうとするのかが課題となる。

こうした視座から環境配慮型農法の普及をとらえるならば、本書で主に取り上げてきた減農薬・減化学肥料栽培は、栽培基準が比較的緩いことからより多くの農業者が取り組むことができるという点で有効であった。第4章でみたように、より多くの農業者が取り組むことができるという特徴から、地域農業および地域農業者と地域環境とのかかわりにおいて、減農薬・減化学肥料栽培からは次の二つの可能性をみいだすことができる。

一つ目は、より多くの農業者が取り組むことで、結果として地域の基準を変更しうるという可能性だ。減農薬・減化学肥料栽培は、その人やその土地における農薬や化学肥料の適正量を問い直す役割を果たしており、結果として慣行栽培も減農薬化するという現象がJAみやぎ登米管内では起こっていた。これは、自然を制御する度合いを一度引き下げることで、これまでの制御のあり方のうち、どこまでは必要でどこからは過剰だったのかを農業者自身で見きわめることができるようになったことによる現象である。つまり、減農薬・減化学肥料栽培の普及過程というのは農業者が自らの身体に技術を取り戻す過程でもあったのである。

二つ目は、減農薬・減化学肥料栽培は農業者の自己実現の手段としても機能しうるという可能性だ。第4章でみたように、地域農業者の中には農薬を減らしたいという気持ちはあるものの、自らの状況や事情を考えると現実的には難しいと考えていた慣行農業者が一定数存在した。農業環境問題における構造的な弱者である農業者にはさまざまなリスクやコストが集中するため、生業を営んでいくうえでの現実的な技術的・経営的判断のもとで、つまり必要に迫られた状況で、農薬や化学肥料は使用されているという実情がある。現代の農業者が抱えるこうしたジレンマに対し、減農薬・減化学肥料栽培は、「なるべくなら農薬を減らしたい」という慣行農業者の思いを実現させる手段として、一つの自己実現のあり方として取り組まれていた。

また、第4章、第5章でみたように、地域農業者のもつ価値基準は多様であり、有機農業運動にみられたような強い変革志向性をもつ者は、地域農業者全体からみれば少数であると考えられる。さらにいえば、先述したように、無農薬栽培に取り組みたいという意欲があったとして、技術やコスト、リスクなど、さまざまな条件から取り組めない（と考える）慣行農業者も存在する。こうした意味で、栽培基準の比較的緩い減農薬・減化学肥料栽培は、環境保全的な行動を積極的にはとろうとしない「通常の主体」（舩橋 1995: 7）が参入できる地域環境保全の一つのあり方であると位置づけられる。第5章でみたアンケート調査の結果からわかったように、環境配慮型農法に取り組むことで環境保全への興味や関心が強くなったとする者は少なからず存在した。このような自己認識が、実際に環境配慮型農法に取り組む以外の環境配慮型行動を引き起こす要因として、どれほど寄与しているかは慎重に検討しなければならないが、それでもこうした結果は環境配慮型行動をとることで環境配慮的な意識が芽生える可能性を示唆しており、序章で紹介した広瀬（1994）の想定した二段階モデルとは異なる環境配慮型行動のあり方として提示できるだろう。

以上のように、農業環境公共財の視座から提起される減農薬・減化学肥料栽培は、地域環境保全や環境配慮型行動を促進する可能性があるという点で有効であると同時に、慣行農業者が自らの身体に技術を取り戻し、自らの米づくりによりいっそう誇りをもてる契機を提供していた。

⦿非知を飼いならす日常生活の地平

次に、二つ目の課題について整理していこう。

多くの環境問題は、「わからない」という知の形式である非知を内包しており、それゆえに道徳的な先鋭化を免れない。道徳的な先鋭化は、環境を守るべきだという「警告」を発する主体を「善」とし、積極的には環境を守ろうとしない主体を「悪」とする規範を喚起する。この規範は、時に持続可能性をめぐる利益とコストやリスクの不公平な配分をさらに拡大させ、社会に存在する構造的弱者に対する不公正を助長する。こうした事態に対し、本書では自然環境は守られるべきだというグローバルな規範の共有以外を根拠とした、地域環境保全における新たな協働の可能性と自然とのかかわり方を見つけることを試みた。

第3章でみた、環境保全米運動の成立過程は、地域の農業環境公共財の維持管理における新たな協働の可能性を示唆している。当初は、農薬をめぐる対立が表面化したことによって公論形成の場である「くろすとーく」が立ち上げられるという経緯をたどっていたが、討論が重ねられていく過程で起こったフレームの転換により、生産者は構造的な弱者であり、変革すべきは既存の大規模な流通構造であるという集合的な認識が形成された。こうした新たな問題認識は、地域の生産者と消費者を結ぶ「朝市・夕市ネットワーク」を設立するという成果につながったが、一方でそもそもの発端となった農薬をめぐる問題については、食糧管理法の廃止といった政治的な変動が起こるまでは具体的な行動はとられないままとなっており、メンバー間での農薬に対する認識も異なるままであった。しかし、こうした農薬をめぐる齟齬を内包したままにするという姿勢によって、環境保全米運動の提唱を可能とする政治的変動が起こるまでの間、地域農業における重要なステークホルダーである農協の役員層の参加を保持することができていた。

このことは、公論形成の場において参加主体間での不合意が承認されるということが協働の可能性をひらく場合があることを示唆している。ここで一度、第2章でも紹介した富田（2014）と黒田（2007）をふりかえると、まず、富田は公論形成の場において合意がなされないままでも協働が成立している「同床異夢」の状況に積極的な意義をみいだしていた。こうした合意が不在であるさまを、ここでは〈非合意〉の状態とする。一方で、黒田が分析対象としたのは、公論形成の場において議論が錯綜し紛糾した状況であり、こちらは単に合意が不在であるというよりも、議論が重ねられていくなかで、合意に達する着地点をみいだすことが不可能な状態であった。ここではこうした事態を〈不合意〉の状態ととらえる。環境保全米運動の場合、意見の対立が明白であった農薬をめぐる問題についてはある程度の沈黙が敷かれており、こうした沈黙によって議論が紛糾する事態は回避されていたが、明確な認識の齟齬が内部に存在したという点では不合意の状態に近い。

では、不合意が承認されることはどのような意義をもつのか。ここではN・ルーマンによる非知の議論を援用したい。ルーマンは公論形成の場における不合意の承認を「了解」と表現し、非知のコミュニケーションにおいて了解が果たす機能について次のように述べる。

……また了解は、慎み深い社会的スタイルを含意している。すなわち了解しあわなければならない者をその信念から引き離したり改心させたり、あるいはどんなかたちであれ変えさせようと試みたりはしないのである。そもそもその場に居合わせている者は、その者自身として居るわけではない。むしろ活動家（Funktionare）、使者、代表者として行為しているにすぎない。したがって気に掛けねばならないのは、了解される内容は〔強制等によってではなく〕了解によって了解されるという点だけなのである。利害の対立が生じているなら、休戦が必要になる。重要なのは日々の平安であり、そのなかのどの点をめぐって了解が達成されうるのかである。なにしろ他人を強制的に同意させるだけの充分な知など、誰も駆使しえないのだから。（Luhmann 1992＝2003: 146–147）

非知のコミュニケーションにおいては、異なる意見をもつ他者を説得できるような知は存在しない。だからこそ、道徳的な先鋭化が引き起こされ、規範が喚起される。つまり、非知のコミュニケーションにおいてそもそも合意は存在しえず、そこには不合意の承認としての了解か、道徳的な先鋭化が生み出す「あの人たちとは話にならない」（Luhmann 1992＝2003: 148）という、コミュニケーション不全の原因を他者に帰する態度のどちらかが選択されるのみである。

不合意の承認は、非知のコミュニケーションにおいて、公論形成の場にステークホルダーが集い続けられる状態（「休戦」）を維持する役割を果たす。「くろすとーく」やEPF情報ネットワークの存立が、食糧管理法が廃止される政治的転換点において環境保全米運動として結実したように、不合意の承認は、「いま・ここ」では利害対立のあるステークホルダー同士が、いずれ到来するかもしれない合意や協働のときをともに待つことを可能とする。

また、不合意が承認され続ける過程は、利害の対立構造が存在するなかで、「どの点をめぐって」不合意が承認されるかを探求し続ける場にもなりえる。農薬をめぐる問題を発端として始まった「くろすとーく」が大規模流通の変革こそ取り組むべき課題であると認識し、こうした課題認識を引き継いだEPF情報ネットワークが「朝市・夕市ネットワーク」を設立したように、不合意が承認される過程では、承認された不合意の狭間から、当初はみえていなかった合意点や協働のあり方がみいだされることもある。このように、公論形成の場で不合意が承認されることは、明確な知のもとでの合意が存在しえない非知のコミュニケーションにおいて、公論形成の場を存続させ、存続の過程から合意や協働の機会を生み出す意義をもつ。

一方で、非知を抱えた持続可能性の問題を公論形成の場やそこでのコミュニケーション過程からとらえるのではなく、自然と人間との日常的なかかわり方という特定の時空間と身体をともなった視点からとらえるのであれば、そこには浮遊する規範とは異なった根拠にもとづく多様な営みがみえてくる。

たとえば、物語を根拠とする自然とのかかわり方である。ここでいう物語とは、科学という大きな物語に回収されないもので、人びととの日常的な生活の経験から生まれるものである。カブトエビの来訪が農業者にとっては〈験《しるし》〉として作用していたように、人間の手では制御しきれないからこそ、自然とのかかわりはある種の物語を生み出し、それが正当性の源泉となる。

また、地域内での規範を根拠とする自然とのかかわり方も重要な正当性の源泉となる。ここでいう規範とは、環境を守るべきだというグローバルに浮遊する大きな規範ではなく、個別具体的な地域集団内で共有されている身近な土着の規範のことである。主に第5章でみたように、この規範は、「農協の施策だから」あるいは「地域の多数の農家がやっているから」といったように、自然と人間との相互作用から生まれるものというよりは、人間社会の中で営まれる生活の実態から生まれるものであり、それは自然環境を守ることを第一義とはしていなかった。

こうした知見からは、非知を抱えた持続可能性の問題こそ、特定の時空間と身体をともなう自然と人間との日常的なかかわり方に目を向け、そうしたかかわりの総体から新たな地平をひらこうとする実践を起点とすべきであると主張できる。

◉負担を分け合い、豊かさをつくる

最後に、三つ目の課題について整理していこう。

第1章で論じたように、環境配慮型農法への転換においては、さまざまなコストやリスクが農業者に集中する。しかし一方で、環境配慮型農法に転換することで得られる利益はリージョナル（地域）やナショナル、あるいはグローバルにひろく拡散し、地域社会やグローバル社会のあらゆる構成員が享受することとなる。このように、リスクを引き受けることを含めたコストの支払いとそれによって得られる利益との間に不均衡が生じており、こうした構図の中で農業者は構造的な弱者としてコストの支払いを命じられることとなる。さらに先ほども指摘したように、こうした図式は、環境を守るべきだとする規範によって強化され、とくに立場が弱い小規模な地域農業者は自らの生活状況と規範からの圧力の間でジレンマ状況に陥る。これに対し、本書では農業者がいかにして環境配慮型農法への転換によるコストやリスクを軽減しながら利益を増やすことができるのかを解明することを試みた。

その結果として、まず、コストやリスクの軽減という点では、第3章や第4章でみたように、技術面から農業者を支援する組織や団体の存在が重要だということが明らかとなった。たとえば、第3章でみたように、環境保全米運動では水稲栽培の専門知をもった研究者が全面的な技術支援にあたっていた。また、第4章でみたように、地域における環境保全米の普及段階では農協による積極的な支援があった。農協による関連設備・関連施設の導入や、栽培暦の作成といった技術パッケージの開発は、地域農業者の個人的な設備投資や技術開発を代替していた。こうした技術提供者は、農業者個人にふりかかるコストやリスクを分かち合う存在であり、技術提供者が存在することで農業者個人が負担しなければならないコストやリスクは軽減されていた。

なお、こうした環境保全米の普及過程において、研究者や農協といった技術提供者を獲得できたのは、「くろすとーく」以来の一連の活動が継続されていくなかで、多様なネットワークや資源が醸成されていたからである。したがって、技術提供者の存在そのものも重要であるが、環境保全米の普及過程においては、技術提供者とのネットワークを育む過程でもあった「くろすとーく」やEPF情報ネットワークによる活動が、その後の環境保全米運動のひろがりを決定づけたといえるだろう。

また、農協による支援はコストやリスクの軽減だけでなく、利益の増大にも寄与していた。環境保全米づくりが地域農協単位での施策となったことで、品質の安定した農産物を一定規模の量で、ある程度継続的に供給できる体制が整っていることを取引先にアピールできるようになり、これによって個人や小さな集団単位での取り組みよりも有利に取引を進めることができるようになっていた。こうした農協による支援は、共同投資や共同購買、共同出荷によって個人のコストやリスクの負担を軽減しながら個人で売買する以上の利益を創出しようとする、協同組合の連帯経済的なあり方だといえる。このように、農協の施策となったことで、コストやリスクの軽減だけでなく、市場競争を勝ち抜くための経営的な支援も受けられるようになっており、地域農業者が技術的にも経営的にも取り組みやすくなるような支援体制が整えられていた。

次に、農業者個人が営む生業という側面から環境保全米が生み出す利益を検討すると、そこには経済的な利益と精神的な豊かさの双方が存在した。まず、経済的利益の面では、環境保全米は慣行栽培の米にくらべて市場の内部で有利な位置づけにあるため、環境保全米を生産することが農業者の経済的な利益につながっていた。第4章でみたように、JAみやぎ登米管内における農業者の米の手取り額（単位あたり）は県内で最も高いといわれているが、これは管内で生産される米のほとんどが環境保全米であり、それが市場において一定の評価を得ているためだ。一般に、環境配慮型農法で生産された農産物は、農薬や化学肥料の節減レベルと価格が比例する傾向にあり、減農薬・減化学肥料栽培よりも有機栽培の方が、また同じ減農薬・減化学肥料栽培であっても、節減レベルが高い（農薬や化学肥料の使用をより減らしている）方が単価が高くなる。こうした点からみれば、地域の基準より農薬と化学肥料をそれぞれ五割以上節減している環境保全米Cタイプは、節減レベルが目立って高い方ではなく、慣行栽培とくらべて単価がそこまで高いわけではない。しかし、それでも単位あたりの手取り額が高いといわれているのは、江戸時代から続く米どころとしての評価に加え、農協単位での取り組みとして市場において評価を得ているからだ。

現在では、環境配慮型農法は付加価値農法としての顔をもつようになり、アグリビジネスにおける成長分野としての価値づけがさらに強化されつつある。さまざまなコストやリスクを負担しなければならなくとも、経済的な利益に反映されて比較的短期間で利潤として回収できるのであれば、「投資としてのコスト・リスク負担」――「利潤の回収」という経済的な循環が機能しているといえる。第2章で紹介した鬼頭（1996, 2009）の社会的リンク論における生業論にもあったように、社会的・経済的リンクが中心を占める営みである生業において、経済的な機能が担保されていることは基礎的な要件である。

こうした経済的利益に加えて、環境保全米は精神的な豊かさを生み出す源泉にもなっていた。しかし、環境保全米が生み出す豊かさは、鬼頭の生業論の「遊び仕事」論で想定されていた娯楽性のある「遊び」とは異なり、他者とのかかわりが創出されることによって得られるものであった。たとえば、第4章でみたように、環境保全米をつくることは消費者、あるいは子どもや孫といった次世代に対する配慮の形式であるとされていた。また、親族への贈与の品として、より喜んでもらえるかもしれないという期待からも環境保全米はつくられていた。このように、農業者は他者へのケアの表出手段として環境保全米をつくり、そこに自らのケアを受け取る主体が存在することを想像し、そうした想像上の連帯において他者との精神的なかかわりをもつことができる。さらにいえば、ここでいう他者の概念を拡張し、動植物もひろく他者としてとらえるならば、環境保全米をつくることでカブトエビが来訪するという物語もまた、環境保全米による他者とのかかわりの創出形態としてとらえることができる。

以上のように、環境保全米の事例では他者とのかかわりが創出されることで得られる精神的な豊かさが存在し、これは現代的な生業として営まれる農業に精神的な側面をもたらしていた。社会的リンク論における生業論では、社会的・経済的リンクが中心を占める営みである狭い意味での生業に対し、社会的・経済的リンクよりも文化的・宗教的リンクが強く、人間の生業の本質的な意味とひろがりを担うものとして「遊び仕事」が位置づけられてきたが（鬼頭 2009: 19）、こうした環境倫理学・環境社会学における生業論について、ここでは次の二点をつけ加えたい。

まず、生業から得られる精神的側面は、娯楽性のある遊びに限らないということがいえる。他者とのかかわりといった側面や伝統を継承したいという側面など、生業から得られる精神的側面は多様に存在した。こうした精神的側面の多様さこそ、社会的リンク論が重視する自然とのかかわりにおける統合性（integrity）をかたちづくっているといえる。

次に、生業は必ずしも、社会的・経済的リンクが強い狭い意味での生業と、文化的・宗教的リンクが強いひろい意味での生業とに分かれているわけではなく、狭い意味での生業とされる営為の中にひろい意味での生業が担うとされる精神的側面もまた存在する場合がある。本書のように資本主義による包摂を受けている現代の生業を対象として論じる場合であれば、狭い意味での生業の中に特定の精神性をみいだしたり、そうした精神性を拡張していこうとしたりする試みこそが自然とのかかわりにおける統合性を取り戻す術だといえるのではないか。

こうした観点からみれば、環境保全米をつくるという営為は、現代農業において自然とのかかわりにおける統合性をふたたび構築しようとする試みとして位置づけられる。

以上のように、環境保全米の事例からは、構造的な弱者である農業者が環境配慮型農法への転換によるコストやリスクを軽減しながら利益を増やすためには、技術面や経営面から農業者を支援し、コストやリスクを分かち合う存在が必要であることがわかった。とくに、地域的な普及の段階では、農協による技術パッケージの提供や販売努力によって、地域農業者にとって取り組みやすい環境保全米がつくられており、こうした農協の支援体制によって管内ほとんどの農業者が環境保全米づくりに取り組める素地がつくられ、維持されていた。また、環境保全米が農業者に提供する利益は経済的なものだけでなく、他者とのかかわりが創出されることで得られる精神的な豊かさも存在していた。こうした多様な利益や豊かさによって、環境保全米の生産は継続されていた。

◉〈ゆるい〉環境保全の可能性

本書では、以上の三つの課題を解明することを通して、環境配慮型農法が普及し、継続していくための社会的な条件を明らかにしようとしてきた。

一連の事例やここまでの議論を通して伝えたかったのは、ある種の寛容さや〈ゆるさ〉の存在が環境配慮型農法の普及や継続を促す場合があるということだ。環境保全米運動が生まれ、環境保全米が普及したのは、たとえば、農業者に対して農薬や化学肥料の散布をやめるようにと市民社会が圧力をかけ続けたからというわけではなく、消費者の立場と生産者の立場にあるステークホルダーがコミュニケーションを積み重ねるなかで、農薬を使用する生産者を糾弾するのではなく、生産者と消費者をとりまく流通構造に目を向け、メンバー間に存在する不合意を承認しながらともに歩んできたことによる成果であった。

また、農協との協働の段階では、環境保全米ネットワークは当初の理念にはなかった地域ブランド米としての利用を許容するという戦略的な譲歩を選び取った。こうした戦略的な譲歩によって農協との協働体制を推し進めた結果、環境保全米は県内農協全体の施策として採用されるに至った。さらに、農協との協働体制の構築は、県内農協に加えて生協やメディア、地元プロスポーツ団などを巻き込んだ「みやぎの環境保全米県民会議」に結実し、生産にかかわる地域のステークホルダーだけでなく、販売や広報にかかわる地域のステークホルダーとのネットワークも築くことができた。環境保全米運動の成立過程と環境保全米の普及過程からは、認識の齟齬を抱えながらも、同じ言説空間を共有する他者に対して規範にもとづく糾弾や異議申し立てをしないことを選び取る寛容さがみられた。

こうした経緯をたどってきた環境保全米運動では、無農薬・無化学肥料栽培だけでなく、栽培基準の緩い減農薬・減化学肥料栽培も同じように重視されてきた。現状の食料供給体制において、農薬や化学肥料を「使わざるをえない」ことにジレンマを感じている慣行農業者からすると、減農薬・減化学肥料栽培という選択肢があったからこそ環境保全米に転換しようと思えた、あるいは転換することができたのである。

地域農業者による生産の継続段階では、環境保全米が〈ゆるい〉からこそ地域における多様な文脈化に成功していることがわかった。多様な価値基準をもつ地域農業者たちは、さまざまな動機から環境保全米づくりを継続しており、環境保全米に対してさまざまな意味づけをしていた。こうした文脈の多様性が環境保全米の魅力であり、これを支えているのは農法としての緩やかさであった。地域農業者は水田の状態や地理的な自然条件、あるいはさまざまな個別の経営条件に左右されつつも、比較的基準の緩い環境保全米（Cタイプ）だからこそ取り組み続けることができていた。こうした継続性は地域における環境保全米の標準化を促しており、結果として地域の慣行栽培まで減農薬化するという副次的な環境保全の効果も生んでいた。

以上の分析から、環境配慮型農法が地域に普及し、継続していくための社会的な条件とは、地域社会に存在する多様な価値基準をもったステークホルダーや地域農業者を結びつけることができる、ある種の寛容さや〈ゆるさ〉であるといえる。

ここでいう〈ゆるさ〉とは、固有の文脈に根づいた規範と倫理を尊重すること、そして環境配慮型農法を個別具体的な現場がもつ固有の文脈に埋め込むことである。環境保全米運動の成立過程では、合意形成過程や協働の場面において一種の寛容さが作用していたが、こうした寛容さは一朝一夕で生まれるものではない。この寛容さは、「くろすとーく」に始まる一連の共同的な活動のなかで、生産者は構造的な弱者であり、真に改革すべきは大規模流通であるという、「くろすとーく」の固有の文脈に根づいた規範と倫理によって生まれ出たものであった。

また、環境保全米への転換や生産の継続過程では、グローバルな言説空間において浮遊する規範ではなく、地域農業者をとりまく個別具体的な土着の規範と倫理の中に環境保全米が埋め込まれていた。これまで、一般論としても一部の学術研究においても、人びとの環境配慮型行動を促すためには環境配慮的な意識を育むことが必要であるという想定があったが、環境保全米の場合、社会的ネットワークの存在によって環境配慮型農法への転換が促された側面があった。[1] このように、現実社会のミクロな場面では、個別具体的な文脈において環境配慮型行動の採用が決まることもある。

加えて、環境保全米栽培の継続要因では、経済的な利益を重視する者や環境配慮的な意義を重視する者、あるいは地域の社会関係を重視して継続している者など、多様な継続動機のパターンがみられた。これらの多様な継続動機のどれを重視するかは、農業従事年数や農業収入の割合といったそれぞれの生活状況に応じて異なっており、地域農業者は自らの生活や人生のなかでそれぞれに環境保全米を文脈化し、継続(あるいは撤退)という選択をしていた。[2] このように、環境配慮型農法を環境配慮的な規範に限定せず、個別具体的で固有の文脈に埋め込んでいくことが、結果として環境配慮型農法の普及や、ひいては自然とのかかわりにおける豊かさの創出につながるといえる。

2　経済合理性と折り合えるのか

　さて、ここからは農業と環境、そして社会のあり方について、もう少し俯瞰的な視座から考えをめぐらせていきたい。ここであらためて考えたいのは、どんな社会のシステムが環境負荷の高い農業を生み出してきたのか、そしてどんな社会のシステムやしくみであれば、環境保全と農業を両立できるのだろうかということである。

◉生産主義が環境を守る？

　第1章の冒頭でみたように、近代以降の農業に一貫して通底するのが生産主義の考えだ。農業におけるこうした生産主義が、これまで農業環境問題を引き起こしてきた主たる要因の一つであることは間違いない。

　主に二〇〇〇年代以降の農村社会学や農村地理学などの学術分野では、農業や農村の生産主義からポスト生産主義への移行に関心が集まり、生産主義やそれを体現している近代農業を対象とする研究はあまりなされなくなっていった。農村における生産主義は、効率性や収益性を追求するあまり、自然や人間に対して収奪的に作用する性格がこれまで批判されてきた。一方、ポスト生産主義では都市からのまなざしによって農村空間がどのように消費されているかが主な研究テーマとされてきた。有機農業やグリーン・ツーリズムなどは、ポスト生産主義的な動向として国内外を問わず注目されてきた。

以上のような学術的な潮流が存在する反面、現実の農業や農村において生産主義的な思想がまったくなくなったわけではない。それどころか、「強い農業」を標榜する近年の農政ではむしろ生産主義は強まりつつあるといえる。

一方で、農業環境問題に対して生産主義が及ぼす影響については、近年その性質がやや変わりつつあるといえる。たとえば、環境保全米の事例ではJAみやぎ登米の販売戦略において生産主義が色濃く反映されている。JAみやぎ登米では、「売り切る米づくり運動」として環境保全米施策が位置づけられており、環境保全米としての理念を守りたい環境保全米ネットワークが当初、難色を示していたのも、こうした農協による生産主義的な利用に対してであった。

しかし、環境保全米の場合、この生産主義的な利用によって地域農業における農薬・化学肥料の大規模な削減効果が得られていた。この点が、とくに高度経済成長期以降に顕著にみられた、近代農業が環境を破壊するといったテーゼとの明確な違いである。もちろん、近代農業が環境を破壊している側面がなくなったわけではない。だが、環境保全米の場合には近代農業的なやり方によって地域環境が保全されている側面がある。そして、地域環境だけでなく、地域農業者の収入の確保という点では地域経済もまた守られている側面がある。

⦿経済のエコロジー化か、エコロジーの経済化か

こうした生産主義による環境保全をどのように理解すべきだろうか。まず、時代的な背景から

整理すると、農業の場合には、一九九〇年代に起こった「クオリティ・ターン」(Allaire 2004)の影響が大きい。大量生産・大量消費型の社会では、農産物市場においても商品カテゴリーの中で価格の高低だけが唯一の選択基準となるコモディティ化(製品・サービスの無個性化)が進んでいたが、食品の質を重要視する消費者が増え、鮮度や価格といった従来的な指標に加えて、たとえばフェアトレードや環境配慮などの多様な指標が選択基準として新しく加わった。環境保全米の事例もこうしたクオリティ・ターンの時流に乗っており、環境保全的であることが付加価値として機能していた。

これを理論的な視座から検討するならば、環境保全米の事例は、「エコロジー的近代化」をどのようにとらえるかという議論と重なってくる。エコロジー的近代化とは、もとはドイツやオランダの研究者たちを中心に提唱された概念であるが、政策的な立場を含め、現在では多種多様に派生した議論が存在するため(加藤 2018)、ここではとくにG・スパーガレンとA・モルによる議論を取り上げる。環境社会学者のスパーガレンとモルは、近代化が発展していくにしたがって、それまで経済の領域に属していたエコロジーの問題が徐々に独立していき、経済的な合理性や政治的な合理性に相対して、それぞれに影響を与えうるエコロジー的合理性の領域が生まれるとした(Spaargaren and Mol 1992)。現在の社会は多くのエコロジー的課題が山積しているように思われるが、これはエコロジー的合理性が独立する途上の段階であるからで、さらなる近代化がこれを解決していく。こうしたエコロジー的近代化論は、社会のあり方がどのように移り変わってきたのかを分析する社会変動論の一つに位置づけられる。

エコロジー的近代化の論者であるモルらは、健全なエコロジー的条件と良好な経済成果は互いに依存し合いながら共存すべきであるし、また実際に共存可能である（モルほか 2015: 52）という立場をとる。しかし、こうした主張は、これまで数々の環境破壊を招いてきた産業界の現状を追認する改良主義（Hannigan 1995＝2007）だとして批判を浴びてきた。一方、モルらは、「環境の未来は『外部からもたらされる』べきではない」として、「現存する制度を再構築し再定義することによって既存の近代の型から次第に発展するべきである」という立場をとっている（モルほか 2015: 51）。

環境政治学者のＰ・クリストフは、エコロジー的近代化論をめぐる批判は、「強いエコロジー的近代化」と「弱いエコロジー的近代化」のどちらを望ましいととらえるかという認識的立場の違いであるとして整理している（Christoff 1996）。強いエコロジー的近代化とは、現状の政治経済のあり方を批判的にとらえ、環境保全を優先的課題とするよう変革を訴える立場である。一方、弱いエコロジー的近代化は、従来の政治経済的な構造は維持しつつも、その内部で環境税の導入や環境的規制などの環境保全施策を進めていくことで経済と環境保全を両立させようとする。要するに、強いエコロジー的近代化は、現状を改革し環境保全的な政治経済をつくっていくべきだという考えで、これは「経済のエコロジー化」を主張している立場であるといえる。他方、弱いエコロジー的近代化は、現状の政治経済の枠組みの中で経済と環境を両立させようとしており、「エコロジーの経済化」を目指している立場であるといえる。

⦿環境保全米施策は環境を守っているのか

環境保全米の事例は、既存の政治経済体制の内部で市場における付加価値として環境的価値が取引されているため、典型的な「エコロジーの経済化」であるといえよう。「エコロジーの経済化」への批判は、われわれを取り囲む「鉄の檻」（Weber 1920＝1989）である資本主義社会への批判にも重なってくるが、[3] 環境保全米の事例においては次のようなエコロジー的課題がみられる。

まず、農薬や化学肥料の使用の問題である。環境保全米Cタイプでは、農薬と化学肥料を地域慣行よりもそれぞれ半減しているが、使用を半分に控えること（農薬は使用成分数、化学肥料は質量でカウントされている）がどれほど「環境保全的」であるかは意見が分かれるところだろう。とくに、農薬の使用については、近年、日本でも使用規制の声があがっているネオニコチノイド系農薬が使われているという現状がある（調査当時）。ネオニコチノイド系農薬は、諸外国では大量のミツバチが巣を残してある日突然いなくなるというミツバチの大量失踪事件との関連が指摘されており、昆虫類へ悪影響を与えている可能性があるとしてEU諸国ではすでに使用が禁止されている。

しかし、カメムシ類やウンカ類に対してすぐれた効果を発揮する殺虫剤であるネオニコチノイド系農薬は、現代日本の稲作において必須とされる農薬の一つである。これは環境保全米においても同様で、JAみやぎ登米においてネオニコチノイド系農薬を含まない栽培体系の技術はまだ確立されていない。認証団体である環境保全米ネットワークでは、消費者会員からの要望を受けて、二〇一七年度からネオニコチノイド系農薬不使用の「赤とんぼ認証」を新設した。しかし、初年度には一グループの参加があったものの、次年度以降には生産希望者は現れていない。

もう一つは輸送の問題である。すべての環境保全米が地元地域で消費されるならば、この問題は解消されるのだが、現実的にはそのような状態にはなっていない。環境保全米ネットワークは、地元での消費意欲を高めるために仙台市内でイベントなどを開催しているが、地方中枢都市である仙台市を抱える宮城県においても、すべての環境保全米を県内で消費するという循環には至っていない。とくに生産量が多いＪＡみやぎ登米は全国の卸業者や小売店と契約を結んでおり、近年では環境保全米の輸出施策も始まっている。登米での大規模な環境保全米施策では、こうした食料輸送の距離（フードマイレージ）にかかわるエネルギー消費の問題も見受けられる。以上のような環境保全米におけるエコロジー的課題は、「エコロジーの経済化」における環境保全の限界の一端を示しているともいえる。[4]

3　ローカルは支えきれるのか

⦿ローカルフード運動と環境保全米運動の共通点

一方、さまざまな限界や矛盾を抱え込んでいる「エコロジーの経済化」によってではなく、より革新的な「経済のエコロジー化」によって農業環境問題に取り組もうとするのが、いくつかの欧米諸国から始まったローカルフード運動である。多くのローカルフード運動は反グローバリゼーションの思想にもとづいており、そこでは土地と人びととの主体的な結びつきをつくり上げる（西山 2010: 115）ことが目指されてきた。

代表的なローカルフード運動には、スローフード運動、フードマイルズ運動、そしてCSA（Community Supported Agriculture：地域支援型農業）運動などがある。スローフード運動は一九八六年のイタリアで、大手ファストフードチェーンのマクドナルドがローマへ出店したことをきっかけに始まった運動である。ガストロノミー（美食）を理念としており、質の良い農産物をつくる小規模生産者の保護や、消費者に対する味の教育、消滅のおそれのある味・食材・調理法の保護を目的としている（島村 2006）。また、一九九〇年代にイギリスから始まったフードマイルズ運動は、農産物輸送にかかる距離（フードマイレージ）の拡大にともなう環境負荷を問題視し、近隣地域で収穫された農産物の消費を奨励している。そして、一九九〇年代にアメリカ合衆国で始まったCSA運動は、地域の消費者が生産者と恵みやリスクの共有者（share holder）となることで地域農業や地域農業者を保護することを目的としている。

これらローカルフード運動の背景にあるのは、急速に発達した食のグローバリゼーションだ。社会学者のJ・クロッペンバーグらは、食の流通過程を流域（watershed）になぞらえ、「食域（foodshed）」という言葉でローカルな食と農のあり方を提起しているが[(5)]、彼らは、「食べることはまさにグローバルなフードシステムへ参入することだ」（Kloppenburg et al. 1996: 33）として、その情景を次のように述べる。

ウィスコンシン州マディソンのどのスーパーマーケットに行っても、メキシコ産のトマト、チリ産のブドウ、カリフォルニア産のレタス、ニュージーランド産のリンゴなどを買うことができる。……しかし、ウィスコンシン州で栽培されているトマト、ブドウ、レタス、イチゴ、リンゴなどは、地元で旬を迎えていても、マディソンのどのスーパーマーケットにも見当たらない。(Kloppenburg et al. 1996: 33–34)

ローカルフード運動が訴える反グローバリゼーション的な価値観の根底にあるのは、「グローバルに根ざしたフードシステムはエコロジー的にも社会的にも破壊性をもつ」(Kloppenburg et al. 1996: 34)という危機感である。たとえば農村社会学者のT・マーズデンは、欧米先進諸国の小売店チェーンにおける有機食品への需要の高まりがラテンアメリカでの有機マンゴー栽培を過度に促進させ、生産地に深刻な環境問題と農民の疲弊をもたらしたことを指摘している(Marsden 2003)。こうしたグローバルフードシステムのもつ破壊性に警鐘を鳴らし、ローカルな生産者と消費者を結びつけようとするのがローカルフード運動に共通する思想的な背景だ。

多くのローカルフード運動では、地域の生産者と消費者が直接的で人間的なやりとりを交わすローカルフードシステムの構築が目指されてきた(Hinrichs 2000)。たとえば、地域農業者が出店するファーマーズマーケットやCSAのような販売形態が代表的である。

そしてじつは、こうしたローカルフードシステムの構築は、まさに初期の環境保全米運動で目指され、達成されてきたものである。「くろすとーく」時代の討論を経て、既存の流通構造の問題を解決すべき課題として設定していたEPF情報ネットワークは、県内生産者と消費者をつなぐ場として産直市の地域内連携組織である「朝市・夕市ネットワーク」を設立していた。こうした日本における産直市と欧米圏で発達したファーマーズマーケットはほぼ同一の販売形態をとっている。さらに、初期の環境保全米運動では、生産者会員がつくった米を消費者会員が買い取るという、〈提携〉に近いきわめてクローズドな売買形態が提案されていたが、スイスやドイツ、そして日本の有機農業運動から着想を得た（Hinrichs 2000）とされるＣＳＡにおいても、同一地域内での買い支えが目指されている。このように、環境保全米運動に通ずる一連の活動の基本的なコンセプトは、ローカルフードシステムを構築することで地域農業者と地域環境を守ることであり、これはまさに「エコロジー的にも社会的にも破壊性をもつ」大規模な流通構造への対抗的手段であった。

⦿地域支援型農業のゆくえ

環境保全米の普及に通ずる一連の取り組みは、環境保全米運動へと至る過程でローカルフードシステムの構築を目指していた。しかし、ＪＡみやぎ登米での大規模な普及を実際に支えたのはナショナルなフードシステムであり、そして近年では生産の維持・拡大に向けたグローバルなフードシステムへの参入が始まっている。環境保全米が地域に普及することを一つの達成としてとらえるならば、ローカルフードシステムだけでは達成できなかったことがナショナルやグローバルなフードシステムに参入することによって達成されているのだ。

ここで、初期の環境保全米運動が何を目指した運動だったのかということをもう少し丁寧にふりかえってみたい。そのために、日本でも近年、わずかな萌芽を感じさせつつあるCSA（以下、地域支援型農業とする）について、その詳細を説明しよう。地域支援型農業のコンセプトを理解するうえで重要なのは、地域住民による地域農業の支援や保護が目指されているという点である。

先述のとおり、地域支援型農業の形態は日本の有機農業運動における〈提携〉に近い。しかし地域支援型農業では、「遠隔地」への宅配を認めている〈提携〉とは異なり、地域単位での一体性をより重視しており、生産者と消費者が「同一地域」内に暮らしていることが理想とされる。ここで「遠隔地」「同一地域」と表記したのは、発祥地のアメリカ合衆国と日本では地理的な条件がまったく異なるため、どこまでは「同一地域」で、どこからが「遠隔地」であるのかの感覚が相当に異なるからである。しかし、地理的な一定規模の範囲が想定されているかどうかという点は、日本の一九七〇年代から八〇年代にかけての有機農業運動と明確に異なる考え方である。

もう一つ、日本の〈提携〉と異なる点として、消費者の徹底的なコミットが望まれていることがあげられる。たとえば、地域支援型農業では年間料金の一括前払い制が原則として推奨されている。これは、消費者は農業におけるさまざまなリスクならびに恵みを生産者と共有するべきであるという、生産者と消費者との対等性を重視した制度である。地域支援型農業では、自然条件に左右されて立場が弱くなりがちな生産者を支援することが理念の一つとして掲げられているため、収穫された農産物への対価を支払うのではなく、どれだけの収穫を得られるかがわからない春先の時点で年間の料金にあたる額を支払うべきだとされる。また、消費者は農場にかかわる作業やイベントに積極的に参加することが求められている。日本の有機農業運動でも、援農として年に何度かの農作業を消費者に義務づけ、生産者側の負担を少しでも和らげようとする例があったが、地域支援型農業では〈提携〉で想定されていたよりもさらに多くの負担を消費者が共有することが奨励される。

以上のような特徴をもつ地域支援型農業は、二〇一〇年代以降、日本においても有機農業研究者による研究（桝潟 2013; 波夛野・唐崎編 2019）が盛んとなりつつある。また、ジャーナリストによる本国アメリカの事例を紹介する書籍（門田 2019）も刊行されている。このように地域支援型農業は現在、ローカルな農業をローカルに支援する新しい方策として日本国内でも注目されつつある。しかし、先述したとおり、日本の有機農業運動に着想を得ている地域支援型農業に注目が集まるのは、いわば「逆輸入」のような状態である。一九九〇年代半ばに起こった環境保全米運動でも、地域の生産者会員と消費者会員をつなぐことで地域環境を保全するといったコンセプトがすでにみられており、日本における地域支援型農業の先駆けであるという見方もできる。

初期の環境保全米運動と地域支援型農業は、どちらも農産物の脱商品化を目指しており、さらにいえばそれを地域単位で実現することを目指していた／いる。地域支援型農業の核は共有（share）であり、地域住民は商品として農産物を売買するのではなく、農における恵みとリスクを共有すべきだという発想である。日本の有機農業運動や初期の環境保全米運動では、こうした共有の精神はそれほど明確には意識されていなかったが、それでもそうした運動は資本主義社会の中で農産物が脱商品化される場をつくり出そうとする試みであったといえる。

しかし、地域支援型農業が最も盛んな地域の一つである米国カリフォルニア州で実施された調査研究によると、近年では地域支援型農業間での値下げ競争やはげしい淘汰が引き起こされており、地域支援型農業の本来の原則・原理が反映されていないものが増えてきている（Galt et al. 2016）。この調査研究をおこなった農村地理学者のR・ガルトらによると、理念的には市場原理から独立し、最も社会的に埋め込まれているはずの地域支援型農業において、年間一括前払いやリスク共有の原則が希薄化しており、なかには単なるデリバリーの定期購買と化しているものも少なくないという。地域支援型農業に特有な文脈として、地域支援型農業は商品化した有機農業への対抗手段という側面をもつのだが[6]、こうした地域支援型農業であっても商品化と脱商品化との間でのせめぎ合いが起こっている。

⦿ローカルな生産、ローカルな消費

ここまで、JAみやぎ登米における環境保全米施策と、初期の環境保全米運動および日本でも近年着目されつつある地域支援型農業を対比的にとらえながら、農業環境問題を解きほぐすための方途を整理してきた。JAみやぎ登米における環境保全米施策では、ナショナルなフードシステム、そしてグローバルなフードシステムへと参入することで「大規模な農業生産」と「地域環境保全」の両立が、不完全と言いうる部分もあるものの、一定程度において達成されていた。一方、初期の環境保全米運動では「ローカルフードシステムの構築による農業生産」と「地域環境保全」の両立が目指されていた。なかでも、消費者会員が生産者会員のつくった環境保全米を買い支えるという〈提携〉に近い発想は、農産物の脱商品化を目指したものだったと指摘した。

農産物は、「擬制商品」(Polanyi 1944＝2009) ともいわれる土地からの恵みであり、それが資本主義社会において商品化され、ナショナルあるいはグローバルなフードシステムに組み込まれることで、環境的にも社会的にもさまざまな歪みが生じている。こうした歪みに対して、ローカリティが一つのオルタナティブな方策として選択されつつあることはすでに紹介したとおりである。こうした動きは、農業と同じく土地の恵みを商品化している林業でもみることができる。たとえば、環境社会学者の大倉季久は、第2章で紹介したポランニーの議論を援用し、国内林業者による「近くの山の木で家をつくる運動」を、ローカルマーケット (局地的な市場) が再編されていく過程として分析している (大倉 2017b)。また、農村社会学者のC・ヒンリクスは、ファーマーズマーケットや地域支援型農業といったローカルフードシステムが生産者と消費者の市場交換的な傾向を和らげることを指摘し、経済的なものと社会的なものは不可分であると指摘する (Hinrichs 2000)。こうした、経済的な関係性を局地的あるいは社会的な関係性に「埋め込む」ことが、市場経済の暴力性をいくぶん緩和させる社会的な対抗措置であるとされてきた。

本章の議論はこれまでの既存の研究に対し、次の二つの論点を提示することができるだろう。まず、「エコロジーの経済化」による環境保全をどのように評価するかということだ。これは、(弱い) エコロジー的近代化をどのように評価するかということでもある。JAみやぎ登米の環境保全米施策では、初期の環境保全米運動ではなしえなかった大規模な普及を達成している。一方、こうした経済合理性の追求による環境保全は、エコロジー的近代化論への批判の多くが指摘するように、市場経済の内部で転倒する危険性を有していることも確かだ。したがって、こうした「エコロジーの経済化」による環境保全について手放しで評価することは避け、できる限りその評価基準やチェックリストを作成し、監視していく必要があるだろう。おそらく重要となってくるのは、特定の地域や人びとといったできるだけミクロな視点でものごとをとらえ、そこから議論することだ。こうした視点としてのローカリティから、どんな農のあり方やどんな環境保全のあり方が、誰にとってのどんな利益／不利益と結びついているのかを、丁寧に拾い上げていく必要がある。

次に、〈提携〉や地域支援型農業のような「経済のエコロジー化」が一部の人びとにしか開かれていない現状をどのように評価するかということだ。初期の環境保全米運動がそうであったように、〈提携〉や地域支援型農業の多くは有機農業や無農薬栽培を実践する農業者を支援の対象としてきた。この場合、消費者の支払い額と市場価格との間に大きな開きが出るため、地域内において参入できる人とそうでない人の差が生まれる。米国の事例では、ローカルフードシステムに参入できている人のほとんどは教育歴が長く、経済的にも中間層にあたる人びとだ（Hinrichs 2000: 301）。ローカルな生産とローカルな消費の循環というローカルフードシステムに根ざした地域環境保全の実現には、こうした課題が残されている。

終章

〈ゆるさ〉から「持続可能な農業」をつくる

環境保全米の稲わらを食む牛たち（2018年3月，登米市中田町）
撮影：筆者

⊙環境保全米をつくった〈ゆるさ〉

自然へ介入し、改変することで恵みを得てきた農業は、古くから環境破壊的な側面をつねにもっていたといえる。とくに水田は稲という単一作物を一定の面積規模で栽培しており、それが一面に並ぶ風景は「自然」ではない。しかし一方で、水田は浅瀬の湿地帯を好む両生類や昆虫類の格好の生息地となっていたり、網の目のように張りめぐらされた水路を伝ってやってくる魚類の産卵場所となってきた。

こうした多様な生きもののゆりかごとなっている水田に目を向けようと、全国の農村で「田んぼの生きもの調査」がおこなわれている（写真7−1）。「田んぼの生きもの調査」には、地域の子どもたちや学生に加えて、彼/彼女らが捕ってきた多様な生きものを特定し、分類する専門知をもった研究者やボランティアの人びとも参加する。農業者もこの日は参加者と一緒に網を持って水田に入る。水田があり、そこに多様な生きものが生息しているということが、人と自然とのかかわりや人と人とのかかわりを生み出している。

「田園風景」といわれるように、水田は周辺環境との一体性や連続性を有しており、それゆえに生きものを育むゆりかごとなったり、反対に周辺環境を汚染したりする。本書では、こうした水田における農業生産活動が地域環境にもたらす正負の影響に着目し、地域住民や地域農業者による地域環境保全はいかにして可能となるのかを検討してきた。このとき、とくに環境配慮型農法の地域的普及を支える社会的条件を探ることから、「持続可能な農業」ひいては「持続可能な地域社会」のあり方を描こうとしてきた。

本書では、宮城県で起こった環境保全米運動とそれに続く環境保全米の普及と継続の過程を事例として取り上げた。環境保全米がつくられ、その営みが継続されている一連の過程から、地域社会と地域農業の関係性や地域農業と地域環境との関係性、さらにひろくとらえれば農業環境問題を解きほぐすためのしくみやしかけを解明することを目的としてきた。

［写真 7-1］**田んぼの生きもの調査の様子**（登米市南方町）
撮影：筆者

環境保全米運動につながった一連の活動は、もともとは農薬空中散布への反対運動をきっかけとして始まっていた。しかし、討論が積み重なっていくなかで、農業者は既存の社会構造のなかで農薬に頼らざるをえない構造的な弱者であり、問題とすべきは大規模流通であるというフレームの転換があった。また、「くろすとーく」のメンバー間での農薬の安全性をめぐる認識の齟齬は埋められなかったが、そうした合意のとれなさが承認されることで、生産者の立場にあたる人びとと消費者の立場にあたる人びとがともに活動を続けていくことが可能となっていた。

こうしたコミュニケーション過程がすでに存在したため、環境保全米運動が提唱されたときには、農薬を完全に排除しようとするような方針はとられず、無農薬・無化学肥料栽培とともに減農薬・減化学肥料栽培も取り組まれることとなった。その後、農協による環境保全米の地域ブランド米戦略が立ち上がったときには、当初の環境保全米運動の理念とは異なっていたものの、環境保全米をより普及させるために戦略的な妥協が選ばれた。その結果、重要なアクターである農協との協働体制が構築され、環境保全米は宮城県内に普及した。さらに、農協との協働は「みやぎの環境保全米県民会議」の設立として結実し、農協だけでなく県内の多様な主体との協働体制が生まれた。

農協から環境保全米の生産を提案された地域農業者たちの反応はさまざまだったが、とくにリスクのある初期導入にかんしては、農協職員や生産部会の社会的ネットワークを通じて促されていた側面があった。農協職員や農業者の間では、環境保全米は導入初年度の冷害をきっかけに普及したという見方が有力だったが、八つの町域それぞれで初期導入に臨んだ生産部会員たちがいなければ次年度の爆発的な普及には至らなかったと考えられる。

環境保全米は地域的な普及からすでに一五年以上が経過しており、取り組みを続けている理由は多様に存在していた。食の安全性や次世代への配慮を語る者、農薬との「ちょうどいい」バランスを求める者、経済的利益を追求する者、地域を守る農業として取り組む者、売り切る米戦略として賛同する者、贈与の品として価値づける者、伝統として継承する者など、あらゆる文脈において環境保全米はつくり続けられている。地域農業者は一様ではなく、多様な継続動機の中でもどの動機をどれくらい重視しているかは人によってばらつきがあるが、ある程度の傾向もあった。重視する価値の違いは、耕作面積や農業収入の割合、農業キャリアの長さなどに影響を受けており、環境保全米が地域農業者の間に普及するには、多様な動機を提供できることが必要不可欠だった。こうした多様な動機の中には、農協の施策には従うべきであるといった規範や地域一体となって取り組むべきだという集団志向的な規範もみられ、こうしたローカルで固有の規範の中に環境保全米は埋め込まれていた。

環境保全米は経済的利益を生み出すだけでなく、農業者が自身の米づくりに誇りを感じるきっかけをつくっていた。たとえば、有機農業に取り組むのは厳しいものの、できることなら農薬は減らしたいと考える農業者が一定数存在した。彼らにとって、環境保全米は有機と慣行の狭間にある第三の選択肢として機能しており、一つの自己実現の手段として主体的に選択されていた。また、カブトエビの来訪も環境保全米づくりに取り組む農業者の誇りとなっていた。日本国内でみられるカブトエビはいわゆる外来種であり、保全生態学を正当性の根拠とする一般的な環境保全の現場では、駆除対象にもなりえる。しかし、登米では、先進地区で先んじて生息が確認されていたカブトエビは水田環境の改善を知らせる〈験《しるし》〉としてその存在が共有されており、環境保全米を生産し続けることの正当性を確信させる存在となっていた。

以上のような多様な理由から環境保全米づくりは継続されており、現在では地域のスタンダードな農法としての地位を確立しつつある。一方では、環境保全米をつくることが「標準」であるとみなされつつあり、雑草の繁茂などの理由によって環境保全米づくりから撤退しなければならない農業者は、「米づくり農家として失格」であるといった地域農業者としてのアイデンティティの揺らぎに直面する。また、減農薬栽培であったからこそ、地域の実情に合った農薬の使用度合いを推し量るという学習効果が生まれ、地域の慣行栽培や飼料米生産で使用される農薬をも減らすことができていた。

こうした環境保全米運動と環境保全米の普及と継続の過程の分析から、ある種の寛容さや〈ゆるさ〉の存在が環境配慮型農法の普及や継続を促すということを指摘した。環境保全米運動が成立し、農協施策として普及が拡大していく過程からは、地域社会と地域農業の関係性において固有の文脈から立ち上がる規範と倫理にもとづく寛容さが協働を可能としたことを確認した。JAみやぎ登米管内における環境保全米の普及と継続の過程からは、地域農業と地域環境との関係性において、多様な文脈に環境配慮型農法を埋め込むことが地域的な普及や継続に寄与することを確認した。まとめると、「持続可能な地域社会」の基礎的な要件である環境配慮型農法の普及を支える社会的条件とは、文脈化によって生まれ出る固有の規範と倫理、それらを生み出す〈ゆるさ〉であるといえる。

⦿環境保全米と農協

第3章では環境保全米運動の成立過程を、第4章と第5章では地域農業者による導入と継続の過程をそれぞれみてきたが、それらの環境保全米の普及過程はすべて、「農協が積極的にかかわったところが大きい」と言ってしまえる部分もある。では、本書の事例のような環境配慮型農法の地域的普及は、農協にしかできない芸当なのだろうか。ここでは、農協がもっているさまざまな資源を整理し、なぜ農協がかかわると地域的な普及が促進されやすいのかをあらためて考えてみよう。

農協がもっている資源は多様に存在するが、環境保全米の普及過程に大きな影響を及ぼしたのは、農協が地域農業者との間に醸成してきた社会関係である。聞き取り調査やアンケート調査に応じてくれた生産部会員の多くは六〇代以上であったが、彼らは若い頃から農協の組合員として生産活動を続けてきた者たち（なかには青年部に加入し活動していた者も少なくない）であった。彼らにとって、農業者となることは農協とともに歩むことを意味していた。

多くの地域農業者にとって、農協は主要な出荷先である。そして第4章でもみたように、地域農協は出荷された米をそのまま全農に卸すのではなく、地域農業者の農産物が市場でより高く評価されるように、民間の卸業者にも売り込む（環境保全米の場合、こうした売り込みは全農の積極的な関与によっても支援されていた）などの販売努力をおこなってくれる仲介業者でもある。また、農協は農業資材の購買先であると同時に、地域農業者が新技術を仕入れるための窓口でもあり、農協を介してさまざまな農法や農業資材、農業機械などの情報が入ってくる。加えて、農協は単なる情報収集の窓口ではなく、新しい技術を導入する前には生産部会員や各メーカーなどと協力して実証実験や先進地域の視察などをおこない、より地域の実情に合った選択をしてくれる。こうした販売事業、購買事業、営農事業のほかにも、信用事業や共済事業、厚生事業など、地域農業者にとっての地域農協の役割は多様で重層的である。そして、こうした関係性は一朝一夕のつきあいではなく、生業を通じた、まさに人生単位でのつきあいである。(1)

こうした重層的な関係性は、もちろん現場の農協職員と地域農業者との日々のフォーマルあるいはインフォーマルなつきあいによって形成され、保持されているのだが、一方で今日の農協ができあがるまでの歴史的経緯にも大きく依存している。(2)そのため、農協と地域農業者のような関係性を農協以外の立場から築き上げることは非常に難しいだろう。

地域農業者との間に培ってきた関係性のほかに、農協がもつ資源の中で、環境保全米の普及に具体的な影響を及ぼしたのが栽培暦である。第4章でも紹介したように、栽培暦は地域農業者にとって栽培工程の基本的な指針となるマニュアルである。環境保全米が施策開始の初年度には管内全体の面積の一〇分の一程度しか導入されなかったように、栽培暦は農法選択に対する強制力はもっていないのだが、(3)こうしたマニュアルを多くの農業者に対して配布できる資金力やネットワークがあるだけでも農法普及の観点では大きなアドバンテージをもつ。以上のような資源が、農協による環境配慮型農法の普及を後押しする要因となっている。

農協以外の組織や団体がこれらを代替することは可能なのだろうか。まず、栽培暦については、滋賀県の「環境こだわり農業」や兵庫県豊岡市の「コウノトリ育む農法」のように、行政施策や行政職員の努力によって着々と普及している例もあるため、農協でないとできないというわけではないと考えられる。とはいえ、「コウノトリ育む農法」を実践している地域農業者への聞き取り調査においては、「農協にすすめられたから」といった導入のきっかけが語られており（菊地 2012）、実際には環境配慮型農法が普及しているほとんどの地域において、農協を介した地域農業者の勧誘や説得が多かれ少なかれ潜在的な動員力として働いている可能性があると考えられる（草の根的な有機農業のひろがりを除く）。

次に、地域農業者との社会関係については、先述したように一朝一夕で築き上げられるものではない。この点は、たとえば組織内での配置転換が前提とされている行政職員にとってはとくに実現が難しい点である。

ここで示唆的なのは、環境学者の佐藤哲が提唱する「レジデント型研究機関」である。レジデント型研究機関とは、地域社会の中に定住して研究をおこなう研究者を擁する大学、研究所などで、地域社会の課題に直結した領域融合的な研究をおこない、問題解決に貢献することをその使命としている（佐藤 2009: 219）。たとえば、兵庫県立コウノトリの郷《さと》公園で研究職についていた菊地直樹は、まさにレジデント型の研究者としてコウノトリの野生復帰事業による自然再生や地域再生（環境配慮型農法の普及を含む）に取り組んでいた（菊地 2006）。レジデント型研究機関は一つの例であるが、こうした特定の時空間を長期的に共有することが、環境配慮型農法の普及を後押ししうる社会関係の構築において必要となってくるだろう。

⦿フリーライダーから担い手に

次に、第1章で提案した、正負の農業環境公共財という視座から農業環境問題をとらえるという手法がどんな新たな気づきをもたらしてくれるのかについて指摘しておこう。第1章で確認したように、公共財（集合財）は、集団内の構成員全員にとって喜ばしい共通の利益を生むが、構成員は個人的にはコストを負担しなくても利益にあずかることができる。そのため、公共財（集合財）の供給過程ではコストを負担せずに利益にただ乗りしようとするフリーライダーが出現してしまい、フリーライダーがあまりにも増えすぎると公共財（集合財）が供給されなくなってしまうという問題点があった。また、同じく第1章で指摘したように、とくに正負の農業環境公共財の供給／削減の問題では、そのためのコストを支払っているのが農業者である一方、それによって得られる便益は空間的にひろく拡散しており、コストと利益の間に不均衡が生じていた。

ここでは、こうした農業環境公共財をめぐるフリーライダー問題を、これまでの本書の知見とあわせて議論していこう。

まず、今日の消費社会において、正負の農業環境公共財を供給／削減するためのコストがどのように偏在しているのかを、社会に存在するアクター別に示すと次のようになる（図7－1）。最もコストを負担しているのが、正負の農業環境公共財を供給／削減するコストを負担している農業者である。ここに含まれる農業者は、「農業・農村の有する多面的機能」を提供する基盤となりうる正の農業環境公共財を供給しているだけでなく、農薬や化学肥料などの過剰投入による環境負荷の発生を抑えている。有機農業者に代表されるような環境配慮型農法を実践する農業者が含まれ、本書の事例である環境保全米の生産者もここに含まれる。

次に、慣行農業者は、農業生産活動に起因する環境負荷（＝負の農業環境公共財）を削減するた

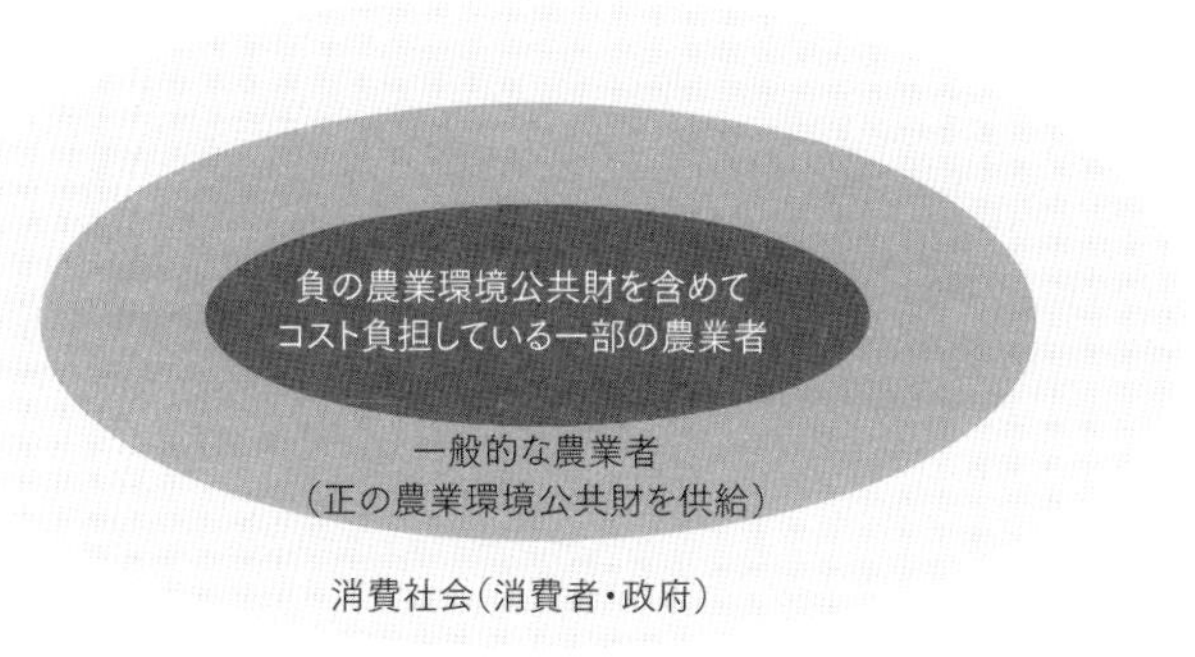

［図 7-1］農業環境公共財を維持するコストの偏在
出所：筆者作成.

めのコストは負担していないが、農地を維持しているという点で農村景観を含む正の農業環境公共財を供給するためのコストを負担している。最後に、消費者や政府は、消費行動や政策によってコストの共同負担者になりえるものの、直接的には正負の農業環境公共財を供給／削減するコストを負担することはない。

こうしたコストの偏在構造があるなかで、本書の議論とは、慣行農業者が農業環境公共財のコストの共同負担者、つまり地域環境保全の担い手となっていく過程を、それを可能とした「選択的誘因」を解明することで明らかにしていったものだと位置づけられる。フリーライダーをコスト負担へと誘導する「選択的誘因」には、経済的利益だけでなく、地位や名誉、あるいは友好的関係の維持など、さまざまな社会的要因も含まれる（Olson 1965＝1996: 13）。本書の事例の場合、環境保全米は農業者に対して経済的利益だけでなく、さまざまな精神的豊かさももたらしていた。また、地域農業者の間に共有されていた規範も環境保全米の採用や継続に寄与していた。

これらの採用動機・継続動機は、すべて環境保全米が慣行農業者に対して提供できた選択的誘因であるといえる。

しかし、市場を介して経済的利益を生み出すことを前提とする、現代の生業として営まれる農業が環境配慮型農法へと転換していくためには、精神的豊かさや規範といった選択的誘因はそれを後押しする要因にはなりえるものの、ある程度の経済的利益が見込めなければ、実際の採用や継続は難しい。第1章で紹介したように、現在の新規参入者には有機農業に取り組む者が一定数存在し、今後、農業環境公共財を維持するためのコストの共同負担者が増えていくことがある程度予想できる。しかし、多くの農業者が参入することによる有機農産物の値崩れの可能性も含めて、比較的零細な地域農業者や新規就農者が今後、有機農業で生計を立てていくことができるのか、あるいはどんな有機農業であればそれが可能となるのかは、慎重に考えていかなければならないところである(4)。

ここで、生産者と対になる消費者に目を向けてみると、消費者は環境配慮型農法を営む農業者やそうした農業者がつくった農産物に対して、農業者が再生産可能な額を支払うのであればコストの共同負担者になりえる。ただし、農業環境公共財を含めた持続可能性にかかわる領域では、非知の問題があるためコスト負担を強制することはできず、支払いの意思をもつ消費者だけが支払うこととなる。

消費者による共同負担を構想するのであれば、小売や消費の場面で根強い有機農業の完全主義をどのようにいなしていけるかが課題となる。というのも、農地外での環境負荷が高い植物工場の建設やハウス栽培を前提としないのであれば、完全無農薬・無化学肥料栽培の有機農業は、現時点では多くの農業者にとって技術的な障壁が高く、手間と労力がかかるため、単価を上げなければ経済的行為としては成り立たない。有機農業がかつて「高付加価値型農業」として取り上げられたのは、有機農産物を出荷するまでにかかった大変な手間と労力に見合う価格をつけた結果、有機農業者の意図にかかわらず、市場における有機農産物は慣行栽培の農産物とは質的に異なる「プレミアム商品」となってしまったからである。現在においても、有機農産物は高価なプレミアム商品と位置づけられており、日本を含む多くの先進国で、有機農産物の購入意向や購入頻度と所得には関連があることが判明している[5]。

日本では、単身世帯の増加傾向が長らく続いており、こうした傾向にあわせて世帯収入も年々減少している。また、一人あたりの収入も減少傾向が続いている。こうした所得の減少傾向が続くなかで、有機農産物を日常的に買い求めることができるほど経済的に余裕がある層もまた、減少していくと予想される[6]。農村社会学者の徳野貞雄は、農産物の価値がわからず金銭を支払わない消費者を、「どうしようもない消費者」と呼んだが（徳野 2011: 35）、経済的余裕が相対的に少なくなってきている現状において、農産物に金銭を十分に投入できない消費者層は確実に増えつつあると考えられる。

こうした事態に対し、本書の知見から提言できることは、農法を有機か慣行かという二元論でとらえるのではなく、有機と慣行の狭間にある多様な環境配慮型農法を含めた連続的な存在としてとらえることが、多くの生産者と消費者が環境保全の担い手になれるようなしくみを創出しうるということである。これは、完全主義的な有機農業に邁進したい農業者を否定するのでもなく、完全無農薬栽培の農産物を購入したい消費者を否定するのでもない。多様な環境配慮型農法のあり方を提示し、それを社会が共有していくことが、より多くの人びとが環境保全にかかわることができるしくみづくりにつながるのではないかということだ。

そして、こうした多様な人びとによる環境保全を支える重要なアクターが、政策決定者である政府である。政府もまた、環境配慮型農法に対して再生産可能な額を支払うのであればコストの共同負担者になりえる。たとえば、ＥＵ諸国では農業環境政策の柱としてクロスコンプライアンス制度がとられている。クロスコンプライアンス制度とは、農業生産活動にかかわるさまざまな局面で環境配慮型農法を実践している農業者が優遇されるように設計された制度である。ＥＵ諸国での有機農産物の比較的高い普及率を支えている大きな要因として、この制度があげられる。

ＥＵ諸国でクロスコンプライアンス制度が設計された背景には、長らく続いている農産物の過剰供給の問題がある。政策の国際比較をおこなううえでは、こうした各国に固有の政策的背景を慎重に考慮しなければならないが、少なくとも農業環境政策の設計や実施に対して公的資金や公的人材が日本にくらべて投入されていることは指摘できる。

一方、農業環境公共財を含む持続可能性にかかわる領域は、つねに非知の問題を内包しているため、政策的支援の根拠が乏しくなる傾向にある。ＥＵ諸国でのクロスコンプライアンス制度は、「農産物の過剰供給」といった明確に現在発生している「いま・ここ」での問題と絡めることができたがゆえに実施されている側面もある。

だが、人びとには政策的支援を引き出したり、政策の方向性を変えうる力がある。それが社会運動であり、本書の文脈でいうならば有機農業運動であった。有機農業運動が近代農業のあり方を批判し、オルタナティブな農のあり方やその価値を提示し続けてきたことは、既存の社会を変えうる原動力としてこれまで働いてきた。こうした有機農業運動の成果と本書の知見である〈ゆるさ〉の議論は、対立するものではなく、むしろ相補性をもって環境配慮型農法を普及し、多様な人びとによる環境保全のあり方を提示していけるだろう。

⦿「普通」の人びとによる環境保全

以上の点について、既存の研究成果をふまえながら、もう少し理論的な検討を続けていこう。

環境保全米を生産することでコストの共同負担者となっていた地域農業者の動機は一様ではなく、なかには環境保全を主な動機と考えていない者も一定数存在していた。これは、環境保全的な行為にとくに価値をみいだしていない「通常の主体」による環境保全的な行為が成立していることを意味しており、持続可能な社会を描いていくうえでの一つの方途を提示している。

環境社会学者の丸山康司は地域社会に再生可能エネルギーが定着するためのしくみとして、地域社会が再生可能エネルギーを所有し、地域経済の動力として利用する「コミュニティ・パワー」に着目し、北欧の事例からコミュニティ・パワーでは環境保全的な動機よりも地域経済の維持・発展といった動機が強いことを紹介している（丸山 2014）。また、環境運動の研究者である西城戸誠は、市民の出資により運営される「市民風車」が、日頃から積極的に環境運動にかかわっているわけではない層からも一定の出資を得られていることに着目し、「弱い個人」を巻き込むことができるしくみが重要であると指摘している（西城戸 2008）。これらの研究に共通するのは、環境配慮意識の高まりによる環境問題の解決のみを前提としていないことである。どちらの研究も、社会におけるしくみやしかけを整えることが環境保全の現場を機能させたり、環境配慮的な行動を促進させるということを示している。

ここでは、「通常の主体」や「弱い個人」と形容されている人びとについて整理し、本書の〈ゆるさ〉の議論と結びつけて考えてみたい。まず、「通常の主体」とされているのは、「環境保全について価値合理性をもつ主体」ではない（舩橋 1995: 7）、つまり環境配慮的な意識をもっていない人びとだ。しかし、国連のＳＤＧｓ（持続可能な開発目標）が示すように、「持続可能性への配慮」が強力な規範として作用する現在においては、環境配慮意識をいっさいもっていないという人の方がむしろ珍しいのではないだろうか。たとえば二〇一九年に実施された「環境問題に関する世論調査」では、九〇・六％の人が自然について「関心がある」と答えており（内閣府 2019）、この結果をそのままふまえるならば、現在の「通常の主体」は自然や環境問題に興味をもっているといえる。だとすれば、現在では、ある程度の環境配慮意識はあるのだがそれを行動に移さない／移せない人びとが「通常の主体」にあたるといえるだろう。一方、「弱い個人」の議論では、環境運動に積極的にかかわるような「強い個人」との対比で「弱い個人」が説明されているが、具体的にどんな特徴をもつ人が「弱い個人」であるのかまでは明示されていない。

しかし、環境配慮行動を積極的にはとらない人びとや環境運動に積極的にはかかわらない人びとを一様にとらえ、そこになんらかの傾向をみいだすのは存外難しい。たとえば、ボランティア論と結びつけるならば、余暇や経済的な余裕が相対的に乏しいため環境ボランティアにかかわることができない層が一定数いるととらえられる。また、社会的ネットワーク論の観点からは、その人の社会的な位置、つまり知人にどんな人がいるかによってある種の活動にアクセスできるかどうかが変わってくるといえる。さらにいえば、同じ個人でもライフステージの移り変わりによってできること／できないことに変化が出てくる。結局は、（マイナス要因を打破するほどの強い環境配慮意識をもたないということを含めて）みんな何かしらの事情があって「通常の主体」や「弱い個人」のようにみえるという程度のことしかいえないだろう。

むしろここで強調すべきは、いわゆる「普通」の人びとである「通常の主体」や「弱い個人」に目を向けるというパースペクティブの転換だろう。公害問題の調査研究から始まった日本の環境社会学では、環境運動の分析がこれまで事実上大きな位置を占めてきた（長谷川 2003: 70）。明治期以降、高度経済成長期に至るまで、公害問題は日本全土に甚大な被害を与えてきたが、それらはその後、住民や市民の訴えによって少しずつだが改善されてきた。まだまだ多くの課題が残されているが、環境運動が環境保全的、環境リスク回避的な制度の形成や規範の形成に寄与してきたのは間違いない（長谷川 2003: 82）。(7)

しかし、主に一九八〇年代以降から今度は持続可能性にかかわる問題が登場した。持続可能性にかかわる問題は局所的に被害が集中して顕在化する公害問題と異なり、非知の問題をともないつつ、加害（とされる行為）も被害（とされる状況）もひろい時空間にわたって拡散する。こうした特質をもつ環境問題では、政策決定者に対して圧力をかける環境運動が引き続き有効である一方で、社会がどのようなしくみやしかけを備えていれば「普通」の人びととの生活がより環境調和的になりえるだろうかと問う視座もあわせて必要となってくる。

他の地域からみれば、環境保全米づくりに取り組んでいる農業者たちは「普通」ではなく、技術力が高く、かつ諸々の条件に恵まれた者たちにみえるかもしれない。しかし、彼／彼女らも、自らの生活実態とのすり合わせのなかで環境保全米づくりに取り組んでいるという点ではきわめて「普通」の価値観をもっている。環境保全米を支える〈ゆるさ〉は、持続可能性にかかわる問題に「普通」の人びとが少しずつでも参与できるような可能性を示唆しているといえるだろう。

⦿今後の農業環境政策への提言

「普通」の人びとが少しずつでも持続可能な地域農業や地域社会をつくっていきたいと考えたとき、有機農産物市場の拡大に活路をみいだそうとする現在の農政のやり方だけでは支援は十分に行き届かないだろう。環境保全米の事例を分析するなかで、地域の農業環境公共財を持続的に供給していくためには、減農薬・減化学肥料栽培に目を向けることがある程度の有効性をもつことがわかった。したがって、政策面においても、既存路線である有機農業施策だけでなく減農薬・減化学肥料栽培にもよりいっそうの支援策を拡充すべきだといえるだろう。

農林水産省は、二〇〇三年に「環境保全型農業（稲作）推進農家の経営分析調査」という全国調査をおこない、環境保全型農業（この調査では「農薬または化学肥料の使用を地域の慣行的に行われている栽培より五〇％以上を節減している農業」という定義）に取り組む農業者の生産概況、経営収支、労働時間、取り組み状況を明らかにしている。

しかし、この二〇〇三年調査以降、有機農業にかんする調査はいくつかおこなわれているものの、減農薬栽培にかんする詳細な調査はほとんどおこなわれていない（もしくは公表されていない）。農林業センサス（二〇〇五年、二〇一〇年、二〇一五年）では、農薬・化学肥料の低減の取り組みや堆肥による土づくりの取り組みについて、それらをおこなっているかどうかを尋ねる項目が一カ所だけあるものの、経営収支や労働時間、取り組み状況といった詳細は尋ねられていない。また、環境保全型農業についても、「地域の慣行に比べて農薬や化学肥料の使用量を減らしたり、堆肥による土作りを行うなど、環境に配慮した農業」というあいまいな定義となっており、その低減の度合いが尋ねられていない。さらにいえば、地域慣行より農薬・化学肥料を五割以上減らす特別栽培は、環境保全米がそうであったように、近年においては地域ブランド米戦略とあわせて取り組む地域が着実に増えているのだが、これについても詳細な全国調査はおこなわれていない（もしくは公表されていない）。

有効な農業政策を策定するには、全国的な統計情報は不可欠である。有機農業にかんしては、とくに有機ＪＡＳ認証が法律にもとづいた規格であることもあり、ある程度詳細な情報が毎年公表されている。しかし、これまでの減農薬・減化学肥料栽培にかんする調査は、簡素であるだけでなく定義も不明瞭であるため、そうしたデータを分析することで得られる情報が相対的に少ない。まずは減農薬・減化学肥料栽培の全国的な状況や動向が把握できるような調査をおこない、それを公表することが、今後の環境配慮型農法の普及の一助となるだろう。

地域から農業環境問題を解決していくためには、地域社会において地域農業と地域環境保全が両立するしくみやしかけをつくることが必要だ。しかし、ナショナルあるいはグローバルにひろがる食料ネットワークのさなかでこれらを実際に両立していくことはなかなか難しい。

だが、ローカルで固有の文脈に埋め込むこと、そして多様な文脈を新たにつくり出す〈ゆるさ〉を活かすことで、地域の人びとにとって、そして地域の環境にとっても、よりよい地域社会のあり方が生まれてくるのではないだろうか。

資料

「慣行農業」の起源

現在、農薬・化学肥料を使用する農業や農法は、一般的に「慣行農業」「慣行栽培」と呼称されることが多い。しかし、本論でも触れたように、農薬・化学肥料の使用を前提とした栽培体系が農村全体に普及し始めたのは終戦後であるため、農薬・化学肥料の使用が「慣行」となったのは、農業の長い歴史からみればごく最近のことにすぎない。では、いつから農薬・化学肥料を使用した農業が「慣行農業」「慣行栽培」と呼ばれ始めるようになったのだろうか。ここでは、主要な全国紙のデータベース(1)を用いて、農業における「慣行」の意味合いの変遷を確認していく。

⦿小作慣行調査と慣行水利権

「慣行」と「農業」という二つの語句が掲載されていた最も古い記事は、一八八五(明治一八)年の「小作慣行調査」にかんするものであった。小作慣行調査とは、農商務省(のちに農林省)が実施した、小作制度の地域的な取り決め(慣行)にかんする全国的な調査で、地主小作間の争議にかかわるあらゆる事例や実態が集約された（和田 2011）。一八八五（明治一八）年、一九一二（大正元）年、一九二一（大正一〇）年、一九三六（昭和一一）年の四回分が実施・公表されている。記事内では、府県に対して、「各地方小作ニ関スル慣行左ノ條目ニ照準シ詳細調査シ来ル七月三十一日マデニ当省へ差出スベシ此旨相達シ候事」（「読売新聞」一八八五年四月一四日、傍点引用者）とあった。また、その次に古い記事は一八八八（明治二一）年のもので、こちらも小作慣行調査についての記事であった（「朝日新聞」一八八八年四月一四日）。その後も、一九六〇年代頃まで、農業の「慣行」が問われる記事は小作慣行調査以外の文脈ではみられなかった。

　小作慣行調査以降に農業の「慣行」が問われたのは、一九六〇年代以降の慣行水利権についてであった。たとえば、「水利組合は全国に七万九千を数えるが、このうち六万九千がいわゆる『申し合わせ組合』である。これは自然発生的にできた組合で、その申し合わせが、慣行として組合員の水利用を支配しているものだが……」（「読売新聞」一九六〇年一〇月一八日、傍点引用者）というような記述である。記事内では、こうした旧来的な慣行水利が根強く農村を支配していることが農業の近代化を妨げているだけでなく、工業用水や生活用水としての水利用にも影響を与えているため、農林省が『水利白書』を発表することによって現状を一度整理しようとしている、といった説明がなされていた。こうした慣行水利権についての記事はその後も散見されたが、一方で農薬・化学肥料を使用した農法を「慣行」という言葉を用いて説明しようとする記事は一九八〇年代後半までみられなかった。

◉減農薬栽培を定義する「慣行」

一九八〇年代には、農薬や化学肥料の過剰な使用を問題視する世論が形成され、それらを使用しない農法として有機農業が注目され始めた。ここにおいて、農薬や化学肥料を使用する農業を「慣行農業」「慣行栽培」といった言葉で説明するという手法が生まれた。こうした意味合いで「慣行栽培」という言葉が全国紙の紙面上で初めて確認されたのは、一九八七年の山形県高畠町《たかはたまち》に関する記事であった。記事内では、高畠町で取り組まれている「少農薬」米について、「従来の有機農法では農薬をまったく使わない考え方もあるが、同組合〔上和田有機米生産組合〕では田植え直後に一回だけ除草剤を使うなど、慣行栽培も一部採り入れている」（『朝日新聞』一九八七年六月二九日、傍点引用者）という説明がなされていた。ここでは、除草剤を使用するやり方が「慣行栽培」であると表現されている。また、二年後の一九八九年には、宮崎県綾町《あやちょう》での「低・無農薬」栽培の取り組みを紹介した記事に、「慣行」への言及があった。記事では、A・B・Cの三種類の認定基準を説明する際に、「毒性のある農薬は、Bで『慣行防除回数』の五分の一以下、Cで三分の一以下」（『朝日新聞』一九八九年六月二二日、傍点引用者）というように、「慣行防除回数」との比較によって、「低農薬」栽培の基準が設定されていることが説明されていた。

ここで着目したいのは、どちらの記事の文脈でも、「少農薬」米や「低農薬」栽培などの減農薬栽培を説明するために、「慣行農業」「慣行栽培」が用いられている点である。こうした減農薬・減化学肥料栽培を説明するために「慣行農業」「慣行栽培」に言及する説明形式は、一九九二年九月に農林水産省によって作成され、翌年四月から利用が始まった「有機農産物等に係る青果物等特別表示ガイドライン」制度（特別栽培農産物制度）にもみることができる。一九九三年の報道によると、ガイドラインの内容は、「これまで一般的に有機農産物と呼ばれていたものを(1)有機農産物（たい肥を使って土づくりをし、農薬、化学肥料を三年以上使用せずに栽培）(2)転換期間中有機農産物（たい肥による土づくりをして農薬、化学肥料を六か月以上使用せず）(3)無農薬栽培農産物（前作の収穫後から農薬を使用せず）(4)減農薬栽培農産物（前作の収穫後から使用した農薬が周辺で慣行的に行われている使用量の半分以下で生産）の四種類に区分」（「読売新聞」一九九三年四月一日、傍点引用者）したと説明されている。したがって、ガイドラインの制定にあたり、農林水産省が「周辺で慣行的に行われている使用量」を減農薬・減化学肥料栽培の比較基準として設定したことで、逆説的に「慣行農業」あるいは「慣行栽培」が農薬・化学肥料を節減しない農法であるといった意味合いが付与されたといえる。

ガイドラインは、その後五回の改定を経て、現在では「特別栽培農産物に係る表示ガイドライン」という名称になっている。現行ガイドラインにおいては、特別栽培農産物の定義は、「当該農産物の生産過程等における節減対象農薬の使用回数が、慣行レベルの五割以下であること」（傍点引用者）という農薬にかんする要件と、「当該農産物の生産過程等において使用される化学肥料の窒素成分量が、慣行レベルの五割以下であること」（傍点引用者）という化学肥料にかんする要件の双方を満たす栽培方法によって生産された農産物をいう。

◉慣行基準の策定

では、ここで言及されている「慣行レベル」を定めているのは誰なのか。ガイドラインでは、この点について、「慣行レベルは、地方公共団体が定めたもの（地域ごとに定めたものを含む。）又は地方公共団体がその内容を確認したものとし、使用実態が明確でない場合には特別栽培農産物の表示は行わないものとする」という説明がなされており、「慣行レベル」を定めるのは地方公共団体だとされている。現在、すべての都道府県が「慣行レベル」をウェブサイト上で公開しており、農林水産省は、「特別栽培農産物に係る表示ガイドラインに基づき地方公共団体が定めた慣行レベル等」として、各都道府県の当該ページのURLと問い合わせ先等をとりまとめて公開している。こうした地方公共団体による「慣行レベル」の策定は、二〇〇三年五月二六日のガイドライン改正によって新たに追加された条項である。いくつかの都道府県は、「慣行レベル」（慣行基準との表記もあり）の策定要綱や策定方針を公開しており、これらの初回の策定時期はおおむね二〇〇三―〇四年の時期であった(2)。

つまり、有機農業に続いて減農薬栽培というカテゴリが登場したことで、完全無農薬ではないが農薬や化学肥料を減らしている農法を説明するために、比較対象として削減以前の基準に言及する必要性が生じた。そこで、減農薬栽培の説明用語として「慣行的に行われている使用量」という言及が生まれ、そうした使用量を表現する「慣行レベル」という用語が生まれた。そして、この「慣行レベル」に準拠した農業が次第に「慣行農業」「慣行栽培」と呼ばれるようになっていったと考えられる。

現在、「慣行農業」「慣行栽培」という言葉は、農薬や化学肥料の節減をとくに意図していない農法全般を指す用語として使用されている。たとえば、農林水産省が二〇一八年に実施した「環境保全に配慮した農業生産に資する技術の導入実態に関する意識・意向調査」では、栽培方法の選択肢として、慣行農業、エコファーマー、特別栽培、有機農業（有機ＪＡＳ認証取得）、有機農業（有機ＪＡＳ認証取得なし）という五種類が提示されている。

註

序章

（1）たとえば、データのトライアンギュレーションや研究者のトライアンギュレーション、理論のトライアンギュレーションなどがある。くわしくは、Flick（2007＝2011）を参照。

第1章

（1）同研究会の発起メンバーの中には、当時の出稼ぎの状況を「不安定な季節労働者を徹底的に働かせようとする資本の搾取行為」ととらえる者もいた。また、一九七〇年に始まった減反政策が農業者らの将来展望を喪失させた（青木 1991a: 31）ことも、この時期に自給を目指す同研究会が発足した要因の一つであった。

（2）消費者主導で形成された有機農業運動であったが、その活動が安定期に入った後は、農産物の価格が高すぎる、生活の都合もあって援農（消費者が生産現場まで直接出向き、除草作業や農産物の梱包、輸送作業の手伝いをすること）を辞退したいなど、消費者から活動のあり方に対して苦言が出ることもあり、場合によっては生産者との話し合いが紛糾する事態となることもあった。山形県高畠町における有機農業運動を調査した松村・青木編（1991）にも、当時の生産者と消費者との意見の食い違いが記されている。

（3）イギリスの科学政策研究者であるA・スターリングは、不定性を「リスク（risk）」「不確実性

(uncertainty)」「多義性(ambiguity)」「無知(ignorance)」の四類型から説明している(Stirling 2010)。スターリングによると、「リスク」とは状況を判断できる科学的なデータが揃っていて、確率計算が可能な状態をいう。そのため、むしろ「リスク」の領域こそが、一般的な意味合いでのリスク管理が最も容易である。その他の、起こりうる結果がわかっていながら発生確率がわからない「不確実性」の領域や、起こりうる現象が多様に解釈されうる「多義性」の領域、また予想されていなかった事象が引き起こされる「無知」の領域は、それぞれに困難さを抱えている。不定性にかんして日本語文献では、本堂ほか(2017)がくわしい。

第2章

(1) グラノヴェッターは、「過少社会化」と「過剰社会化」といった二つの視座の双方を批判している。過少社会化(undersocialized)とは、日々の経済的行為が経済合理性のみを追求するかたちで営まれているとする考え方である。一方、過剰社会化(oversocialized)は、社会のあり方や人びとをとりまく具体的な社会関係こそが経済行為を強く規定しているとする考え方である。グラノヴェッターは、現代社会で営まれている経済合理的な行為が、実際には経済的動機と非経済的動機とが混合した状態で進行していることに着目し、こうした実際の経済的行為のあり方を分析するためには、「過少社会化」と「過剰社会化」の双方から距離をとった「弱い埋め込み」の視座が有効であると主張した。

(2) たとえば、経済社会学者のズーキンとディマジオは、「埋め込み」を「認知、文化、社会構造、政治制度に対する経済的行為の随伴的性質」だと定義し、「認知的」「文化的」「構造的」「政治的」の四つのタイプに「埋め込み」を分類した(Zukin and DiMaggio 1990)。

(3) 規格化以前の有機農業が減農薬栽培を許容していた一方で、その頃にはまだ農薬の安全性が現代にくらべて確立されておらず、健康上のリスクから、生産者・消費者ともに完全無農薬・無化学肥料栽培にこだわる理由があった。しかし、第一章でも触れたように、一九七〇年代以降、国内での農薬規制は徐々に整備されていき、農薬の安全性は以前とくらべて確実に向上した。にもかかわらず、有機農業の完全主義は、むしろ有機農産物が規格化された一九九〇年代以降に顕著にみられるようになった。

（4）日本の農村社会学において社会的ネットワークに着目する技術普及論が輸入されなかった理由として、ロジャーズのような技術普及研究は、技術の普及を無批判に歓迎している技術中心主義であるとして批判を浴びるようになり、一九八〇年代以降には農村社会学者の主要な関心を得られなくなっていった（Buttel et al. 1990＝2013）という学問的な背景も存在する。

（5）たとえば、伊藤編（2013）や小林・浅野編（2018）などを参照。

（6）環境配慮型農法に限らず、農業技術一般が普及する要因を、技術的側面を含む経済的合理性から説明しようとする研究アプローチは現在も優勢だが、一方、近年では農業経済学においても、ロジャーズやグラノヴェッターが解明した、社会的ネットワークや「埋め込み」が農業者に与える諸影響に着目した研究成果が増えており、社会関係から農業技術の普及を説明する研究アプローチも一分野を形成しつつある。こうした研究アプローチの多様化について、環境配慮型農法を含む農業技術の普及にかんしては、上西・梅本（2018）がくわしい。また、環境配慮型農法に限らず、農業技術一般の普及にかんしては、不破（2014）を参照されたい。

第3章

（1）この連載企画は、一九九二年に日本新聞協会の新聞協会賞（編集部門）を受賞している。

（2）東北農政局「宮城農林水産統計」によると、宮城県の一九九〇年時点での農業産出額は三〇七九億円で、そのうち五割強の一六四七億円を米が占めている。

（3）河北新報社編集局編（1992a: 8）。

（4）河北新報社編集局編（1992a: 8–9）。

（5）河北新報社編集局編（1992a: 8）。

（6）河北新報社編集局編（1992a: 9）。

（7）河北新報社編集局編（1992a: 9）。

(8) 河北新報社編集局編(1992a: 11)。
(9) 河北新報社編集局編(1992a: 11)。
(10) 河北新報社編集局編(1992a: 11)。
(11) 河北新報社編集局編(1992a: 11)。
(12) 河北新報社編集局編(1992a: 10)。
(13) 河北新報社編集局編(1992a: 14)。
(14) 河北新報社編集局編(1992a: 14)。
(15) 河北新報社編集局編(1992a: 12)。
(16) 河北新報社編集局編(1992a: 12)。
(17) 河北新報社編集局編(1992a: 46)。
(18) 河北新報社編集局編(1992a: 49)。
(19) 河北新報社編集局編(1992a: 55)。
(20) 河北新報社編集局編(1992a: 57)。
(21) 河北新報社編集局編(1992a: 46)。
(22) 河北新報社編集局編(1992a: 46)。
(23) 河北新報社編集局編(1992a: 93)。
(24) 河北新報社編集局編(1992a: 94)。
(25) 河北新報社編集局編(1992a: 98)。
(26) 河北新報社編集局編(1992a: 99)。
(27) 河北新報社編集局編(1992b: 16)。
(28) 河北新報社編集局編(1992b: 20)。
(29) 河北新報社編集局編(1992b: 23)。
(30) 河北新報社編集局編(1992a: 149)。

(31) 河北新報社編集局編(1992a: 151)。
(32) 河北新報社編集局編(1992a: 150)。
(33) 河北新報社編集局編(1992a: 147)。
(34) 河北新報社編集局編(1992a: 149)。
(35) 河北新報社編集局編(1992b: 52)。
(36) 河北新報社編集局編(1992b: 62)。
(37) 河北新報社編集局編(1992b: 62)。
(38) 河北新報社編集局編(1992b: 62)。
(39) こうしたフレームの転換は、ゲストスピーカーの選定や登壇する回の配置に大きな影響を受けたと考えられる。そのため、このタイミングでのフレームの転換を含めて、「くろすとーく」は企画主体である河北新報の描いたシナリオどおりに進んでいたという見方もできる。ただし、描かれたシナリオどおりに進んでいたとしても、そこにメンバーの主体性がまったくなかったとはいえないだろう。これは、計画・企図されたガバナンスやその成果をどのようにとらえるかという議論にも結びつく。
(40) 河北新報社編集局編(1992b: 94)。
(41) 河北新報社編集局編(1992b: 107)。
(42) 河北新報社編集局編(1992b: 108)。
(43) 河北新報社編集局編(1992b: 121–122)。
(44) 河北新報社編集局編(1992b: 123)。
(45) 環境保全米づくりにかかわってきた農業者へインタビューするなかで、農業者らのF氏に対する信頼は抜群であった。インタビュー当時、すでに環境保全米運動の開始から約二〇年が経過していたが、技術指導者として、農業者からの質問にいつも親身に答えてくれたというF氏の姿が語られた。一方、後述する環境保全米ネットワークにおいて代表に就任したB氏は、「くろすとーく」時代より長らく一連の活動を牽引してきた中心的人物であったものの、農業者からすれば、「口うるさく」いろいろ言われたといった思い出が語られることもあった。社会の中に潜む問題を発見する社会科学的な知と、それを実践できるかたちにする技術的な知はどちらも補完性をもった不可欠なものであるが、現場ではやはり技術者への信頼が厚く、かたや社会科学者は「口ばっかり」と疎まれる運命なのかもしれない。

(46) G氏は、「くろすとーく」発足のきっかけとなった仙台市での農薬空中散布問題の以前から、河北新報社員と地域農業について議論を交わしていたという。こうした人脈からG氏はシンポジウムに登壇する運びとなり、その後のEPF情報ネットワークにも参加した（二〇一七年三月三〇日、筆者による聞き取り調査より）。

(47) 河北新報社編集局編（1992c: 63）。

(48) 環境保全米運動が発案された際、G氏は、『『環境保全米』の価格は、消費者と生産者が話し合って決める。『コメの値段は、だれがどこで決めているの』『価格は本当に適正なの』。今まで多くの人が感じていた、こんな疑問も解消される」（「河北新報」一九九五年一一月一四日付）と発言しており、これまでは消費者と生産者がともに「コメの値段」に合意しきれていなかったことに対して言及している。もちろん、こうした発言の背景には、旧食糧管理法下における消費者米価と生産者米価の乖離の問題があった。

(49) この人数は当時の河北新報の記事から抽出したものだが、事務局によると、それ以降の消費者会員のデータとくらべた際に数字の開きが大きいので、正確には「消費者会員」の数ではなく、関連の座談会やイベントに参加した消費者の人数であるかもしれないということだった。

(50) 二〇一七年三月三〇日、筆者による聞き取り調査より。

(51) 二〇〇四年の米政改革については、小針（2018）に簡潔にまとめられている。「生産調整の目標の配分としては、『需要に応じた生産』にもとづくものとして、〇四年産において、それまでの主食用米を作付けしてはいけない水田面積（削減面積目標）を配分する方式（いわゆるネガ配分）から、主食用米の生産可能な数量を示す『生産数量目標』を配分する方式（ポジ配分）に変更された。そして、〇四年産から〇六年産までは時限的に、国や都道府県、市町村が各段階の農業者団体とともに生産数量目標の配分にあたることとされた。なお、市町村段階では、生産数量目標と生産数量目標の面積換算値を配分することとした」。こうした生産調整政策の変化によって、生産者の自主性がさらに重んじられるようになり、市場での生き残り戦略が加速化された。

第4章

(1) 二〇一七年三月三〇日、筆者による聞き取り調査より。

(2) この点については、二〇一八年三月二三日に実施した聞き取り調査にて、環境保全米ネットワーク事務局のX氏も同様の趣旨を話していた。また、筆者はX氏への聞き取り調査以前に、滋賀県の「環境こだわり農業」の取り組み状況について県の職員へ聞き取り調査を実施したが、その際にも、同様の問題が生じるために生産規模の小さい農協では「環境こだわり農業」が進まないという話を聞いた。

(3) 環境保全米としての生産が最も多いのはひとめぼれであり、次点でササニシキである。その他の少量品種は慣行栽培がほとんどである。

(4) この一五年のうちにカメムシが増えた、というのが農協職員や生産部会員に共通する意見である。

(5) 二〇一八年三月二三日、筆者による聞き取り調査より。

(6) 二〇一六年九月一日、筆者による聞き取り調査より。

(7) 二〇一六年八月二九日、筆者による聞き取り調査より。

(8) 二〇一六年三月二四日、筆者による聞き取り調査より。

(9) 二〇一八年三月二六日、筆者による聞き取り調査より。

(10) 二〇一八年三月二九日、筆者による聞き取り調査より。

(11) 二〇一六年三月二三日、筆者による聞き取り調査より。

(12) 二〇一六年一二月一五日、筆者による聞き取り調査より。

(13) 二〇一六年八月三一日、筆者による聞き取り調査より。

(14) 社会心理学者の山岸俊男は、両者の間に共通の利益がないにもかかわらず相手が裏切らないことを確信している状態を「信頼」とする一方、両者の間に共通の利益があることから相手に裏切られるはずがないと確信できる状態を「安心」であるとして、こうした二種類の関係性を区別した（山岸 1998）。ここではこうした山岸の定義から、生産部会員たちの、「環境保全米が失敗するような策であるならば、農協は初めからわれわれに提案してこないだろう」という潜在的な見立てを「安心」の関係とした。

(15) 二〇一八年三月二七日、筆者による聞き取り調査より。
(16) 二〇一六年八月三一日、筆者による聞き取り調査より。
(17) 二〇一六年一二月一四日、筆者による聞き取り調査より。
(18) 二〇一六年三月二三日、筆者による聞き取り調査より。
(19) S氏は三五歳までは「水道屋さん」で働いたり建設現場に出たりするなど、その他の勤めももつ兼業の農業者だった。だが、「だんだん勤め先の方も社会保険に入らなきゃダメだとか、社会のしくみがそういうふうになってくると、農家が勤められる場所がなくなってきた。そうなってくると勤めをとるか専業でやっていくかという選択」となり、そこで専業の農業者となった。
(20) 二〇一六年三月二三日、筆者による聞き取り調査より。
(21) 二〇一六年八月二九日、筆者による聞き取り調査より。
(22) 二〇一六年一二月一四日、筆者による聞き取り調査より。
(23) 二〇一六年九月一日、筆者による聞き取り調査より。
(24) 二〇一六年三月二三日、筆者による聞き取り調査より。
(25) 二〇一八年三月二六日、筆者による聞き取り調査より。
(26) I氏の語りに登場したY氏は、なかだ環境保全米協議会に所属して長年、環境保全米Aタイプ（有機農業）を続けていたが、加齢による体力の衰えなどを理由に数年前に有機農業からは撤退し、現在は環境保全米Cタイプを生産している。このように、一時期は有機農業に取り組んでいた者であっても、さまざまな事情から取り組み続けることが困難となるケースも存在する。
(27) その後、新たな分布確認が相次ぎ、現在、天然記念物として指定されている土地は、一九七七年の指定地変更によって新たに指定された場所である（変更前と同じく酒田市内）。
（28）二〇一六年八月二九日、筆者による聞き取り調査より。
（29）二〇一八年三月二九日、筆者による聞き取り調査より。
（30）カブトエビの卵は長期間にわたって乾燥に耐えられる性質をもっている。ここはおそらくそのことに言及しているのだと思われる。なお、こうした性質を活かした飼育キットも販売されている。
（31）二〇一八年三月二六日、筆者による聞き取り調査より。
（32）二〇一六年八月二九日、筆者による聞き取り調査より。
（33）一方で環境保全米を継続できているのは、半分の農薬・化学肥料でも満足のいく米をつくろうとする地域農業者たちが編み出した知恵と、土づくりや畦の除草作業といった数々の追加的な労働の賜物でもある。
（34）二〇一六年一二月一五日、迫地区O氏への聞き取り調査より。

第5章

（1）農協を介して配布・回収したわりには回収率が低いと思われるかもしれないが、これにはいくつかの理由がある。まず、今回の場合、農協から郵送で各生産部会員にアンケートを配布してもらったわけではなく、生産部会の担当職員と顔を合わせた農業者に対して配布・回収してもらうというかたちとなった。そのため、アンケートの実施時期に担当職員と顔を合わせていない生産部会員からは回答を得ることができなかった。また、町域ごとに生産部会の担当職員と生産部会員との距離感に違いがあり、回収率が比較的高い町域もあれば、ほとんど回収できなかった町域もあった。そのため、今回の回答者は、「生産部会員の中でも、農協との関係性が近く、かつ関係性が比較的良好な層」に限定されているとみるべきだろう。
（2）全回収数のうち、有効回収数（たとえばすべての項目に対して「1」を回答している、すべて白紙などの無効回答を抜いた数）は八一だったが、各質問項目によって有効回答数（きちんと回答されているかどうか）はそれぞれ異なってくる。

（3）農協の組合員には、正組合員と准組合員の区別がある。生産部会に所属できるのは正組合員のみなので、今回は正組合員の中でも生産部会員がどんな特徴をもっているのかを検討するため、正組合員全体と生産部会員との比較とした。

（4）ただし、第4章でみたように、登米市の行政区域には旧津山町が含まれるが、JAみやぎ登米の管域には含まれていないことと、「登米市における農業従事者」＝「JAみやぎ登米の正組合員」でもないため、厳密には数値は微妙に異なっていると考えられる。

（5）JAみやぎ登米管内では、栽培面積全体に占める割合が少ないため、環境保全米A・Bタイプについては基本的には年ごとの統計データをとっていない。そのため、今回は統計データが残っていた二〇一五年度のものと比較している。

（6）それぞれのクラスタにおける因子得点の値は、以下のとおりである。A型：「自然環境」因子得点が0.252、「生活環境」因子得点が-0.103、「地域環境」因子得点が-1.150。B型：「自然環境」因子得点が-0.930、「生活環境」因子得点が-0.909、「地域環境」因子得点が-0.072。C型：「自然環境」因子得点が0.513、「生活環境」因子得点が0.650、「地域環境」因子得点が0.536。

（7）地域環境因子が相対的に低いA型の方が、「地域内で悪目立ちすることはない」、「やめてもプライドにはかかわらない」と答える比率が他の二類型とくらべてやや多かった。しかし、A型においても、「どちらでもない」が最も多いという傾向は変わらなかった。

（8）ある問題や対象について、個人としてはどのようにとらえているのかを問う質問のことをパーソナルな質問といい、社会全体としてはどのようにとらえるべきだと考えているかを問う質問のことをインパーソナルな質問という。パーソナルな質問とインパーソナルな質問では、同じ問題や対象についての質問であっても回答が異なる場合がある（鈴木 2016: 167–168）。

（9）この二つの項目において、A型の方が、「やりたい人だけが取り組むべきだ」、「農協の施策だからといって取り組む必要はない」という個人主義的な回答が多い傾向にあり、C型の方が、「地域一体となって取り組むべきだ」、「農協の施策には従うべきだ」という集団主義的な回答が多い傾向にあった。

第6章

(1) こうした社会的ネットワークによる環境配慮型農法の普及は、伊藤(2018)や藤栄ほか(2010)などの農業経済学・農業経営学の分野でも近年着目されている現象である。

(2) 撤退については、第4章註(26)を参照。

(3) 環境社会学者のA・シュネイバーグは、近代産業社会は環境破壊と社会的不公正の悪循環を引き起こす「生産の踏み車(Treadmill of Production)」であると指摘し、近代産業社会の枠組みを維持したままでの環境保全や社会的公正の実現は理論上不可能であると主張した(Schnaiberg and Gould 1994＝1999)。

(4) 一方で、環境保全米Cタイプへの全面積転換は、既存の政治経済的な枠組みの中で、大量の米をなるべく早く、そしてできれば高く売りさばきたいJAみやぎ登米が当時とりうる最善の販売戦略であったといえる。JAみやぎ登米の環境保全米施策は、高付加価値米としてニッチな市場を開拓する施策ではなく、あえて環境保全米をコモディティとして売り出すことで、コモディティ市場の中で差別化をはかり、大量の米の在庫処分を早める施策であった。

(5) クロッペンバーグらによると、食域(foodshed)はW・ヘデンの著作(Hedden 1929)内での造語が最も早い使用とされているが、クロッペンバーグらがこの用語を学術的に紹介するきっかけとなったのは、パーマカルチャーの実践者であるA・ゲッツによる記事「都市の食域(Urban foodsheds)」(Getz 1991)内での使用だったという。

(6) カリフォルニア州では、有機農業のアグリビジネス化および、それにともなう有機農産物のコモディティ化が進んでおり、同州でのこうした有機農業のあり方は、有機農業が「慣行農業化(conventionalization)」しているとして農業社会学者の関心を集めている(Buck et al. 1997; Guthman 2004)。こうした有機農業の慣行農業化によって最も打撃を受けているのは、これまで「有機農業の精神（the spirit of organic farming）」（Milestad and Darnhofer 2003; Jordan et al. 2006）を体現してきた有機農家（その多くは家族経営と想定されている）であるとされており、小農民層の貧困という社会的不公正に対する規範的な批判も一部含まれている。

終章

（1）もちろん、地域農業者と農協との関係性には農業者ごとに濃淡が存在する。本書で中心的に取り上げた生産部会員は、地域農業者の中でもとくに農協とのつながりが深い人びとであるということには留意すべきだろう。

（2）他国の農協と比較し、日本の農協はきわめて特異な成り立ちをしてきた。日本の農協は、戦時体制下において農村の統制・配給を担う組織として役割を与えられ、これによって農家の全戸加入を実現した。また、現在まで続く、全国―都道府県―市町村―集落といった農協組織のヒエラルキー構造が形成されたのも、戦時体制下においてであった。こうした歴史的背景をもつ日本の農協は、戦後においても食糧管理法や減反政策を集落単位で取りしきる「実働隊」の役割を果たしてきた。つまり、元日本協同組合学会長の太田原高昭が指摘するように、日本の農協は協同組合でありながら農政補助機関としての機能を実質的に担ってきたのである（永田・今村編 1986）。こうした独特の成り立ちが、集落単位のきわめてミクロなかたちでの地域農業者とのかかわりを支えてきた。くわしくは石田（2014）や太田原（2016）を参照。

（3）農協が特定の栽培基準を提示し、これを遵守していない農産物は集荷しないという制限を設けることもできる。JA佐渡ではこの手法によって、集荷米における特別栽培米の比率を一〇〇％にしていた。

（4）有機農業学会の役員でもあり、有機農業の現場にくわしい出版社コモンズ元代表の大江正章は、三〇代の若い有機農業者らが今後、子どもの就学費用が高額となる時期を迎えた際にどのように現実的な資金繰りをしていくかという問題に直面するのではないかという懸念を筆者に語っていた。小規模多品目での有機栽培による事業展開に成功している久松達央の例もあるが（久松 2014）、こうした例は現状では少ない。

（5）日本では、コープえひめの組合員を対象としたアンケート調査（篠崎・胡 2009）や日本版総合的社会調査（JGSS）の結果を用いた分析（山本 2007）によって、所得が有機農産物の購入意向や購入頻度に影響を及ぼすことが明らかにされている。一方、海外の研究では、一定の所得水準までは所得と有機農産物の購入意向や購入頻度に関連があるが、それ以上の所得水準に到達すると所得による影響はほとんどみられなくなるという指摘もある（Yiridoe et al. 2005）。

（6）一方で、これまで有機農産物に興味をもっていなかったために購入してこなかったが経済的には余裕のある層を取り込むことで、一定規模までは市場を膨らませることができるだろう。

（7）ここでは、社会運動が社会のあり方を変えていくという社会運動の機能的な側面を強調したが、一方で、運動が社会を変革させられたかどうかをその運動の「成功」や「失敗」としてとらえるのではなく、そうした運動が起こる可能性が保持され続けることを重要視する立場もある。ルーマンによれば、抗議の形式による社会運動（抗議運動）は、政府などの中枢機関（中心）に対する「新たな周辺」であると規定される。ルーマンは、抗議運動が成功するかどうかということよりも、周辺が中心に組み込まれ続け、中心と周辺との区別が絶えず揺れ動くなかで、こうした「新たな周辺」が生成し、抗議の可能性が保持され続けることの方が社会システムにおいては重要であるとの見方をとっている（Luhmann 2000＝2013: 387–391）。

資料

（1）新聞記事の閲覧には、朝日新聞の「聞蔵Ⅱビジュアル」（一八七九年―）、毎日新聞の「毎索」（一八七二年―）、読売新聞の「ヨミダス歴史館」（一八七四年―）を利用した。

（2）ウェブサイト上で公開されていた策定要綱のうち、愛知県、高知県、徳島県、宮崎県のものを参照した。

あとがき

博士学位論文を発表した後の懇親会か何かで、先生の一人から、「農業は移り変わりがはげしいので、本として出版するなら早めがいいですよ」と助言を受けた。当時は、それがいったいどういう意味なのか、正直なところ、まだあまり理解していなかった。

しかし、私が初めて登米《とめ》を訪れた日から五年半の月日が経ち、環境保全米の生産状況は目まぐるしく移り変わってきた。とくに大きな変化は次の二つであった。

まず、登米において環境保全米の生産面積が年々減ってきているということだ。NPO環境保全米ネットワークの総会資料によると、二〇二〇年度の生産面積は六二八〇ヘクタールで、主食用米作付面積全体の六二・六％にあたる。JAみやぎ登米独自の集計方法とは若干異なるため、数値の単純な比較はできないが、年次資料からは減少傾向が続いていることがうかがえる。理由は、高齢化による撤退と、作業委託による農業者一人あたりの耕作面積の大規模化にあるとみてほぼ間違いないだろう。一人あたりの作業負担が増加するにつれて、手間がかかる環境保全米を継続することは難しくなっていく。

また、二〇一八年度から環境保全米の輸出施策が始まり、その規模が年々拡大していることも大きな変化の一つであった。ＪＡみやぎ登米の資料によると、単一農協としては国内最大級の輸出量で、二〇二〇年には合計二四二八トンの輸出米を生産した。これは面積換算でみると、管内の米作付面積全体の五・二％にあたる。筆者が登米に通い始めた頃には、主食米以外で最も多く生産されていたのは飼料米だった。しかも、飼料米施策は大変人気で、募集をかけるとあっという間に目標数値を上回ってしまうほどだと聞いていた。しかし、輸出米の生産が拡大していくにつれて飼料米の生産は下火となり、二〇二〇年には生産面積が逆転した。

どんなものでも、時が経つにつれて状況はさまざまに移り変わっていく。当たり前のことなのだが、それでもなぜか、のんびりとした農村という漠然としたイメージのもとで、農村の変化は都市のそれにくらべてずっと緩慢なのだと思い込んでしまう節がある。牧歌的でスローな農村とは、私を含むよそ者のまなざしがつくり上げた幻想であって、実際の農村では、人びとはドラスティックで不可逆的な潮流を素早く読み、それへと機敏に対応しながら日々を生き抜いている。

＊

本書は、二〇一九年に名古屋大学大学院環境学研究科に提出した博士学位論文「農業環境公共財の持続性をささえる社会的条件――宮城県における環境保全米の普及過程にみる複数の合理性」を大幅に加筆・修正したものである。各章の初出は次のとおりである。

・序章　書き下ろし
・第1章　書き下ろし
・第2章　博士学位論文の第二章を大幅に加筆・修正。
・第3章　「食と農の対立構造とフレーム調整プロセスのダイナミズム――宮城県『環境保全米』普及過程における『複数の利益』の形成」（『東海社会学会年報』第九号、二〇一七年、九三―一〇六頁）。博士学位論文の第三章を大幅に加筆・修正。
・第4章　「慣行農家による減農薬栽培の導入プロセス――宮城県登米市での『環境保全米』生産を事例として」（『環境社会学研究』第二三号、二〇一七年、一一四―一二九頁）。博士学位論文の第四章を大幅に加筆・修正。
・第5章　博士学位論文の第五章を大幅に加筆・修正。
・第6章　書き下ろし
・終章　書き下ろし

＊

調査を進めるにあたって、多くの方々のご支援を受けた。この場を借りてお礼を伝えたい。まず、突然の調査依頼を心温かく受け入れてくださったＪＡみやぎ登米の職員の皆様にお礼を申し上げ、ご迷惑をおかけしたことをお詫びしたい。農業者のご自宅までご同行いただいたことも何度かあり、大変なお手間をおかけした。職員の方々のご支援なしには実現できなかったであろう調査も多々あった。また、ご同席いただいたことで、職員の方と農業者の方との何気ないやりとりから、これまで培われてきた関係性を垣間見ることができ、地域農業における農協の重要性を知ることができた。

JAみやぎ登米管内の農業者の皆様にも、深くお礼を申し上げたい。農家の生まれでない私に農作業のやり方を説明するのは、ひどく根気のいることだったに違いない。ある方は、「まずは除草剤の投げ方から教えてやんねぇと」と仰っていたが、ぜひともご師事を仰ぎたい。また、やたらと長いアンケート調査にご回答いただいた折には、大変なお手数をおかけした。皆様のご厚意によって調査をまとめることができ、本書が完成した。あまりにも多くの方にお世話になったので、ここにお名前を並べたてることは控えるが、お忙しい合間を縫ってご対応いただいた一人ひとりの方々に深く感謝を申し上げたい。

NPO環境保全米ネットワークの皆様には、認証団体としての視座からさまざまなことを教えていただいた。登米での調査だけでは得られなかったであろう、研究上の重要なヒントを示唆していただけたと感じている。また、数々の資料をお見せいただけたことにも感謝を申し上げたい。これからも、宮城県内で環境保全米の地産地消の輪がますますひろがっていくことを願っている。

研究を進めるうえで、多くの先生方からご指導いただいた。まず、指導教官であり、博士学位論文の主査を務めていただいた丸山康司先生（名古屋大学）には、学部の頃から修士・博士課程まで八年間にわたって研究の面白さを教えていただいた。厳しくも温かい先生からのご助言の中には、本書だけでは消化しきれなかったものも残っているが、それらについては今後の研究において議論を続けていきたい。また、副指導教官であり、副査を務めていただいた青木聡子先生（名古屋大学）からは、ゼミでの議論に加え、投稿前の論文へ懇切丁寧なご指導をいただいた。同じく、副査を務めていただいた立川雅司先生（名古屋大学）からは、環境社会学に加えて、農村社会学や農業社会学の視点からもご指導いただいた。

博士課程の修了後に、特別研究員（PD）として受け入れてくださった福永真弓先生（東京大学）からは、本書の内容について多様な視点から議論する機会を与えていただいた。福永ゼミの皆さんには、本書の草稿を発表する機会をいただき、多くのアドバイスをいただいた。富田涼都先生（静岡大学）には、卒業論文の調査時からお世話になっており、現場に足を運ぶことの大切さを教えていただいた。

また、谷口吉光先生（秋田県立大学）には、現地調査に同行させていただき、フィールドでの学びの機会をご提供いただいた。その際、コモンズ元代表の故大江正章さんには、「ここぞという場面だけピリッと」農薬や化学肥料を効かせるという、自給的な有機農業のあり方を教えていただいた。このお話が、本書の議論に重要な示唆を与えてくれた。慎んでご冥福をお祈り申し上げる。

本書にまとめた研究は、日本学術振興会の助成（15J10735）を受けて実施した。また、本書の出版に際しては、名古屋大学学術図書出版助成金を受けた。

本書の企画から校正にわたるすべての段階において、新泉社編集部の安喜健人さんには多大なるご支援と温かいご助言を受けた。ここに記して感謝申し上げたい。

最後に、心配性な父といつも味方でいてくれる母、離れた土地で暮らせているだけでえらいと褒めてくれる祖父、働き始めてからはすっかり頼もしくなった妹に、これまでの感謝の気持ちとともに、本書を捧げたい。

二〇二一年七月

谷川彩月

文献一覧

日本語文献

青木辰司（1991a）「高畠町有機農業研究会の成立と展開」，松村和則・青木辰司編『有機農業運動の地域的展開——山形県高畠町の実践から』家の光協会，31–40.

————（1991b）「有機農業運動の組織論的課題——運動の持続性を求めて」，松村和則・青木辰司編『有機農業運動の地域的展開——山形県高畠町の実践から』家の光協会，234–247.

————（1998）「都市農村関係と環境問題」，舩橋晴俊・飯島伸子編『講座社会学12　環境』東京大学出版会，43–73.

————（2000）「有機農業運動の展開と課題——山形県高畠町と長井市の事例から」，『農業経済論集』51(1): 13–22.

————（2001）「有機農業運動の可能性」，鳥越皓之編『講座 環境社会学　第3巻　自然環境と環境文化』有斐閣，133–157.

秋津元輝（1998）『農業生活とネットワーク——つきあいの視点から』御茶の水書房.

足立重和（2001）「公共事業をめぐる対話のメカニズム——長良川河口堰問題を事例として」，舩橋晴俊編『講座 環境社会学　第2巻　加害・被害と解決過程』有斐閣，145–176.

池上甲一（2000）「日本農村の変容と『20世紀システム』——農村研究再発見のための試論」，日本村落研究学会編『日本農村の「20世紀システム」——生産力主義を超えて』農山漁村文化協会，7–53.

池田浩明（2020）「鳥類に優しい水田がわかる生物多様性の簡易評価手法」，『日本生態学会誌』70(3): 243–254.

石田正昭（2014）『JAの歴史と私たちの役割』家の光協会.

一楽照雄（1975）「稲作と有機農法」，『農業と経済』41(7): 41–45.

伊藤智樹編（2013）『ピア・サポートの社会学——ALS，認知症介護，依存症，自死遺児，犯罪被害者の物語を聴く』晃洋書房.

伊藤紀子（2018）「ポスト緑の革命期のインドネシア・ジャワにおける低投入農

法の普及過程 ——有機SRI (System of Rice Intensification) の普及事例の社会ネットワーク分析」,『農林水産政策研究』29: 1–27.
岩渕成紀 (2001)「宮城県に於けるヨーロッパカブトエビ (*Triops cancriformis*) の分布について」,『仙台市科学館研究報告』11: 8–14.
上西良廣・梅本雅 (2018)「農業における開発技術の普及に関する研究の動向と展望」,『農研機構研究報告 食農ビジネス推進センター』1: 1–26.
宇根豊 (1987)『減農薬のイネつくり——農薬をかけて虫をふやしていないか』農山漁村文化協会.
大久保武 (2005)「農業の近代化批判と有機農業運動のリアリティ——『産消提携』モデルの意義と限界」, 東京農業大学農業経済学会編『農と食の現段階と展望——エコノミカルアプローチ』東京農業大学出版会, 319–333.
———— (2010)「都市の社会運動から再考する,『有機農業運動』の意義と限界——等閑視された『有機農業』のイデオロギー」,『地域社会学会年報』22: 157–161.
大倉季久 (2017a)「『個人化社会』と農業と環境の持続可能性のゆくえ——クオリティ・ターン以後」,『環境社会学研究』22: 25–40.
———— (2017b)『森のサステイナブル・エコノミー——現代日本の森林問題と経済社会学』晃洋書房.
太田原高昭 (2016)『新　明日の農協——歴史と現場から』農山漁村文化協会.
小田幸・木南莉莉 (2014)「環境保全型農業に取り組む農家の意向に関する研究——佐渡市の『朱鷺と暮らす郷づくり認証制度』を事例として」,『新潟大学農学部研究報告』66(2): 85–104.
折戸えとな (2014)「『提携』における“もろとも”の関係性に埋め込まれた『農的合理性』——霜里農場の『お礼制』を事例として」,『環境社会学研究』20: 133–148.
———— (2019)『贈与と共生の経済倫理学——ポランニーで読み解く金子美登の実践と「お礼制」』ヘウレーカ.
片山寛之・高橋史樹 (1980)「カブトエビ——日本への侵入と生態」, 川合禎次・川那部浩哉・水野信彦編『日本の淡水生物——侵略と攪乱の生態学』東海大学出版会, 133–146.
加藤里紗 (2018)「エコロジー的近代化論の発展と多様性」,『経済科学』65(3–4): 31–44.
門田一徳 (2019)『農業大国アメリカで広がる「小さな農業」——進化する産直ス

タイル「CSA」』家の光協会.
河北新報社編集局編（1992a）『農薬その素顔を探る（考えよう農薬シリーズ　上巻）』河北新報社.
————編（1992b）『なぜ使われる農薬——食と農の現実を追う（考えよう農薬シリーズ　中巻）』河北新報社.
————編（1992c）『もっと安心して食べたい——見直そう食と農（考えよう農薬シリーズ　下巻）』河北新報社.
菊地直樹（2006）『蘇るコウノトリ——野生復帰から地域再生へ』東京大学出版会.
————（2012）「兵庫県豊岡市における『コウノトリ育む農法』に取り組む農業者に対する聞き取り調査報告」，『野生復帰』2: 103–119.
鬼頭秀一（1996）『自然保護を問いなおす——環境倫理とネットワーク』ちくま新書.
————（2009）「環境倫理の現在——二項対立図式を超えて」，鬼頭秀一・福永真弓編『環境倫理学』東京大学出版会，1–22.
黒澤美幸・手塚哲央（2005）「地域環境の改善を目的とした環境保全型農業への取り組み農家の意識分析——滋賀県の環境こだわり農業を対象として」，『農村計画学会誌』24: 61–66.
黒田暁（2007）「河川改修をめぐる不合意からの合意形成——札幌市西野川環境整備事業にかかわるコミュニケーションから」，『環境社会学研究』13: 158–172.
小金澤孝昭（2016）「生態系サービスを活用した地域農業の実践」，『日本海水学会誌』70(4): 227–230.
国民生活センター編（1981）『日本の有機農業運動』日本経済評論社.
小林新（2018）「肥料技術の現在・過去・未来(2)　我が国の窒素質肥料の歴史，様々な視点から見た肥料，そして未来を考える」，『日本土壌肥料学雑誌』89(2): 181–190.
小林多寿子・浅野智彦編（2018）『自己語りの社会学——ライフストーリー・問題経験・当事者研究』新曜社.
小針美和（2018）「米政策の推移——米政策大綱からの15年を振り返る」，『農林金融』71(1): 45–59.
紺屋直樹・合崎英男・近藤巧（2002）「稲作農家による環境調和型技術の選択要因分析」，『農業経営研究』40(1): 43–48.
定松淳（2014）「高レベル放射性廃棄物をめぐる『公共圏の豊富化』の試みについての分析——日本学術会議『回答』と原子力委員会『見解』」，『環境社会学研

究』20: 180–195.
佐藤哲（2008）「環境アイコンとしての野生生物と地域社会――アイコン化のプロセスと生態系サービスに関する科学の役割」，『環境社会学研究』14: 70–85.
――――（2009）「知識から智慧へ――土着的知識と科学的知識をつなぐレジデント型研究機関」，鬼頭秀一・福永真弓編『環境倫理学』東京大学出版会，211–226.
佐藤洋一郎（2008）『イネの歴史』京都大学学術出版会.
JA全農みやぎ（2021）「年産別の作付面積の推移」（https://www.m-hozenmai.jp/guide/kankyo.html）［アクセス：2021年5月30日］.
篠川貴司（2000）「長野県の水田で採集されたヨーロッパカブトエビ」，『CANCER』9: 15–16.
篠崎里沙・胡柏（2009）「有機農産物についての消費者意識と生産農家の実態把握――消費者と生産者のアンケート調査より」，『愛媛大学農学部紀要』54: 11–17.
島村菜津（2006）『スローフードな日本！』新潮社.
杉野勇（2010）「社会調査の種類――質的調査と量的調査とは？」，轟亮・杉野勇編『入門・社会調査法――2ステップで基礎から学ぶ』法律文化社，17–32.
鈴木淳子（2016）『質問紙デザインの技法』第2版，ナカニシヤ出版.
瀬戸口明久（2009）『害虫の誕生――虫からみた日本史』ちくま新書.
武中桂（2008）「『実践』としての環境保全政策――ラムサール条約登録湿地・蕪栗沼周辺水田における『ふゆみずたんぼ』を事例として」，『環境社会学研究』14: 139–154.
谷口吉光（2011）「循環型社会の原論的把握と環境社会学への示唆」，『環境社会学研究』17: 96–110.
田淵六郎（2010）「調査票の作成――質問の作成からレイアウトまで」，轟亮・杉野勇編『入門・社会調査法――2ステップで基礎から学ぶ』法律文化社，78–93.
土屋雄一郎（2008）『環境紛争と合意の社会学――NIMBYが問いかけるもの』世界思想社.
東部地方振興事務所登米地域事務所地方振興部（2008）『登米はっと街道』.
特定非営利活動法人IFOAMジャパン（2021）「The World of Organic Agriculture 2021」（http://ifoam-japan.org/2021/02/22/the-world-of-organic-agriculture-2021/）［アクセス：2021年4月15日］.

徳野貞雄（2001）「農業における環境破壊と環境創造」，鳥越皓之編『講座 環境社会学　第3巻　自然環境と環境文化』有斐閣，105–132.
――――（2011）『生活農業論――現代日本のヒトと「食と農」』学文社.
戸崎純・横山正樹編（2002）『環境を平和学する！――「持続可能な開発」からサブシステンス志向へ』法律文化社.
富田涼都（2014）『自然再生の環境倫理――復元から再生へ』昭和堂.
登米市市民生活部環境課（2015）『とめ生きもの多様性プラン』.
登米町史編纂委員会編（1965）『登米町史編纂資料集　その2』.
内閣府（2019）「環境問題に関する世論調査」（https://survey.gov-online.go.jp/r01/r01-kankyou/index.html）［アクセス：2021年5月30日］.
中島紀一（1998）「有機農業をめぐる戦略的課題に関する一考察――運動的視点と特産型農業視点の間」，日本村落研究学会編『有機農業運動の展開と地域形成』農山漁村文化協会，55–80.
永田恵十郎・今村奈良臣編（1986）『明日の農協――理念と事業をつなぐもの』農山漁村文化協会.
西城戸誠（2008）『抗いの条件――社会運動の文化的アプローチ』人文書院.
西山未真（2010）「農村コミュニティ再生のためのローカルフードシステムの役割」，『フードシステム研究』17(2): 114–119.
農林省資材部編（1942）『肥料要覧　昭和15年版』.
農林省農業改良局統計調査部編（1951）『ポケット農林水産統計　1952年版』農林統計協会.
農林省農政局肥料機械課監修（1968）『ポケット肥料要覧 1969年版』農林統計協会.
農林省農林経済局統計調査部編（1953）『ポケット農林水産統計　1954年版』農林統計協会.
――――（1962）『ポケット農林水産統計　1963年版』農林統計協会.
――――（1964）『ポケット農林水産統計　1964年版』農林統計協会.
――――（1965）『ポケット農林水産統計　1965年版』農林統計協会.
――――（1968）『ポケット農林水産統計　1968年版』農林統計協会.
――――（1970）『ポケット農林水産統計　1970年版』農林統計協会.
――――（1972）『ポケット農林水産統計　1972年版』農林統計協会.
農林水産省（2009）「国内における有機JASほ場の面積」（https://www.maff.go.jp/j/jas/jas_kikaku/attach/pdf/yuuki_old_jigyosya_jisseki_hojyo-8.pdf）［アクセス：2021年5月30日］.

——— (2010)「国内における有機JASほ場の面積」(https://www.maff.go.jp/j/jas/jas_kikaku/attach/pdf/yuuki_old_jigyosya_jisseki_hojyo-31.pdf)［アクセス：2021年5月30日］.
——— (2011)「国内における有機JASほ場の面積」(https://www.maff.go.jp/j/jas/jas_kikaku/attach/pdf/yuuki_old_jigyosya_jisseki_hojyo-9.pdf)［アクセス：2021年5月30日］.
——— (2012a)「国内における有機JASほ場の面積」(https://www.maff.go.jp/j/jas/jas_kikaku/attach/pdf/yuuki_old_jigyosya_jisseki_hojyo-25.pdf)［アクセス：2021年5月30日］.
——— (2012b)「環境保全型農業直接支援対策の平成23年度の実施状況」(https://www.maff.go.jp/j/seisan/kankyo/kakyou_chokubarai/pdf/23jiseki.pdf)［アクセス：2021年8月4日］.
——— (2013a)「国内における有機JASほ場の面積」(https://www.maff.go.jp/j/jas/jas_kikaku/attach/pdf/yuuki_old_jigyosya_jisseki_hojyo-10.pdf)［アクセス：2021年5月30日］.
——— (2013b)「平成24年度　環境保全型農業直接支援対策の実施状況」(https://www.maff.go.jp/j/seisan/kankyo/kakyou_chokubarai/pdf/jissi.pdf)［アクセス：2021年8月4日］.
——— (2014)「国内における有機JASほ場の面積」(https://www.maff.go.jp/j/jas/jas_kikaku/attach/pdf/yuuki_old_jigyosya_jisseki_hojyo-26.pdf)［アクセス：2021年5月30日］.
——— (2015)「国内における有機JASほ場の面積」(https://www.maff.go.jp/j/jas/jas_kikaku/attach/pdf/yuuki_old_jigyosya_jisseki_hojyo-23.pdf)［アクセス：2021年5月30日］.
——— (2016)「国内における有機JASほ場の面積」(https://www.maff.go.jp/j/jas/jas_kikaku/attach/pdf/yuuki_old_jigyosya_jisseki_hojyo-42.pdf)［アクセス：2021年5月30日］.
——— (2017)「国内における有機JASほ場の面積」(https://www.maff.go.jp/j/jas/jas_kikaku/attach/pdf/yuuki_old_jigyosya_jisseki_hojyo-50.pdf)［アクセス：2021年5月30日］.
——— (2018)「国内における有機JASほ場の面積」(https://www.maff.go.jp/j/jas/jas_kikaku/attach/pdf/yuuki_old_jigyosya_jisseki_hojyo-65.pdf)［アクセス：2021年5月30日］.

――――（2019a）「強い農業・担い手づくり総合支援交付金の交付要綱の制定について」（https://www.maff.go.jp/j/shokusan/jigyo/attach/pdf/yosan-288.pdf）［アクセス：2021年5月30日］.
――――（2019b）「国内における有機JASほ場の面積」（https://www.maff.go.jp/j/jas/jas_kikaku/attach/pdf/yuuki_old_jigyosya_jisseki_hojyo-94.pdf）［アクセス：2021年5月30日］.
――――（2019c）「持続性の高い農業生産方式導入計画の認定状況」（https://www.maff.go.jp/j/seisan/kankyo/hozen_type/h_eco/eco_farmer2019.pdf）［アクセス：2021年8月4日］.
――――（2020a）「スマート農業総合推進対策事業実施要綱」（https://www.maff.go.jp/j/kanbo/smart/attach/pdf/2020_sma_yoko-9.pdf）［アクセス：2021年5月30日］.
――――（2020b）「持続性の高い農業生産方式導入計画の認定状況」（https://www.maff.go.jp/j/seisan/kankyo/hozen_type/h_eco/attach/pdf/index-3.pdf）［アクセス：2021年5月30日］.
農林水産省生産局（2014）「平成25年度　環境保全型農業直接支援対策の実施状況」（https://www.maff.go.jp/j/seisan/kankyo/kakyou_chokubarai/pdf/25_jisseki2.pdf）［アクセス：2021年8月4日］.
――――（2015）「平成26年度　環境保全型農業直接支払交付金の実施状況」（https://www.maff.go.jp/j/seisan/kankyo/kakyou_chokubarai/pdf/h27_zissi.pdf）［アクセス：2021年8月4日］.
――――（2016）「平成27年度　環境保全型農業直接支払交付金の実施状況」（https://www.maff.go.jp/j/seisan/kankyo/kakyou_chokubarai/attach/pdf/mainp-2.pdf）［アクセス：2021年8月4日］.
――――（2017）「平成28年度　環境保全型農業直接支払交付金の実施状況」（https://www.maff.go.jp/j/seisan/kankyo/kakyou_chokubarai/attach/pdf/mainp-37.pdf）［アクセス：2021年8月4日］.
――――（2018）「平成29年度　環境保全型農業直接支払交付金の実施状況」（https://www.maff.go.jp/j/seisan/kankyo/kakyou_chokubarai/other/attach/pdf/H29jisshi-1.pdf）［アクセス：2021年8月4日］.
――――（2019）「平成30年度　環境保全型農業直接支払交付金の実施状況」（https://www.maff.go.jp/j/seisan/kankyo/kakyou_chokubarai/other/attach/pdf/h30jisshi-3.pdf）［アクセス：2021年8月4日］.

――――（2020）「令和元年度　環境保全型農業直接支払交付金の実施状況」（https://www.maff.go.jp/j/seisan/kankyo/kakyou_chokubarai/other/attach/pdf/r1jisshi-1.pdf）［アクセス：2021年5月30日］.

農林水産省生産局農業環境対策課（2016a）「オーガニック・エコ農業の拡大に向けて」（https://www.maff.go.jp/j/supply/hozyo/seisan/pdf/06_sankou_ 160201_1_1.pdf）［アクセス：2021年5月30日］.

――――（2016b）「有機農業の推進について」（https://www.maff.go.jp/j/seisan/kankyo/yuuki/convention/h27/pdf/siryo2-1.pdf）［アクセス：2021年5月30日］.

――――（2018）「平成二九年度　有機マーケットに関する調査結果」（https://www.maff.go.jp/j/seisan/kankyo/yuuki/attach/pdf/sesaku-6.pdf）［アクセス：2021年6月3日］.

――――（2020）「有機農業をめぐる事情」（https://www.maff.go.jp/j/seisan/kankyo/yuuki/attach/pdf/meguji-full.pdf）［アクセス：2021年5月30日］.

農林水産省生産流通消費統計課（2019）「作物統計調査（本地・けい畔別耕地面積累年統計）」（http://www.maff.go.jp/j/tokei/kouhyou/sakumotu/index.html）［アクセス：2021年5月30日］.

長谷川公一（2003）『環境運動と新しい公共圏――環境社会学のパースペクティブ』有斐閣.

波夛野豪・唐崎卓也編（2019）『分かち合う農業CSA――日欧米の取り組みから』創森社.

浜崎健児（1999）「慣行農法水田と有機農法水田におけるアメリカカブトエビ *Triops longicaudatus* (LeConte) の発生」,『日本応用動物昆虫学会誌』43(1): 35–40.

久松達央（2014）『小さくて強い農業をつくる』晶文社.

広瀬幸雄（1994）「環境配慮的行動の規定因について」,『社会心理学研究』10(1): 44–55.

胡柏（2007）『環境保全型農業の成立条件』農林統計協会.

福永真弓（2010）『多声性の環境倫理――サケが生まれ帰る流域の正統性のゆくえ』ハーベスト社.

――――（2014）「生に『よりそう』――環境社会学の方法論とサステイナビリティ」,『環境社会学研究』20: 77–99.

藤井和佐（2009）「〈書評〉桝潟俊子著『有機農業運動と〈提携〉のネットワーク』」,『社会学評論』60(1): 185–186.

藤栄剛・井上憲一・岸田芳朗（2010）「農法普及における近隣外部性の役割——合鴨稲作を事例として」，『地域学研究』40(2): 397–412.
舩戸修一（2004）「有機農業と生産者の観察力——成田・三里塚『循環農場』の事例から」，『年報社会学論集』17: 132–143.
————（2012）「〈食と農〉の環境社会学（研究動向）」，『環境社会学研究』18: 176–189.
舩橋晴俊（1995）「環境問題への社会学的視座——『社会的ジレンマ論』と『社会制御システム論』」，『環境社会学研究』1: 5–20.
————（1998）「環境問題の未来と社会変動——社会の自己破壊性と自己組織性」，舩橋晴俊・飯島伸子編『講座社会学 12 環境』東京大学出版会, 191–224.
不破信彦（2014）「発展途上国における農民の技術革新・技術選択——サーベイ」，福井清一編『新興アジアの貧困削減と制度』勁草書房, 230–247.
本城昇（2004）『日本の有機農業——政策と法制度の課題』農山漁村文化協会.
本堂毅・平田光司・尾内隆之・中島貴子（2017）『科学の不定性と社会——現代の科学リテラシー』信山社.
桝潟俊子（2008）『有機農業運動と〈提携〉のネットワーク』新曜社.
————（2013）「有機農業の『産業化』と『ローカル』への覚醒」，『淑徳大学大学院総合福祉研究科研究紀要』20: 1–16.
松井健（1997）『自然の文化人類学』東京大学出版会.
松村和則（1991）「有機農業運動の前史」，松村和則・青木辰司編『有機農業運動の地域的展開——山形県高畠町の実践から』家の光協会, 22–30.
松村和則・青木辰司編（1991）『有機農業運動の地域的展開——山形県高畠町の実践から』家の光協会.
松村正治（2007）「里山ボランティアにかかわる生態学的ポリティクスへの抗い方——身近な環境調査による市民デザインの可能性」，『環境社会学研究』13: 143–157.
丸山康司（2014）『再生可能エネルギーの社会化——社会的受容性から問いなおす』有斐閣.
宮内泰介編（2006）『コモンズをささえるしくみ——レジティマシーの環境社会学』新曜社.
————編（2013）『なぜ環境保全はうまくいかないのか——現場から考える「順応的ガバナンス」の可能性』新泉社.
————編（2017）『どうすれば環境保全はうまくいくのか——現場から考える

「順応的ガバナンス」の進め方』新泉社.
宮城県登米郡役所（1986）『登米郡史（上・下巻）』臨川書店.
みやぎ登米農業協同組合経営企画課（2020）『ディスクロージャー誌 2020』（https://www.miyagitome.or.jp/about/pdf/disc2020.pdf）［アクセス：2021年5月30日］.
モル, A. P. J., G. スパーガレン, D. ゾンネフェルト（2015）「〈持続可能な社会〉のための『エコロジー的近代化』――理論・政策・実践」松野弘監訳,『公共研究』11(1): 46–77.
保田茂（1985）「有機農業論の系譜とわが国の特徴」,『神戸大学農業経済』20: 1–17.
矢部光保・合田素行・吉田謙太郎（1995）「低投入型農業のための農家補償額の推計」,『農業経営研究』33(3): 25–34.
山岸俊男（1998）『信頼の構造――こころと社会の進化ゲーム』東京大学出版会.
山本理子（2007）「無農薬・有機栽培野菜の購入を規定する要因――JGSS2002を用いた分析」,『日本版 General Social Surveys 研究論文集 6　JGSSで見た日本人の意識と行動（JGSS Research Series No. 3)』181–192.
閻美芳（2004）「有機農業運動における提携の現代的位相――茨城県八郷町を事例として」,『年報筑波社会学』16: 46–63.
脇田健一（2001）「地域環境問題をめぐる“状況の定義のズレ”と“社会的コンテクスト”――滋賀県における石けん運動をもとに」, 舩橋晴俊編『講座 環境社会学　第2巻　加害・被害と解決過程』有斐閣, 177–206.
和田健（2011）「石黒忠篤と民俗学周辺――郷土会での活動を中心に」,『国立歴史民俗博物館研究報告』165: 117–139.

欧文文献

Allaire, G. (2004), “Quality in Economics: A Cognitive Perspective,” M. Harvey, A. McMeekin and A. Warde eds., *Qualities of Food*, Manchester University Press, 61–93.
Arbenz, M., D. Gould and C. Stopes (2016), “Organic 3.0: for truly sustainable farming and consumption,” IFOAM Organics International and SOAAN (https://www.ifoam.bio/sites/default/files/2020-05/Organic3.0_v.2_web.pdf) [accessed on 15 April 2021].
Baka, A., L. Figgou and V. Triga (2012), “‘Neither agree, nor disagree’: A critical analysis of the middle answer category in Voting Advice Applications,” *International Journal of Electronic Governance*, 5(3–4), 244–263.

Boudon, R. (1982), *The Unintended Consequences of Social Action*, Macmillan.

Buck, D., C. Getz and J. Guthman (1997), "From farm to table: The organic vegetable commodity chain of Northern California," *Sociologia Ruralis*, 37(1): 3–20.

Buttel, F. H., O. F. Larson and G. W. Gillespie (1990), *The Sociology of Agriculture*, Greenwood Press.（＝2013，河村能夫・立川雅司監訳『農業の社会学——アメリカにおける形成と展開』ミネルヴァ書房.）

Chen, C., S. Lee and H. W. Stevenson (1995), "Response style and cross-cultural comparisons of rating scales among East Asian and North American students," *Psychological Science*, 6(3): 170–175.

Christoff, P. (1996), "Ecological modernisation, ecological modernities," *Environmental Politics*, 5(3): 476–500.

Cooper, T., K. Hart and D. Baldock (2009), *Provision of Public Goods through Agriculture in the European Union*, Institute for European Environmental Policy.

Flick, U. (2007), *Qualitative Sozialforschung*, Rowohlt Verlag.（＝2011，小田博志・山本則子・春日常・宮地尚子訳『質的調査入門——〈人間の科学〉のための方法論』新版，春秋社.）

Galt, R. E., K. Bradley, L. Christensen, J. Van Soelen Kim and R. Lobo (2016), "Eroding the community in Community Supported Agriculture (CSA): Competition's effects in alternative food networks in California," *Sociologia Ruralis*, 56(4): 491–512.

Getz, A. (1991), "Urban foodsheds.," *The Permaculture Activist*, 24: 26–27.

Granovetter, M. (1990), "The Old and the New Economic Sociology: A History and an Agenda," R. Friedland and A. F. Robertson eds., *Beyond the Marketplace: Rethinking Economy and Society*, Aldine de Gruyter.

Guthman, J. (2004), *Agrarian Dreams: The Paradox of Organic Farming in California*, University of California Press.

Hannigan, J. A. (1995), *Environmental Sociology: A Social Constructionist Perspective, Environment and Society*, Routledge.（＝2007，松野弘訳『環境社会学——社会構築主義的観点から』ミネルヴァ書房.）

Hedden, W. P. (1929), *How Great Cities are Fed*, D.C. Heath.

Hinrichs, C. C. (2000), "Embeddedness and local food systems: notes on two types of direct agricultural market," *Journal of Rural Studies*, 16(3): 295–303.

Jordan, S. Hisano and R. Izawa (2006), "Conventionalisation in the Australian Organic Industry: A case Study of the Darling Downs Region," G. C. Holt and M. Reed eds.,

Sociological Perspectives of Organic Agriculture: from Pioneer to Policy, CABI, 142–156.

Karami, E. and M. Keshavarz (2010), "Sociology of sustainable agriculture," E. Lichtfouse ed., *Sociology, Organic Farming, Climate Change and Soil Science*, Springer, 19–40.

Kloppenburg, J., J. Hendrickson and G. W. Stevenson (1996), "Coming in to the foodshed," *Agriculture and Human Values*, 13: 33–42.

Knowler, D. and B. Bradshaw (2007), "Farmers' adoption of conservation agriculture: A review and synthesis of recent research," *Food Policy*, 32(1): 25–48.

Kolstad, C. D. (2011), *Intermediate Environmental Economics*, International Second edition, Oxford University Press.

Lee, J. W., P. S. Jones, Y. Mineyama and X. E.Zhang (2002), "Cultural differences in responses to a Likert scale," *Research in Nursing & Health*, 25(4): 295–306.

Luhmann, N. (1986), *Ökologische Kommunikation: Kann die moderne Gesellschaft sich auf ökologische Gefährdungen einstellen?*, Westdeutscher Verlag.（＝2007，庄司信訳『エコロジーのコミュニケーション――現代社会はエコロジーの危機に対応できるか？』新泉社.）

――――(1992), *Beobachtungen der Moderne*, Westdeutscher Verlag.（＝2003，馬場靖雄訳『近代の観察』法政大学出版局.）

――――(2000), *Die Politik der Gesellschaft*, Suhrkamp.（＝2013，小松丈晃訳『社会の政治』法政大学出版局.）

Marsden, T. (2003), *The Condition of Rural Sustainability*, Van Gorcum.

Merton, R. K. (1949), *Social Theory and Social Structure: Toward the Codification of Theory and Research*, Free Press of Glencoe.（＝1961，森東吾・森好夫・金沢実・中島竜太郎訳『社会理論と社会構造』みすず書房.）

Mies, M., V. Bennholdt-Thomsen and C. von Werlhof (1988), *Women: The Last Colony*, Zed Books.（＝1995，古田睦美・善本裕子訳『世界システムと女性』藤原書店.）

Milestad, R. and I. Darnhofer (2003), "Building farm resilience: the prospects and challenges of organic farming," *Journal of Sustainable Agriculture*, 22(3), 81–97.

OECD (2013), *Providing Agri-environmental Public Goods through Collective Action*.（＝2014，植竹哲也訳『農業環境公共財と共同行動』筑波書房.）

Olson, M. (1965), *The Logic of Collective Action: Public Goods and the Theory of Groups*, Harvard University Press.（＝1996，依田博・森脇俊雅訳『集合行為論――公共財と集団理論』ミネルヴァ書房.）

Oosterveer, P. J. M. (2012), "Restructuring food supply: Sustainability and supermarkets," G. Spaargaren, P. Oosterveer and A. Loeber eds., *Food Practices in Transition: Changing Food Consumption, Retail and Production in the Age of Reflexive Modernity*, Routledge, 153–176.

Polanyi, K. (1944), *The Great Transformation*, Farrar & Rinehart.（＝2009，野口建彦・栖原学訳『大転換――市場社会の形成と崩壊』新訳，東洋経済新報社.）

Rogers, E. M. (1983), *Diffusion of Innovations*, Third edition, Free Press.（＝1990，青池愼一・宇野善康監訳『イノベーション普及学』産能大学出版部.）

Schnaiberg, A. and K. A. Gould (1994), *Environment and Society: The Enduring Conflict*, St. Martin's Press.（＝1999，満田久義訳『環境と社会――果てしなき対立の構図』ミネルヴァ書房.）

Spaargaren, G. and A. P. J. Mol (1992), " Sociology, environment, and modernity: Ecological modernization as a theory of social change," *Society & Natural Resources*, 5(4): 323–344.

Stirling, A. (2010), "Keep it complex," *Nature*, 468: 1029–1031.

Teddlie, C. and A. Tashakkori (2009), *Foundations of Mixed Methods Research: Integrating Quantitative and Qualitative Approaches in the Social and Behavioral Sciences*, SAGE.

Weber, M. (1920), *Die protestantische Ethik und der Geist des Kapitalismus*, Gesammelte Aufsätze zur Religionssoziologie, Bb. 1.（＝1989，大塚久雄訳『プロテスタンティズムの倫理と資本主義の精神』岩波文庫.）

Willer, H., J. Trávníček, C. Meier and B. Schlatter eds. (2021), "The World of Organic Agriculture: Statistics and Emerging Trends 2021," IFOAM-Organics International.

Wynne, B. (1991), "Knowledges in context," *Science, Technology, & Human Values*, 16(1): 111–121.

Yiridoe, E. K., S. Bonti-Ankomah and R. C. Martin (2005), "Comparison of consumer perceptions and preference toward organic versus conventionally produced foods: A review and update of the literature," *Renewable Agriculture and Food Systems*, 20(4): 193–205.

Zukin, S. and P. DiMaggio (1990), "Introduction," S. Zukin and P. DiMaggio eds., *Structure of Capital: The Social Organization of the Economy*, Cambridge University Press, 1–36.

Sustainable Agriculture in a Local Context:
Social Conditions for the Diffusion and Adaption of
Pro-environmental Agricultural Practices in Miyagi Prefecture

by TANIKAWA Satsuki

First published 2021 by Shinsensha Co., Ltd., Tokyo, Japan

Book design by KITADA Yuichiro

著者紹介

谷川彩月（たにかわ・さつき）

2019年，名古屋大学大学院環境学研究科博士後期課程修了（博士・社会学）．
2020年より人間環境大学人間環境学部助教．
専攻は環境社会学，農村社会学．

主要業績：
「慣行農家による減農薬栽培の導入プロセス
——宮城県登米市での『環境保全米』生産を事例として」
（『環境社会学研究』第23号，2017年）
「食と農の対立構造とフレーム調整プロセスのダイナミズム
——宮城県『環境保全米』普及過程における『複数の利益』の形成」
（『東海社会学会年報』第9号，2017年）

なぜ環境保全米をつくるのか
——環境配慮型農法が普及するための社会的条件

2021年9月30日　初版第1刷発行©

著　者＝谷川彩月
発行所＝株式会社 新 泉 社
〒113-0034　東京都文京区湯島1－2－5　聖堂前ビル
TEL 03(5296)9620　FAX 03(5296)9621

印刷・製本　萩原印刷
ISBN978-4-7877-2112-9　C1036　Printed in Japan

宮内泰介 編

なぜ環境保全は うまくいかないのか

——現場から考える「順応的ガバナンス」の可能性

四六判上製・352頁・定価2400円＋税

科学的知見にもとづき，よかれと思って進められる「正しい」環境保全策．ところが，現実にはうまくいかないことが多いのはなぜなのか．地域社会の多元的な価値観を大切にし，試行錯誤をくりかえしながら柔軟に変化させていく順応的な協働の環境ガバナンスの可能性を探る．

宮内泰介 編

どうすれば環境保全は うまくいくのか

——現場から考える「順応的ガバナンス」の進め方

四六判上製・360頁・定価2400円＋税

環境保全の現場にはさまざまなズレが存在している．科学と社会の不確実性のなかでは，人びとの順応性が効果的に発揮できる柔軟なプロセスづくりが求められる．前作『なぜ環境保全はうまくいかないのか』に続き，順応的な環境ガバナンスの進め方を各地の現場事例から考える．

笹岡正俊，藤原敬大 編

誰のための熱帯林保全か

——現場から考えるこれからの「熱帯林ガバナンス」

四六判上製・280頁・定価2500円＋税

私たちの日用品であるトイレットペーパーやパーム油．環境や持続可能性への配慮を謳った製品が流通するなかで，原産地インドネシアでは何が起きているのか．熱帯林開発の現場に生きる人びとが直面しているさまざまな問題を見つめ，「熱帯林ガバナンス」のあるべき姿を考える．

椙本歩美 著

森を守るのは誰か

——フィリピンの参加型森林政策と地域社会

四六判上製・344頁・定価3000円＋税

「国家 vs 住民」「保護 vs 利用」「政策と現場のズレ」「住民間の利害対立」…….
国際機関の援助のもと途上国で進められる住民参加型資源管理政策で指摘される問題群．二項対立では説明できない多様な森林管理の実態を見つめ，現場レベルで立ち現れる政策実践の可能性を考える．

高倉浩樹，滝澤克彦 編

無形民俗文化財が 被災するということ

——東日本大震災と宮城県沿岸部地域社会の民俗誌

Ａ５判・320頁・定価2500円＋税

形のない文化財が被災するとはどのような事態であり，その復興とは何を意味するのだろうか．震災前からの祭礼，民俗芸能などの伝統行事と生業の歴史を踏まえ，甚大な震災被害をこうむった沿岸部地域社会における無形民俗文化財のありようを記録・分析し，社会的意義を考察．

高倉浩樹，山口 睦 編

震災後の地域文化と 被災者の民俗誌

——フィールド災害人文学の構築

Ａ５判・288頁・定価2500円＋税

被災後の人々と地域社会はどのような変化を遂げてきたのか．祭礼や民俗芸能の復興と継承，慰霊のありようと記念碑・行事，被災者支援と地域社会など，人々の姿を民俗学，人類学，社会学，宗教学の立場から見つめ，暮らしの文化そのものが再生と減災に果たす役割を探究する．